永久基本农田划定与管护的理论方法和技术实践

——以云南省为例

张述清　赵俊三　段向东　许东　赵灿华　等著

科学出版社

北京

内容简介

本书全面、系统地阐述了永久基本农田的概念及其划定与管护的理论，丰富和发展了永久基本农田划定与管护的技术方法和技术体系，提出了利用地理信息系统（geographic information system，GIS）、遥感（remote sensing，RS）、全球导航卫星系统（global navigation satellite system，GNSS）、物联网（internet of things，IoT）等信息技术建立永久基本农田动态监测与更新技术体系的方法。本书同时以云南省为例，从实践应用方面对基本农田划定、成果管理及应用进行了总结分析。本书旨在为基本农田划定与管护、国土空间规划、国土空间用途管制和国土综合整治中的耕地保护提供理论方法和技术支撑，为永久基本农田划定实战操作提供借鉴。

本书适合土地资源管理、国土空间规划、资源环境等相关专业的高年级本科生和研究生，以及相关领域的研究人员、政府职能部门工作人员等阅读。

审图号：云 S(2019)079 号

图书在版编目(CIP)数据

永久基本农田划定与管护的理论方法和技术实践：以云南省为例 /
张述清等著. — 北京：科学出版社，2021.6
　ISBN 978-7-03-065689-6

Ⅰ. ①永… Ⅱ. ①张… Ⅲ. ①农田基本建设-研究-云南 Ⅳ. ①S28

中国版本图书馆 CIP 数据核字 (2020) 第 126280 号

责任编辑：叶苏苏 / 责任校对：彭　映
责任印制：罗　科 / 封面设计：墨创文化

科 学 出 版 社 出版
北京东黄城根北街16号
邮政编码：100717
http://www.sciencep.com

四川煤田地质制图印刷厂 印刷
科学出版社发行　各地新华书店经销
*
2021 年 6 月第　一　版　开本：B5 (720×1000)
2021 年 6 月第一次印刷　印张：17 3/4　插页：3
字数：358 000
定价：189.00 元
（如有印装质量问题，我社负责调换）

编辑委员会

主要著者：

    张述清　赵俊三　段向东　许　东　赵灿华

其他著者：

陈建保	王　琳	周吉红	黄义忠
王宇新	冯　淦	王彦东	周龙进
陈国平	林伊琳	李　娟	魏兴华
赵生恩	秦　睿	杨宏瑞	袁千淇
刘尤欢	周　妤	周　静	廖顺宽
顾素英	马显光	李　艳	吴永敏

前　言

　　耕地是人类赖以生存的重要资源和物质基础，是土地中最适合农作物生长的区域和粮食等农副产品来源地。受自然环境条件约束，全世界仅有 10.8%的土地可作为耕地使用，并且这些土地在全球的分布极不平衡。随着全球气候变化和资源过度开发利用，耕地地力衰退、水土流失、盐渍化、沙漠化、污染等现象日益严重，耕地质量下降和数量减少趋势明显，给人类生存和可持续发展带来巨大压力。近四十年来，随着经济社会的高速发展及城镇化进程加快，耕地数量的减少达到了惊人的程度，耕地和基本农田保护已经成为国家和各级地方政府十分迫切的工作任务之一。在此背景下，国家实施了永久基本农田划定工程，为耕地和基本农田保护提供坚强的制度支撑。

　　特殊地理国情决定了我国土地资源禀赋水平低，区域差异大，人均资源极度匮乏。根据我国国土资源公报和联合国粮食及农业组织发布的最新数据，截至 2016 年，我国耕地面积仅占土地总面积的16.13%，人均耕地面积为1.37亩(1亩≈666.67平方米)，不足世界平均水平的40%。中华人民共和国成立 70 多年来，我们用不到世界9%的耕地养活了世界近 20%的人口①。我国作为最大的发展中国家，经济飞速发展导致城乡建设与基础设施用地大幅增长，耕地面积锐减，人地矛盾十分突出，耕地保护形势极为严峻。

　　中华民族传承几千年的农耕文明，一直重视耕地的利用与保护。改革开放后，党和国家高瞻远瞩，敏锐地意识到严峻的耕地保护现状，实施了全世界最严格的土地管理与耕地保护制度，先后出台《中华人民共和国土地管理法》(1987 年 1月 1日起实施)和《基本农田保护条例》(1999 年 1 月 1 日起施行)，确定了"全面规划、合理利用、用养结合、严格保护"的基本农田保护方针，标志着我国基本农田保护步入法制化管理轨道。

　　2008 年中共十七届三中全会首次提出"永久基本农田"概念，意为对基本农田实行永久性保护，但"永久基本农田"一词在 2014 年以后才被广泛采用。永久基本农田既不是在原有基本农田中挑选的一定比例的优质基本农田，也不是永远不能占用的基本农田，永久基本农田就是我们常说的基本农田，加上"永久"两

---

① 杜志雄. 占全球 9%耕地、养活近 20%人口，看中国粮食 70 年发展. http://www.thepaper.cn/new sDetail-forward_5251303.

字，体现了党中央、国务院对耕地特别是基本农田的高度重视，体现的是严格保护的态度。永久基本农田是耕地中的特殊部分，把最优质、最精华、生产能力最好的耕地划为永久基本农田，集中资源、集聚力量实行特殊保护，是实施"藏粮于地、藏粮于技"的国家战略。本书认为"基本农田"与"永久基本农田"属一个概念，增加"永久"二字是对基本农田保护的重要性做出强调，因此在本书中不加以严格区分，但为了体现时代特征①，原则上表达为永久基本农田，但涉及《基本农田保护条例》《云南省基本农田保护条例》以及在政策文件中表达为基本农田的部分阐述为基本农田；2014 年以前一般称为基本农田。

近年来，党和国家对耕地与永久基本农田保护提出了新的要求，其中包括耕地数量、质量、生态"三位一体"保护，高标准农田建设，提质增效工程，全国国土资源"一张图"工程，使永久基本农田保护工作达到有据可查、全程监控、精准管理、资源共享的水平，确保国家耕地保护战略的有效实施。通过运用空间数据、遥感监测、信息系统等综合技术手段，建立"划、建、管、护、补"长效机制，将推动我国永久基本农田划定与管护进入全面落实和特殊保护的新阶段。永久基本农田的划定和管护，除采取行政、法律、经济等手段外，须借助现代化技术方法和手段，遥感(RS)、物联网(IoT)、全球导航卫星系统(GNSS)、地理信息系统(GIS)、大数据(big data)、智能识别(intelligent recognization)、快速传输(burst transmission)等"空天地一体"集成监测与空间分析信息技术的发展，为永久基本农田质量、数量、生态等全方面管护提供了新的技术支撑。云南省基本农田首次全面划定工作完成于 2012 年。2014 年，国土资源部(现自然资源部)、农业部(现农业农村部)联合下发《关于进一步做好永久基本农田划定工作的通知》(国土资发〔2014〕128 号)，要求在已有划定永久基本农田工作的基础上，将城镇周边、交通沿线现有易被占用的优质耕地优先划为永久基本农田，落实《全国土地利用总体规划纲要(2006—2020 年)调整方案》中的永久基本农田保护目标任务(云南省到 2020 年永久基本农田保护面积不得少于 7341 万亩)。划定过程中，广泛采用实地调查、遥感调查、GNSS 实时监测定位、GIS 空间分析、数据库存储、信息系统管理、大数据分析等新技术、新方法，圆满地完成了各项工作任务。

云南独特的地理环境、民族文化特征和经济发展进程，导致了云南省永久基本农田划定工作的特殊性和地域性。本书部分作者全程参与云南省永久基本农田划定工作，将永久基本农田划定政策、基础理论、技术方法体系与划定工作实践紧密结合，并不断分析探讨与梳理总结，形成了永久基本农田划定理论基础和技术方法。本书以云南省永久基本农田划定成果为基础，通过系统分析与方法总结，提出利用现代信息技术实现永久基本农田动态监测、监管和更新维护的方法，试

---

① 2019 年 8 月 26 日第十三届全国人民代表大会常务委员会第十二次会议决定将《中华人民共和国土地管理法》中的"基本农田"修改为"永久基本农田"，修改后的《中华人民共和国土地管理法》于 2020 年 1 月 1 日起施行。本书涉及《中华人民共和国土地管理法》中的条款，表述采用修改后的提法。

图探讨并建立一整套永久基本农田划定与监管的理论与技术方法体系，以期对云南乃至全国永久基本农田划定与管护工作提供指导和借鉴。同时，通过对划定成果数据进行整理分析与数据挖掘，归纳总结了云南省永久基本农田的时空格局特征，为云南省重大战略研究提供理论支撑与数据辅助决策。

本书得到了国家自然科学基金项目"滇中城市群国土空间格局多尺度演化模拟及优化配置"（41761081）、云南省政府重大科技专项（2016Z1002）资助，得到了云南省自然资源厅赵乔贵副厅长、张雪岭处长、辛玲处长、李志宏处长、张晓明副处长等领导的大力支持，编著本书过程中引用和参阅了国内外学者的相关研究成果、云南省永久基本农田划定成果，在此一并表示诚挚的谢意！同时也衷心感谢赵乔贵副厅长在百忙当中阅读了本书初稿，并提出了宝贵的指导意见。

参与本书编写的单位包括云南省自然资源厅、云南省国土资源规划设计研究院、昆明理工大学、云南云金地科技有限公司等，以及曾参与云南省永久基本农田划定的部分科技人员及研究工作者。

张述清、赵俊三、段向东、许东、赵灿华主持本书的编写，并由张述清、赵俊三负责统稿、修改与审定。本书编写分工如下：第一章（王琳、陈建保、林伊琳），第二章（陈国平、黄义忠、许东），第三章（黄义忠、段向东、赵生恩），第四章（张述清、陈国平、林伊琳），第五章（赵俊三、秦睿、魏兴华），第六章（陈建保、赵生恩、赵灿华），第七章（周龙进、陈建保、周吉红、李娟），第八章（周吉红、冯淦、王琳），第九章（冯淦、赵生恩、周龙进），第十章（王宇新、张述清、赵俊三），图件编制（张述清、王宇新、顾素英、李艳）。同时，王彦东、袁千淇、杨宏瑞、廖顺宽、马显光、刘尤欢、周好、周静、顾素英、李艳、吴永敏等为本书的编写做了相关工作。

本书的出版，集中了高校、政府、研究机构等多方科技人员、管理人员的研究成果。由于研究深度和水平所限，书中难免有疏漏和不妥之处，敬请广大读者批评指正！

目　　录

第一章　绪论 ……………………………………………………………………… 1

　第一节　耕地的起源和概念 ……………………………………………………… 1

　　一、我国耕地的起源和发展 …………………………………………………… 1

　　二、耕地的概念 ………………………………………………………………… 2

　第二节　永久基本农田的内涵 …………………………………………………… 3

　　一、永久基本农田内涵的界定 ………………………………………………… 3

　　二、国外相关概念 ……………………………………………………………… 5

　第三节　划定永久基本农田的意义 ……………………………………………… 6

　第四节　我国永久基本农田划定的历史沿革 …………………………………… 8

　　一、基本农田保护的确立阶段(1988～1993 年) ……………………………… 8

　　二、基本农田划定的起步阶段(1994～2007 年) ……………………………… 8

　　三、基本农田全面划定阶段(2008～2013 年) ………………………………… 9

　　四、永久基本农田划定并进入全面落实和特殊保护阶段(2014～2018 年) · 10

　　五、永久基本农田核实整改阶段(2019～2020 年) …………………………… 11

　第五节　当前永久基本农田划定的基本态势 …………………………………… 12

　　一、不断优化永久基本农田划定空间格局 …………………………………… 12

　　二、通过"一张图"实现永久基本农田耕地保护升级 ……………………… 12

　　三、"智慧耕地"促进永久基本农田得到有效监管 ………………………… 13

　　四、永久基本农田保护红线划定成为国土空间规划编制中的底线 ………… 13

第二章　永久基本农田划定背景与保护政策分析 …………………………… 15

　第一节　国际耕地保护 …………………………………………………………… 15

　　一、全球耕地概况 ……………………………………………………………… 15

　　二、代表性国家农地保护政策 ………………………………………………… 19

　　三、世界发达国家耕地保护的评述及启示 …………………………………… 30

　第二节　我国耕地现状与永久基本农田划定背景分析 ………………………… 33

　　一、我国面临的粮食安全挑战 ………………………………………………… 33

　　二、我国耕地保护面临的严峻形势 ···································· 35

　　三、新时期耕地和永久基本农田保护新要求 ·················· 41

　第三节　我国耕地与永久基本农田保护法律法规及政策制度 ·········· 43

　　一、我国耕地与永久基本农田保护法律法规 ················ 43

　　二、我国耕地与永久基本农田保护政策制度 ················ 44

第三章　永久基本农田划定理论、思想和要求 ····················· 57

　第一节　永久基本农田划定基础理论 ······························ 57

　　一、土地保护理论 ··· 57

　　二、土地可持续利用理论 ······································ 58

　　三、系统工程理论 ··· 58

　　四、区位理论 ··· 59

　　五、新时代中国特色社会主义思想 ····························· 60

　第二节　永久基本农田划定的指导思想与基本原则 ················· 63

　　一、永久基本农田划定指导思想 ································ 63

　　二、永久基本农田划定目标 ···································· 63

　　三、永久基本农田划定原则 ···································· 63

　第三节　永久基本农田划定要求 ·································· 64

　　一、永久基本农田划定基本要求 ································ 64

　　二、永久基本农田划定与调整要求 ····························· 65

第四章　永久基本农田划定与管护的技术方法 ····················· 67

　第一节　永久基本农田划定与管护的技术路线 ····················· 67

　　一、永久基本农田划定技术路线 ································ 67

　　二、永久基本农田补划与更新技术路线 ························ 68

　第二节　永久基本农田划定与管护的技术体系 ····················· 68

　　一、技术要求 ··· 68

　　二、支撑技术体系 ··· 70

　　三、永久基本农田划定主要技术方法 ·························· 76

　第三节　永久基本农田划定与管护的工作流程 ····················· 78

　　一、工作准备 ··· 78

　　二、资料收集与整理 ·· 78

　　三、制作基本农田工作底图 ···································· 78

　　四、外业调查 ·· 79

　　五、内业整理 ·· 80

　　六、基本农田划定方案论证 ································ 80

　　七、基本农田保护标志设立 ································ 80

　　八、保护责任书签订 ·· 80

　　九、数据库建设 ·· 81

　　十、基本农田管理信息系统建设 ························ 81

　　十一、面积量算与数据汇总 ······························ 81

　　十二、成果编制 ·· 82

　　十三、成果和数据库验收及报备 ························ 83

　　十四、基本农田划定成果应用与管护 ·················· 84

　第四节　基本农田划定的成果与编制要求 ················ 85

　　一、基本农田划定主要成果 ······························ 85

　　二、基本农田划定的成果编制要求 ······················ 86

第五章　永久基本农田数据库与管理信息系统建设 ········ 91

　第一节　永久基本农田管理信息化的必要性 ············ 91

　　一、建设省级永久基本农田管理数据库 ··············· 91

　　二、建设省级永久基本农田数据成果管理系统 ········ 92

　第二节　建设省级永久基本农田管理数据库的技术路线及流程 ··· 92

　　一、数据汇交流程 ·· 92

　　二、技术路线 ··· 92

　　三、建设流程 ··· 94

　　四、数据命名方式 ·· 94

　第三节　永久基本农田数据库质量检查 ················· 96

　　一、数据检查 ··· 96

　　二、数据转换和预处理 ····································· 96

　　三、数据入库 ··· 97

　第四节　省级永久基本农田数据成果信息管理系统 ····· 97

　　一、系统总体需求 ·· 97

　　二、总体技术方案 ·· 98

　　三、系统总体结构 ·· 100

四、总体开发模式 …………………………………………………… 101

五、软件体系结构 …………………………………………………… 102

六、数据库设计 ……………………………………………………… 103

七、系统技术实现 …………………………………………………… 107

八、系统功能结构 …………………………………………………… 108

第五节 永久基本农田保护信息化建设趋势 ……………………… 110

一、技术创新 ………………………………………………………… 110

二、应用效果 ………………………………………………………… 114

第六章 永久基本农田管理动态监测与更新体系 ……………… 115

第一节 永久基本农田动态监测体系建设 ………………………… 115

一、永久基本农田保护中存在的主要问题分析 ………………… 115

二、永久基本农田监测内容 ……………………………………… 117

三、永久基本农田监测方法 ……………………………………… 118

第二节 永久基本农田动态监测实施 ……………………………… 119

一、永久基本农田的变化监测 …………………………………… 120

二、违法占用永久基本农田的查处 ……………………………… 121

三、动态监测实施步骤 …………………………………………… 123

第三节 无人机技术在永久基本农田动态监测中的应用 ………… 124

一、无人机永久基本农田动态监测技术步骤 …………………… 124

二、无人机永久基本农田动态监测应用系统 …………………… 125

第四节 基于自然资源执法监察系统的永久基本农田保护 ……… 128

一、建设目标 ……………………………………………………… 128

二、建设任务 ……………………………………………………… 129

三、软件体系结构 ………………………………………………… 130

四、系统建设关键技术 …………………………………………… 132

五、系统主要功能 ………………………………………………… 135

第五节 永久基本农田数据库更新与维护 ………………………… 140

一、数据更新基本原则 …………………………………………… 140

二、相关要求 ……………………………………………………… 141

三、技术方法 ……………………………………………………… 141

四、数据更新技术工作流程 ……………………………………… 141

五、占用与补划永久基本农田的核实确认 ……………………………… 141

六、成果编制与上报 …………………………………………………… 142

七、数据库更新维护 …………………………………………………… 142

第七章　云南省耕地与永久基本农田现状分析 ………………………… 145

第一节　云南省自然地理概况 ……………………………………………… 145

一、地理环境概况 ……………………………………………………… 145

二、社会经济概况 ……………………………………………………… 146

三、土地资源状况 ……………………………………………………… 147

第二节　云南省耕地特征 …………………………………………………… 147

一、总量较大，分布零散 ……………………………………………… 147

二、质量总体较差 ……………………………………………………… 148

三、耕地石漠化形势严峻 ……………………………………………… 148

四、耕地保护压力大 …………………………………………………… 148

第三节　云南省永久基本农田划定的历史沿革 …………………………… 149

一、起步阶段(1994～1996 年) ……………………………………… 149

二、初步划定阶段(1997～2005 年) ………………………………… 149

三、全面划定阶段(2006～2012 年) ………………………………… 149

四、永久基本农田划定阶段(2015～2017 年) ……………………… 150

五、核实整改阶段(2019～2020 年) ………………………………… 154

第四节　云南省基本农田现状 ……………………………………………… 154

一、基本农田划定成果总体情况 ……………………………………… 154

二、基本农田划定成果分析 …………………………………………… 159

第八章　云南省永久基本农田划定成果分析 …………………………… 170

第一节　云南省永久基本农田划定工作基本情况 ………………………… 170

一、技术要求 …………………………………………………………… 170

二、城镇周边永久基本农田划定 ……………………………………… 171

三、全域永久基本农田划定 …………………………………………… 174

四、形成成果 …………………………………………………………… 179

五、编制的标准及规范 ………………………………………………… 180

第二节　云南省永久基本农田数量结构与空间分布特征 ………………… 180

一、城镇周边永久基本农田划定结果分析 …………………………… 181

二、云南省全域永久基本农田构成情况 ……………………… 183

三、云南省永久基本农田地类结构 …………………………… 184

四、云南省永久基本农田坡度情况 …………………………… 187

五、云南省永久基本农田中耕地质量等别情况 ……………… 190

六、坝区永久基本农田划定成果分析 ………………………… 196

第三节 云南省永久基本农田中耕地时空格局演化特征 ……… 197

一、永久基本农田划定前后对比分析 ………………………… 198

二、永久基本农田中耕地数量演变分析 ……………………… 200

三、永久基本农田耕地空间景观格局演变分析 ……………… 206

四、云南省永久基本农田空间自相关演化分析 ……………… 212

第四节 云南省耕地时空变化驱动机制 ………………………… 216

一、驱动因子指标的建立 ……………………………………… 216

二、数据标准化和驱动因子相关分析 ………………………… 217

三、驱动指标因子主成分分析 ………………………………… 218

四、耕地面积-驱动因素的关系 ……………………………… 220

五、云南耕地变化的驱动因素分析 …………………………… 221

第九章 永久基本农田划定成果应用 ………………………… 224

第一节 永久基本农田划定成果在自然资源管理中的地位和作用 ………… 224

第二节 永久基本农田划定成果在自然资源管理中的应用 …… 225

一、永久基本农田划定成果在建设项目用地预审和用地审批中的应用 …… 225

二、永久基本农田划定成果在土地征转中的应用 …………… 228

三、耕地占补平衡与永久基本农田划定成果应用 …………… 229

四、永久基本农田划定成果在土地卫片执法监察中的应用 … 231

五、永久基本农田划定成果在土地年度变更调查中的应用 … 233

六、永久基本农田划定成果在低丘缓坡项目用地审查中的应用 … 233

七、永久基本农田划定成果在矿业权登记审核中的应用 …… 234

第三节 永久基本农田划定成果与相关规划的关系 …………… 235

一、永久基本农田划定与土地利用总体规划的关系 ………… 235

二、永久基本农田划定与城乡规划的关系 …………………… 237

三、城镇周边永久基本农田与城镇开发边界划定 …………… 238

四、永久基本农田划定与生态保护红线的关系 ……………… 240

　　五、永久基本农田划定与新时期国土空间规划体系建立的关系 ………… 241
第十章　云南省永久基本农田保护的长效机制建设探析 ……………… 244
　第一节　云南省耕地和永久基本农田保护的特点与优势 ………… 244
　　一、云南省耕地特点与永久基本农田保护难点 ………… 244
　　二、云南省耕地和永久基本农田保护的优势 ………… 246
　　三、云南省耕地和永久基本农田保护特色与亮点 ………… 249
　第二节　基于长效机制的云南省永久基本农田保护对策措施探析 ……… 250
　　一、云南省现行的永久基本农田保护法律法规 ………… 250
　　二、国外农地保护政策对云南省的借鉴 ………… 252
　　三、基于长效机制的云南省永久基本农田保护对策措施探析 ……… 255
　　四、新国土空间规划体系下的永久基本农田保护政策措施 ………… 262
参考文献 ………… 265
附图 ………… 269

第一章 绪 论

第一节 耕地的起源和概念

一、我国耕地的起源和发展

农业是安天下的产业，是国民经济的基础。耕地是土地资源利用的一种重要形式，是农业生产的基础和最基本的生产资料，是人们赖以生存和发展的根本物质基础。中国是古老的农耕国家，是世界农业发源地之一。中国农业在其发展过程中有一系列重大发明创造，形成了独特的生产结构、地区布局和技术体系。

现代考古成果表明，我国农耕历史可追溯到史前时代。距今七八千年的河姆渡旧址出土了人工栽培的水稻(晚籼稻)和大量翻耕农田的"骨耙"，证明长江流域有了最早的水田耕地。在仰韶文化遗址发现了一个加盖的罐里盛满了谷子(粟)，证明五六千年前黄河流域已有了耕地开发行为。最早的耕地开发都选址在地势平坦、靠近水源、自然条件较好的地方，因此古老的农耕文化遗址都散布在河流下游、河谷两岸、河旁阶地和近水岗阜地。黄河中下游的河套地区、渭河河谷(关中平原)及华北平原等地区具有悠久的耕地开发历史。

我国早在夏商时期，就把土地规划成井田。井田即方块田，把土地按相等的面积整齐划分，由于被划分的方块形似"井"字，故叫作井田，灌溉渠道布置在各块耕地之间[1]。到春秋战国时期，农田水利已有相当规模，经过秦、汉、隋、唐等鼎盛时期，农业迅速发展。五代和南北宋时期建设了太湖圩田，明清时期建设了江汉平原的垸田及珠江三角洲的基围等，到清初康熙年间，整个中原地区包括现在的北京、河北、河南、山东、陕西、山西、天津七个省市，耕地面积几乎占当时全国耕地总面积的一半，成为中华民族文化发展的摇篮。一直到近代，整个中原地区仍然是我国耕地最密集、垦殖率最高的地区。

封建制度和农耕文明构成了我国农业生产的基本特征。随着农业生产工具与生产方式的改进，农业人口基数不断上升，中国形成了以封建地主所有制为基础的农村土地制度，这一制度从秦汉开始一直延续到20世纪初期的清末民初之际。与此同时，随着农业生产活动规模逐渐扩大，我国逐步形成了以种植粮食作物为主体的农耕模式，耕地成为农业生产乃至整个社会经济发展最基本、最重要的资源。但随着人口的不断增长，由于长期的封建统治和小农经济经营方式，大部分农地面积小(细碎化)，形状不规则，土壤肥力差异大，对农业生产的发展造成了较大的限制。

中华人民共和国成立后，在生产力的推动下，耕地的投入和产出都有了很大的提升。从耕地面积上看，中华人民共和国成立至 20 世纪 50 年代中期，全国耕地面积连年稳定增加，平均每年扩大 1000 万～2000 万亩，其中黑龙江、内蒙古等地增长幅度最大，此后农垦事业继续发展。然而，20 世纪 70 年代后期至 20 世纪末，在国家优先发展重工业为目标的发展战略和快速工业化和城市化的推动下，人口迅猛增长，城镇、工矿、交通事业以及乡镇企业的发展占用了大量的耕地，致使全国耕地总面积又趋于下降，这一阶段，除了新疆、青海、黑龙江和辽宁等地耕地仍有扩大，其余各省(区、市)均有下降，以河北、山东、江苏和广东等省尤为突出。

进入 21 世纪以后，我国人口增多，耕地逐渐减少，耕地保护形势日益严峻。据联合国教育、科学及文化组织(United Nations Educational Scientific and Cultural Organization，UNESCO)和联合国粮食及农业组织(Food and Agriculture Organization of the United Nations，FAO)2011 年不完全统计，全世界土地面积为 18.29 亿公顷左右，人均耕地面积为 0.26 公顷。2013 年，国土资源部和国家统计局公布了第二次全国土地调查主要数据成果[①]，2009 年全国耕地面积为 13538.5 万公顷[2]，全国人均耕地面积为 0.101 公顷，较 1996 年第一次调查时的人均耕地面积 0.106 公顷有所下降，不到世界人均水平的一半。《2016 中国国土资源公报》数据显示，截至 2016 年末，全国耕地面积为 13495.66 万公顷，耕地数量仍在下降[3, 4]。耕地作为人类基本生活原料粮、棉、油、蔬等的主要生产场所，是人类赖以生存的基础，我国人均耕地少、耕地质量总体不高、耕地后备资源不足的基本国情没有改变，综合考虑现有耕地数量、质量和人口增长、发展用地需求等因素，我国耕地保护形势仍十分严峻。为确保人民物质生活水平不断提高，通过划定一定区域耕地面积、采取综合技术措施等对基本农田(永久基本农田)加以特殊保护，确保耕地数量平衡和质量提高，维持农业的可持续发展，是我国耕地保护的必由之路。

二、耕地的概念

西方经济学家威廉·配第认为："劳动是财富之父，土地是财富之母。"马克思指出，"土地是一切生产和一切存在的源泉"，是人类"不能出让的生存条件和再生产条件"，土地具有经济资源性。耕地是指用来种植农作物的土地，是土地中最适合作物生长的精华，在农业生产中，耕地不仅是劳动力和其他生产资源的活动基地，而且直接参与产品的形成，是人类不可或缺的生产资料和劳动对象。它为人类的生命活动提供了 80%的热量、75%以上的蛋白质、88%的食物及

---

① 关于第二次全国土地调查主要数据成果的公报(2013 年 12 月 30)，国土资源部、国家统计局，国务院第二次全国土地调查领导小组办公室，索引号为 00001434908/2013-00722。

生活必需物质，是农业发展的重要物质基础[3]。

在国外，关于耕地有两种释义，一为 farmland，包括种植农作物的土地、牧地、果园等农业用地；二为 cultivated land，包括农作物种植园、果园、花卉种植园等用地以及牧草地两部分。国际环境与发展研究所和世界资源研究所在《世界资源》中将耕地定义为："包括暂时种植和常年种植作物的土地、暂时的草地、商品菜园、家庭菜园、暂时休闲耕地，还包括种植诸如可可、咖啡、橡胶、果树和葡萄等在每次收获后不需要重新种植的土地。"

在我国，耕地通常被理解为"一种特定的土地，是人类活动的产物，是人类开垦之后用于种植农作物并经常进行耕耘的土地 "[1]。《辞海》(经济分册)把耕地定义为："经过开垦用以种植农作物并经常耕耘的土地，包括种植农作物的土地、休闲地、新开荒地和抛荒未满三年的土地。"《土地利用现状分类》(GB/T 21010-2017)中将耕地定义为：耕地是指种植农作物的土地，包括熟地，新开发、复垦、整理地，休闲地(含轮歇地、休耕地)；以种植农作物(含蔬菜)为主，间有零星果树、桑树或其他树木的土地；平均每年能保证收获一季的已垦滩地和海涂。耕地中包括宽度<1.0 米(南方)或宽度<2.0 米(北方)的固定沟、渠、路和地坎(埂)；临时种植药材、草皮、花卉、苗木等的耕地，临时种植果树、茶树和林木且耕作层未破坏的耕地，以及其他临时改变用途的耕地。具体又可分为：水田，指用于种植水稻、莲藕等水生农作物的耕地，包括实行水生、旱生农作物轮种的耕地；水浇地，指有水源保证和灌溉设施，在一般年景能正常灌溉，种植旱生农作物(含蔬菜)的耕地，包括种植蔬菜的非工厂化的大棚用地；旱地，指无灌溉设施，主要靠天然降水种植旱生农作物的耕地，包括没有灌溉设施，仅靠引洪淤灌的耕地。本书采用《土地利用现状分类》中对耕地的定义。从政策角度看，我国耕地分为一般耕地和基本农田(永久基本农田)两种类型，基本农田(永久基本农田)是耕地中的一部分。

大多数耕地的定义都具有共同特点，指人类开垦的、用于种植农作物并经常耕耘的土地，但所包含具体的土地类别存在着一定差异[5]。耕地作为人类最重要的资产与资源，发挥着经济产出、生态服务以及社会保障三方面功能。随着农业生产活动的日益复杂和耕作技术的改进，农作物种植出现许多新的形式，如粮果间作、果蔬间作、粮蔬间作、立体种植、稻鱼混养等，因而耕地的定义也有待拓展。

第二节 永久基本农田的内涵

一、永久基本农田内涵的界定

农田是农业生产的用地(即耕种的田地)，在地理学上指可以用来种植农作物的土地。而大部分农田是指农用地，即用于农业生产的土地，包括耕地、园地、林地、牧草地、畜禽饲养地、设施农业用地、农村道路、坑塘水面、其他农用地等。农用地是土地资源的重要组成部分，是农业的基础，是人类生存、发展的基本条件。

永久基本农田是根据一定时期人口和社会经济发展对农产品生产用地和建设用地的需求量预测而确定的长期或规划期内不得占用的、必须采取特殊措施加以保护的耕地[6]。永久基本农田保护区，则是对永久基本农田实行特殊保护，依据土地利用总体规划和依照法定程序确定的特定保护区域。永久基本农田是耕地的一部分，而且主要是高产优质的那一部分耕地（图1-1）。一般来说，划入永久基本农田保护区的耕地大部分是永久基本农田，被老百姓称为"吃饭田""保命田"。永久基本农田的内涵和功能进一步丰富，不仅仅是为了满足保障国家粮食安全的需要，而且要适应多元目标和功能的需求：保数量、保质量、保生态"三位一体"，保资源、保节约、保权益"三保并重"。

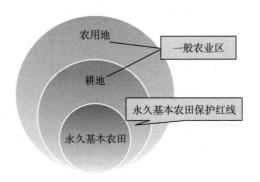

图1-1　农用地、耕地与永久基本农田的关系图

在中共十七届三中全会上关于坚持最严格的耕地保护制度，坚决守住18亿亩耕地和15.46亿亩基本农田红线的要求中，明确了"划定永久基本农田，建立保护补偿机制，确保基本农田总量不减少、用途不改变、质量有提高"。永久基本农田是按照一定时期人口和经济社会发展对农产品的需求，依据国土空间规划确定不得占用的耕地，就是对法律规定的基本农田实行永久保护、特殊保护。一经划定，永久基本农田在规划期内必须得到严格保护，除法律规定的情形，不得擅自占用和改变。划定永久基本农田，是对现行基本农田保护制度的健全和完善，也是落实最严格耕地保护制度的重要手段，标志着我国基本农田管理进入一个新时期。

基本农田和永久基本农田本质上是一个概念，在基本农田前面加上"永久"两字，一是强化基本农田的长期性和不可占用性；二是为了更加强调基本农田的重要性，突出了基本农田在管理上和法律上的地位，因此本书中提及的基本农田和永久基本农田在概念上是一致的，现阶段法律法规和政策性、规范性文件中都使用"永久基本农田"代替原来的"基本农田"。

国家发展和改革委员会（简称国家发改委）、国土资源部、环境保护部（现生态环境部）、住房和城乡建设部联合发布的《关于开展市县"多规合一"试点工作的通知》（发改规划〔2014〕1971号）中，明确提出空间规划要划定城市开发边界、永久基本农田和生态保护红线，形成合理的城镇、农业、生态空间布局。永久基本农田保护红线是按照一定时期人口和社会经济发展对农产品的需求，依法确定的不得占用、不得开发、需要永久性保护的耕地空间边界。永久基本农田划定，要结合主体功能区规划，考虑当地水文条件、地质条件等因素，对耕地质量等别、耕地地力进行评价，将高等优级的耕地划入永久基本农田；同时与土地整理、高标准农田建设项目相结合，将经过土地整理的耕地划入；最后将生态退耕、零星分散、不易耕作、质量较差等不宜作为永久基本农田的耕地划出，形成永久基本农田保护红线。党的十九大报告提出，坚持底线思维，科学划定生态保护红线、永久基本农田、城镇开发边界三条控制线，优化生产、生活、生态"三生"空间，已成为当前各方最基本的共识。2019年5月28日发布的《自然资源部关于全面开展国土空间规划工作的通知》（自然资发〔2019〕87号）明确了对现行土地利用总体规划、城镇总体规划实施中存在矛盾的图斑，要结合国土空间基础信息平台的建设，按照国土空间规划"一张图"要求进行一致性处理，不得突破土地利用总体规划确定的2020年耕地保有量等约束性指标和永久基本农田保护红线。

二、国外相关概念

基本农田是一个具有中国特色的概念，在国外，没有专门的"永久基本农田"的提法，一般把重要的耕地视作"最珍贵的农地"，其内涵不仅指农业利用，更深层次是指能对农业生态环境起到保护功能的农地。

以美国为例，美国农业部基于国民食物生产能力指标，将农地的重要性进行了区分，最重要的农地被定义为基本农田（prime farmland），是指具有生产食品、饲料、牧草、纤维和油籽作物的具有最佳物理和化学特性的土地。这种重要的农地可以是耕地、牧场、林地或其他土地，但不包括城市建成区或水域，其在满足国家对食物的短期和长期需求方面具有重大意义。

世界各国注重对农地尤其是能保证粮食生产和生态环境安全的重要农地的保护，通过分析土壤、排除不适宜农业用途土地，结合农作物适宜范围、产量水平、持续性以及成本等因素对土地进行分类，利用GIS划定区域，对重要农田加以保护。

第三节　划定永久基本农田的意义

永久基本农田划定后，优质耕地作为我国最重要的资产与资源，能够在经济产出、生态服务以及社会保障等方面发挥重要作用，而其意义也非常深远。

1. 有利于保障国家粮食安全

中国作为一个人口大国，粮食生产资源极其稀缺，中国的粮食安全问题曾受到世界各国的广泛关注。美国学者莱斯特·布朗1994年的报告《谁来养活中国》震动了中国和世界，他的《生态经济》一书又对中国的经济发展模式提出质疑，使得中国的粮食问题一度成为国际关注的焦点。我国政府从可持续发展及保障粮食安全角度，提出了"十分珍惜、合理利用土地和切实保护耕地"的基本国策。习近平总书记提出，耕地是粮食生产的命根子，要牢牢守住耕地保护红线[①]。为了保障一定数量和质量的耕地资源，我国实施了世界上最严格的土地管理制度，稳定了耕地的综合生产能力。通过划定永久基本农田，守住耕地红线，加强优质耕地的保护、管理和有效利用，保证耕地资源的数量与质量，是国家粮食安全的重要保障措施。

2. 有利于促进经济社会稳定发展

目前，永久基本农田保护和经济发展用地需求的矛盾突出，优质耕地急剧减少，"城乡失衡"问题突出，同时这也成为中国城市化进程"拖后腿"的问题。建立耕地入选永久基本农田的量化标准以及评价方法体系，科学量化社会发展用地需求指标，这条"红线"将引导各地探索串联式、组团式、卫星城式的新型城镇化发展道路，逐步形成合理的空间开发格局，突破经济发展的用地瓶颈，也使永久基本农田的保护更具有稳定性。

3. 有利于集约节约用地，优化城镇发展空间

通过划定永久基本农田与城镇发展边界，切实把城镇周边的良田沃土保护好。城镇周边永久基本农田划定可以倒逼集约节约用地、转变发展观念、优化升级产业结构，与城镇周边山川、河流、森林、湖泊等天然生态资源相结合，对中心城区进行有效合围和隔离。

4. 有利于促进农业生产发展

通过划定永久基本农田，一方面可以让各地耕地形成相对集中连片的区域，规模大、集中连片的耕地不仅便于农业先进技术的推广应用，更有利于实现粮食的高产稳产；另一方面，通过大力实施土地整治，可加强农田水利、水土保持、

---

① 习近平总书记于2019年3月8日参加十三届全国人大二次会议河南代表团审议时的讲话。

农田防护林等基础设施建设，预防和治理水土流失。引导和鼓励农业生产者改良土壤，提高地力，防止耕地污染、沙化、盐渍化、荒漠化，有效改善农业生产条件，促进农业生产发展[7]。

5. 有利于促进生态文明建设

工业化、城市化发展，给环境带来了很大的压力，习近平总书记在党的十九大报告中指出，要加快生态文明体制改革，建设美丽中国，树立了生态文明建设的里程碑。永久基本农田发挥着重要的生态功能，成为自然生态特别是农业生态系统的重要组成部分，发挥着湿地、绿地、景观等多种生态功能，是生态文明建设的需要。耕地的生态功能，对于调节城市气候、净化城市空气、维持生物多样性和景观异质性具有重要的作用。

6. 有利于确保舌尖上的安全

根据国务院土壤污染防治行动计划，将重点地区、重点部位优先保护类和安全利用类耕地优先划入永久基本农田，提倡施用有机肥料，科学施用化肥和农药，防止耕地污染，确保"舌尖上的安全"。通过农业耕地质量监测保护部门对永久基本农田进行监测保护，在重金属污染等区域进行治理防范，能够有效地从源头上保证食品安全。

7. 有利于维护农民权益、传承农耕文化

通过层层落实保护责任，把永久基本农田落实到农村土地确权登记颁证工作中，切实维护农民权益。把好山好水好田融入城市，融入百姓生活，让居民望得见山、看得见水、记得住乡愁，为传承农耕文化提供物质基础。应用耕地社会功能，既可以保留传统的农耕文化空间，减少失地农民数量，又可以在城市周边发展农业观光和民俗旅游，为失地农民创造就业机会，在保留乡土文化的同时，还能产生较好的经济效益。

8. 有利于新农村建设和脱贫攻坚

永久基本农田划定为国土空间规划、粮食生产功能区建设、重要农产品生产保护区及特色农产品优势区规划编制和调整完善、重大建设项目用地审批等提供了重要支撑和规范指导，在贫困地区推进高标准基本农田建设，既可以改善这些地区长期的发展条件和提高其能力，也可在短期内为扶贫对象增加一定的就业机会。通过土地平整、灌溉排水、田间道路等工程的实施，新增耕地面积，提升耕地质量等级，建成集中连片、设施配套、高产稳产、生态良好、抗灾能力强、与现代农业生产和经营方式相适应的高标准基本农田，促进新农村建设，有效增加贫困群众收入，引导农民脱贫。

9. 有利于支撑国土空间规划编制

永久基本农田划定是国土空间规划的核心要素，是"三线划定"①中非常重要的一条红线。在永久基本农田划定的过程中，应加强各类规划与永久基本农田的衔接，强化对各类建设布局的约束和引导，从严管控非农建设占用永久基本农田，防止永久基本农田"非农化"。结合第三次全国国土调查成果，开展永久基本农田划定成果全面核实，能有效解决永久基本农田划定不实和非法占用等问题。重大建设项目用地批准后，量质并重做好永久基本农田补划、上图入库工作，并纳入国土空间规划监管平台。永久基本农田保护边界是"三线"划定中重要的一条红线，永久基本农田的划定推动了国土空间开发保护格局优化，永久基本农田既是国土空间规划的重要内容，也是重要的空间配置要素。

第四节　我国永久基本农田划定的历史沿革

一、基本农田保护的确立阶段（1988～1993 年）

我国划定基本农田保护区的工作始于 1988 年。当年 4 月，湖北省荆州市在监利县划定了全国第一块基本农田保护区，开展试点工作（3 个保护区块共 105 个保护片，保护面积为 37792 亩），提出了按照粮食征购任务和保障"口粮"的基本要求，测算并划定一定数量、一定区域的高产农田予以保护，将该农田定义为"基本农田"，该区域称为"基本农田保护区"。同年 12 月，国家土地管理局（现自然资源部）、农业部（现农业农村部）印发了《关于转发湖北省天门市人民政府〈保护基本农田，稳定农业基础〉的通知》（〔1988〕国土〔规〕字第 198 号）。

1989 年 5 月，国家土地管理局、农业部联合在湖北省荆州市召开了第一次全国基本农田保护工作现场会，推广划定基本农田保护区的工作经验。全国陆续有二十多个省（区、市）的数百个县采取划定基本农田保护区的方式保护基本农田，各地的经验证明，划定基本农田保护区是保护耕地的有效办法。

1992 年，国务院批转国家土地管理局、农业部《关于在全国开展基本农田保护工作请示的通知》（国发〔1992〕6 号），把基本农田的划定保护工作在全国进行推广。

二、基本农田划定的起步阶段（1994～2007 年）

1994 年 8 月 18 日，中华人民共和国国务院第 162 号令发布《基本农田保护条例》，首次建立起基本农田保护区制度。此后，基本农田保护的要求逐渐规范和完善。

---

① "三线划定"指划定城市开发边界、永久基本农田和生态保护红线。

1996 年 3 月,国家土地管理局、农业部《关于印发〈划定基本农田保护区技术规程(试行)〉的通知》(〔1996〕国土〔规〕字第 46 号),第一次在技术上对基本农田的划定进行了统一的规范和要求。

1997 年,中共中央、国务院《关于进一步加强土地管理切实保护耕地的通知》(中发〔1997〕11 号)发布,强调党中央、国务院高度重视土地管理和耕地保护,必须采取治本之策,扭转在人口继续增加情况下耕地大量减少的失衡态势,奠定了我国土地管理事业的新格局。

1998 年 12 月,国务院第 257 号令发布《基本农田保护条例》(1994 年版的《基本农田保护条例》同时废止),对《中华人民共和国土地管理法》进行了新的修订,要求对基本农田保护实行全面规划、合理利用、用养结合并严格保护,这标志着我国基本农田保护已步入法化管理轨道。

2004 年以后,每年中央一号文件都对基本农田建设做出了明确指示,对基本农田实行最严格的保护制度,严格执行基本农田保护制度"五不准",并规定基本农田一经划定,任何单位和个人不得擅自占用或者擅自改变用途,基本农田成为不可逾越的"红线"。

2005 年,国务院办公厅《省级政府耕地保护责任目标考核办法》(国办发〔2005〕52 号)中,基本农田保护面积被纳入省级政府考核指标,明确省长、主席、市长为第一责任人,同年召开的全国基本农田保护工作会议提出了以建设促保护的基本思路。

2006 年在全国确定了 116 个基本农田保护与建设示范区,要求各省(区、市)通过示范区建设,建设高标准基本农田,树立以建设促保护的典范,全面提升各地基本农田保护管理和建设水平。

三、基本农田全面划定阶段(2008~2013 年)

2008 年 10 月,中共十七届三中全会《中共中央关于推进农村改革发展若干重大问题的决定》明确提出要划定永久基本农田,建立保护补偿机制,确保基本农田总量不减少、用途不改变、质量有提高。相对于基本农田而言,"永久"二字更具刚性、约束性,意味着永久基本农田一经划定,除法律法规允许,禁止占用。

2009 年,国土资源部发布了《关于划定基本农田实行永久保护的通知》(国土资发〔2009〕167 号),2010 年发布了《关于加强和完善永久基本农田划定有关工作的通知》(国土资发〔2010〕218 号),2011 年 1 月又对《基本农田保护条例》进行修订。为确保《基本农田保护条例》得到有效的贯彻和实施,2012 年 7 月 1 日,国土资源部颁布《高标准基本农田建设规范(试行)》。这都为基本农田的建设提供了政策依据和实践参考标准。

该阶段的基本农田划定保留了适度弹性。2012 年《国土资源部关于严格土地利用总体规划实施管理的通知》(国土资发〔2012〕2 号)明确了建设项目占用多划基本农田政策:"列入县、乡级土地利用总体规划设定的交通廊道内,或已列入土地利用总体规划重点建设项目清单的民生、环保等特殊项目,在不突破多划基本农田面积额度的前提下,占用基本农田保护区中规划多划的基本农田时,按一般耕地办理建设用地审批手续,不需另外补划基本农田,但用地单位必须落实补充耕地任务,按占用基本农田标准缴纳税费和对农民进行补偿。"土地利用总体规划划定基本农田时可以有适度弹性,可以多划一定数量的基本农田,用于规划期内不易或无法确定具体选址范围的建设项目占用,并可在规划文本中列明可在基本农田保护区内安排的建设项目清单。

四、永久基本农田划定并进入全面落实和特殊保护阶段(2014～2018 年)

2014 年 10 月 18 日,国土资源部和农业部联合下发《关于强化管控落实最严格耕地保护制度的通知》(国土资发〔2014〕18 号)、《关于进一步做好永久基本农田划定工作的通知》(国土资发〔2014〕128 号),对重点区域永久基本农田划定进行了详细要求,要求将城镇周边、交通沿线现有易被占用的优质耕地优先划为永久基本农田,最大限度地保障粮食综合生产能力。通知同时要求,在确保全域永久基本农田保护目标任务完成的前提下,将零星分散、规模过小、不易耕作、质量较差等不宜作为永久基本农田的耕地,按照质量由低到高的顺序依次划出。

2016 年,国土资源部、农业部又联合发布《关于全面划定永久基本农田实行特殊保护的通知》(国土资规〔2016〕10 号),对全面完成永久基本农田划定工作加强特殊保护,明确了永久基本农田划定的目标任务,其中强调了从严管控非农建设占用永久基本农田:永久基本农田一经划定,任何单位和个人不得擅自占用,或者擅自改变用途。除法律规定的能源、交通、水利、军事设施等国家重点建设项目选址无法避让的外,其他任何建设都不得占用,坚决防止永久基本农田"非农化"。不得多预留一定比例永久基本农田为建设占用留有空间,不得随意改变永久基本农田规划区边界特别是城市周边永久基本农田。符合法定条件的,需占用和改变永久基本农田的,必须经过可行性论证,确实难以避让的,应当将土地利用总体规划调整方案和永久基本农田补划方案一并报国务院批准,及时补划数量相等、质量相当的永久基本农田。

2017 年初,《中共中央 国务院关于加强耕地保护和改进占补平衡的意见》(中发〔2017〕4 号)印发,意见要求坚持最严格的耕地保护制度和最严格的节约用地制度,明确规定:"一般建设项目不得占用永久基本农田,重大建设项目选址确实难以避让永久基本农田的,在可行性研究阶段,必须对占用的必要性、合理性和补划方案的可行性进行严格论证,通过国土资源部用地预审;农用地转用和土地征收依法依规报国务院批准。严禁通过擅自调整县乡土地利用总体规划,规避占用永久基本农田的审批。"意见强调了要着力加强耕地数量、质量、生态"三位一体"保护,依法加强耕地占补平衡规范管理,这标志着我国耕地保护工作进入一个新的制度改革与管理完善时期。

2017年,在全面划定永久基本农田的基础上,国土资源部、国家发改委、财政部、水利部、农业部联合发出《关于切实做好高标准农田建设统一上图入库工作的通知》(国土资发〔2017〕115号),明确要统一标准规范、统一数据要求,逐步建成高标准农田建设全国"一张图"。截至2017年6月底,永久基本农田划定工作全面完成,全国有划定任务的2887个县级行政区全部落到实地地块、明确保护责任、补齐标志界桩、建成信息表册、实现上图入库,划定成果100%通过省级验收,成果数据库100%通过质检复核[①]。永久基本农田保护工作开始进一步实现制度化和机制长效化,进入巩固完善和加强保护阶段。

2018年1月,《国务院办公厅关于印发〈省级政府耕地保护责任目标考核办法〉的通知》(国办发〔2018〕2号)(2005版同时废止),通知要求守住耕地保护红线,严格保护永久基本农田,坚持最严格的耕地保护制度和最严格的节约用地制度。

2018年,自然资源部印发《自然资源部关于做好占用永久基本农田重大建设项目用地预审的通知》(自然资规〔2018〕3号),明确了六类项目经批准可以占用永久基本农田,文件也是对《中共中央　国务院关于加强耕地保护和改进占补平衡的意见》(中发〔2017〕4号)中可以占用永久基本农田的重大建设项目的具体明确。

五、永久基本农田核实整改阶段(2019～2020年)

2019年中央一号文件《中共中央　国务院关于坚持农业农村优先发展做好"三农"工作的若干意见》明确,要确保永久基本农田保持在15.46亿亩以上,要求坚持从严保护,坚持底线思维,坚持问题导向,坚持权责一致,巩固永久基本农田划定成果,全面开展划定核实工作,清理划定不实问题,依法处置违法违规问题,严格规范永久基本农田上的农业生产活动。而后自然资源部和农业农村部印发《关于加强和改进永久基本农田保护工作的通知》(自然资规〔2019〕1号),从巩固永久基本农田划定成果、严控建设占用永久基本农田、统筹生态建设和永久基本农田保护、加强永久基本农田建设、健全永久基本农田保护监管机制五个方面提出了15项具体措施。为有序规范划定永久基本农田储备区,2019年3月,《自然资源部办公厅关于划定永久基本农田储备区有关问题的通知》(自然资办函件〔2019〕343号)要求各省(区、市)结合未来一定时期重大建设项目占用、生态

---

① 科技日报, http://digitalpaper.stdaily.com/http_www.kjrb.com/kjrb/html/2017-09/21/content_378533.htm?div=-1.

建设调整和永久基本农田核实整改补划需要，分析、确定储备区，划定目标任务。

为确保到 2020 年，全国永久基本农田保护面积不少于 15.46 亿亩，基本形成保护有力、建设有效、管理有序的永久基本农田特殊保护格局，该阶段规定了已经划定的永久基本农田特别是城市周边永久基本农田原则上不得随意调整和占用，重大建设项目、生态建设等经国务院批准占用或调整永久基本农田的，按照有关要求补划相当数量和质量的永久基本农田。统筹永久基本农田保护与各类规划衔接，协同推进生态保护红线、永久基本农田、城镇开发边界三条控制线划定工作。量质并重做好永久基本农田补划，重大建设项目占用或因依法认定的灾毁等原因减少永久基本农田的，按照"数量不减、质量不降、布局稳定"的要求开展补划，占用或减少城市周边范围内的，原则上在城市周边范围内补划。

第五节　当前永久基本农田划定的基本态势

一、不断优化永久基本农田划定空间格局

耕地是我国宝贵的资源，永久基本农田是耕地中的精华，是关系十几亿人"吃饭的大事"，划定永久基本农田，是落实最严格的耕地保护制度、国家粮食安全战略、新型城镇化战略和生态文明建设战略的重要举措，是党中央、国务院部署的一项硬任务。

国土资源部、农业部联合下发《关于进一步做好永久基本农田划定工作的通知》(国土资发〔2014〕128 号)后，我国永久基本农田划定工作总体完成，城市周边、交通沿线、集中连片有良好水利设施的优质耕地和已建成的高标准农田优先划定为永久基本农田，保护责任落实到村组、落实到农户，统一标志设立，永久基本农田质量明显提升。

从全域看，水田和水浇地面积占划定面积的 48%，坡度 15 度以下的永久基本农田面积占划定面积的 88%。从城市周边看，共划定 9740 万亩，其中，新划入 3135 万亩，城市周边平均保护比例由 45%上升到 60%，做到了优质耕地应划尽划[①]。划定后永久基本农田较划定前布局更优化、质量有提升，并与森林、河流、湖泊、山体等共同形成城市生态屏障，成为城市开发实体边界，优化了城乡空间格局，促进城镇串联式、组团式、卫星城式发展。

二、通过"一张图"实现永久基本农田耕地保护升级

2017 年 1 月，《中共中央　国务院关于加强耕地保护和改进占补平衡的意见》

---

① 国土资源部：永久基本农田全国划定 15.5 亿亩，永久保护. 国务院新闻办公室，[2017-09-21]，http://s.scio.gov.cn/wz/toutiao/detail_2017_09/21/875838.html?from=timeline.

(中发〔2017〕4 号)出台，要求坚持最严格的耕地保护制度和最严格的节约用地制度，"像保护大熊猫一样保护耕地"，着力加强耕地数量、质量、生态"三位一体"保护，牢牢守住耕地红线，促进形成保护更加有力、执行更加顺畅、管理更加高效的耕地保护新格局。在全面划定永久基本农田的基础上，《关于切实做好高标准农田建设统一上图入库工作的通知》(国土资发〔2017〕115 号)明确要统一标准规范、统一数据要求，逐步建成高标准农田建设全国"一张图"，将2011～2020 年全国共同确保建成的 8 亿亩、力争建成的 10 亿亩高标准农田建设信息按时、全面、真实、准确地上图入库，实现有据可查、全程监控、精准管理、资源共享，确保国家"藏粮于地"战略得以部署。

三、"智慧耕地"促进永久基本农田得到有效监管

根据自然资源部、农业农村部的要求，今后永久基本农田划定将在创新思路与举措，以及巩固、完善、提高上下工夫，研究探索制度化安排和长效化机制，加快构建耕地数量、质量、生态"三位一体"保护新格局，主要从以下几个方面开展工作。

一是巩固划定成果，加快集成和应用。做好已通过复核的划定成果集成，将永久基本农田数据库及时纳入遥感监测"一张图"和综合监管平台，纳入"智慧耕地"管理信息系统，作为土地审批、卫片执法、土地督察的重要依据，充分发挥划定成果对粮食生产功能区和重要农产品生产保护区划定的基础支撑作用。

二是完善监督体系，实现成果动态管理。建立全国永久基本农田动态监管系统，完善永久基本农田数据库更新标准与规范，指导各省(区、市)对永久基本农田占用、补划等情况进行动态监管，实现全国永久基本农田变化信息的及时汇集和动态管理。

三是提高管护水平，落实特殊保护政策措施。加强和完善永久基本农田管控性、建设性、激励和约束性保护政策，严格落实永久基本农田保护责任，建立健全"划、建、管、护、补"长效机制，将永久基本农田保护情况纳入省级政府耕地保护责任目标考核和领导干部自然资源资产离任审计。

四、永久基本农田保护红线划定成为国土空间规划编制中的底线

国土空间规划体系将永久基本农田划定与空间格局优化作为编制国土空间规划的重要内容。根据《中共中央　国务院关于建立国土空间规划体系并监督实施的若干意见》(中发〔2019〕18 号)的要求，国家已经明确建立新的"五级三类"国

土空间规划体系①，提出"三区三线"划定②，其中永久基本农田一经划定，要纳入国土空间规划，任何单位和个人不得擅自占用或改变用途，要充分尊重农民自主经营意愿和保护农民土地承包经营权，鼓励农民发展粮食和重要农产品生产。永久基本农田保护红线划定，对于国土空间格局有直接影响，它既是政策线，也是空间布局线。

---

① "五级"是从纵向看，对应我国的行政管理体系，分五个层级，即国家级、省级、市级、县级、乡镇级。其中国家级规划侧重战略性，省级规划侧重协调性，市县级和乡镇级规划侧重实施性。"三类"是指规划的类型，分为总体规划、详细规划、相关的专项规划。
② "三区"是指城镇、农业、生态三种类型的空间，"三线"是指生态保护红线、永久基本农田、城镇开发边界三条控制线。

第二章　永久基本农田划定背景
与保护政策分析

第一节　国际耕地保护

一、全球耕地概况

土地是人类生存与发展最基本和最重要的一种综合性自然资源。不仅维持人类生存所需的一切食物都直接或间接地来源于土地，而且许多工业原料和部分能源也是从土地中获取的。随着人口的不断增长和社会经济的快速发展，人类社会对土地资源的需求也随之增加，尤其是土地资源紧缺的状况日益严重，成为当今世界面临的重要问题。研究世界耕地分布状况及存在问题，是一项紧迫而艰巨的任务。

（一）全球耕地分布与粮食生产概况

土地资源面积主要指陆地面积。在地球 5.1 亿平方公里的表面中，海洋面积为3.61 亿平方公里，约占 71%，陆地面积为 1.49 亿平方公里，约占 29%[5]。从地理分布来看，全球陆地面积的2/3 集中于北半球，1/3 集中于南半球。分布在地球不同地理位置的土地资源，由于组成的复杂性和地区的特殊性，再加上人口、民族以及各国社会经济条件的不同，各地利用特征不尽相同，土地资源状况十分复杂。

根据 FAO 发布的统计数据，2005 年全世界土地面积为 1300441 万公顷，约占地球总面积的 25%，其中耕地面积为 14.02 亿公顷，约占全世界土地面积的10.8%[8, 9]。耕地在全球分布不平衡，主要分布在亚洲、欧洲、北美洲、南美洲。从耕地占比来看，发达国家占比略高于发展中国家；从地区来看，亚洲耕地最多，占比为 16.36%，其后依次为欧洲 12.86%、北美洲 11.97%、非洲 6.73%、南美洲6.11%，大洋洲仅为 5.85%（表 2-1）。从耕地在各国的分布来看，全世界耕地面积最大的国家为美国，达到 17445 万公顷，占美国土地总面积的 19.04%，其次为印度（15965 万公顷）和俄罗斯（13097 万公顷）。耕地面积占土地面积比例最大的国家为印度（53.70%），其次为德国（34.12%）和法国（33.65%）[8, 9]（表 2-2）。

根据 FAO 数据推算，世界人均耕地面积为 0.22 公顷，其中南美洲人均耕地面积为 2.72 公顷，大洋洲为 1.52 公顷，北美洲、欧洲、非洲和亚洲分别为 0.50

公顷、0.39 公顷、0.23 公顷、0.13 公顷（表 2-1）。亚洲是人均耕地面积最少的地区，韩国是人均耕地最少的国家，仅为 0.01 公顷，人均耕地面积最多的国家是澳大利亚，达到 2.41 公顷（表 2-2）。

表 2-1　世界耕地资源地区分布状况[①]

地区	土地面积/万公顷	耕地面积/万公顷	耕地占土地面积比例/%	人均耕地面积/公顷
全世界	1300441	140232	10.78	0.22
亚洲	309890	50686	16.36	0.13
非洲	296266	19941	6.73	0.23
北美洲	213116	25518	11.97	0.50
南美洲	175324	10711	6.11	2.72
欧洲	220932	28410	12.86	0.39
大洋洲	84913	4968	5.85	1.52

表 2-2　世界主要国家耕地资源比较[①]

国家	土地面积/万公顷	耕地面积/万公顷	耕地占土地面积比例/%	人均耕地面积/公顷
美国	91619	17445	19.04	0.58
加拿大	90935	4566	5.02	1.40
中国	93274	13004	13.94	0.10
巴西	84594	5900	6.97	0.31
印度	29732	15965	53.70	0.14
法国	5501	1851	33.65	0.30
德国	3488	1190	34.12	0.14
澳大利亚	76823	4940	6.43	2.41
韩国	987	164	16.62	0.01
日本	3645	436	11.96	0.03
英国	2419	573	23.69	0.09
俄罗斯	170754	13097	7.67	0.89

截至 2005 年，全世界粮食生产总体格局为：南美洲和北美洲每年共生产粮食 5 亿吨左右，欧洲年产粮食 4 亿吨左右，大洋洲年产粮食 3000 多万吨，非洲是人多粮少的地区，人均生产粮食不到 200 公斤。全球主要粮食生产国粮食生产概况如表 2-3 所示。

① 资料来源：根据 FAO 2006 年发布数据整理。

表 2-3　全球主要粮食生产国粮食生产概况表[①]

国家	粮食总产量/亿吨	国家	粮食总产量/亿吨
中国	6.16	越南	0.40
美国	3.63	德国	0.40
印度	2.16	澳大利亚	0.31
巴西	1.33	乌克兰	0.29
阿根廷	0.85	波兰	0.26
俄罗斯	0.81	哈萨克斯坦	0.20
法国	0.59	泰国	0.18
加拿大	0.51	—	—

(二)全球耕地存在的主要问题

1. 耕地数量减少

耕地是保障人类食物安全最重要的物质基础。迄今为止,人类的食物仍有88%来自耕地。然而,由于人口的增加和建设用地面积的不断扩大,耕地被大量占用,导致其面积减少。据 FAO 资料表明,全世界每年有近 50 万公顷的耕地被工业或者其他建设项目占用[10, 11]。世界人口的迅速增长,使土地人口负荷指数(某区域人口密度与世界人口平均密度之比)每年增加 2%左右,若按农用地面积计算,其人口负荷指数增加 6%~7%[8]。这意味着人口增长给耕地资源带来了巨大压力(表 2-4)。

表 2-4　世界部分国家和地区的土地人口负荷指数[①]

国家和地区	负荷指数	国家和地区	负荷指数	国家和地区	负荷指数
欧洲	3.5	亚洲	2.8	美洲	0.4
奥地利	3.3	中国	3	阿根廷	0.3
英国	8.5	印度	6.2	美国	0.8
法国	3.4	日本	10.4	非洲	0.4
德国	8.8	阿联酋	1.1	阿尔及利亚	0.2
意大利	6.7	澳大利亚	0.1	尼日利亚	0.2

日本在 1950 年拥有耕地 620 万公顷,到 2005 年仅剩下 436 万公顷,英国在 20多年的时间内共减少农用地 113 万公顷,中国在 1996~2003 年这 8 年间耕地面积减少近 7 亿公顷。据联合国有关统计资料显示,1950 年全球人均耕地面积为 0.75公顷,而到 2005 年只剩下 0.22 公顷。美国农业经济学界普遍认为,如果平均每人

① 资料来源:根据刘黎明主编的《土地资源学》数据整理,北京:中国农业大学出版社,2002。

占有耕地不足 0.4 公顷，则难以解决食物的获得问题，耕地锐减的势头为人类生存敲响了警钟[8, 10, 11]。

2. 耕地质量下降

1) 地力衰退

土地的地力衰退主要表现为养分亏欠。据统计，世界上土地养分不足的面积约占土地总面积的 23%。热带地区表现为磷(P)、钙(Ca)、镁(Mg)和硼(B)不足，南美洲 10 亿公顷的酸土中，氮(N)和磷(P)不足的占 90%，缺钾(K)的占 70%，缺锌(Zn)的占 62%[8]。而且，城市扩张往往占用大量郊区的优质农田，人们为满足对粮食等产品的需求，通过不断开垦草原、围垦滩涂等措施来增加耕地数量，但是新开发出来的耕地的理化性质还不能完全满足农业生产需要，生产能力低。

2) 水土流失

水土流失使土壤肥沃的表层流失，降低了土地生产能力，全球每年有 900 万公顷左右的土地因水土流失而丧失生产能力，全球河流每年带入大海的泥沙量约为 240 亿吨。美国每年流失的土壤达 10 亿吨以上，每年约有 1.2 万公顷的土地因水土流失而退化。印度每年流失的肥沃土壤约为 80 亿吨，养分多达 600 万吨以上，比施于耕地上的化肥还多[8]。由于各国情况不同，引起水土流失的主要原因也不同。人口膨胀引起的水土流失多发生于发展中国家，而因消费水平的提高引发水土流失的多发生在发达国家。

3) 土壤盐渍化

土壤盐渍化是困扰人类的五大土壤问题之一，另外 4 个问题则是土壤侵蚀、沙漠化、退化与污染。世界干旱半干旱区均有盐渍土分布，其面积约占该地区面积的 39%，主要分布在亚欧大陆，北非、北美西部。据 FAO 2005 年的资料表明，全球盐渍土总面积达 9.5 亿公顷，占陆地总面积的 7.26%。在以上盐渍土总面积中，大洋洲占 37.5%，亚洲占 33.3%，美洲占 15.4%，非洲占 8.5%，欧洲占 5.3%。就国家而言，澳大利亚、俄罗斯、阿根廷、伊朗、印度尼西亚、美国、加拿大、埃及、智利等都是盐渍土分布面积很大的国家[8]。

盐渍土通常是由于灌溉失误引起，多出现在灌溉农业高度发达地区。据测算，全世界灌溉土地面积约为 2.17 亿公顷，每年约有 12 万公顷农地由于次生盐渍化而丧失生产能力。目前世界上仍有大约一半的灌溉土地不同程度地遭受到盐渍化的危害。美国约有 30%的灌溉土地受到盐渍化的危害。印度盐渍化土地面积约占灌溉土地面积的 65%，埃及占 30%，叙利亚占 50%，伊拉克占 60%[8]。

4) 土地沙漠化与石漠化

土地沙漠化是指气候异常和人类活动等因素造成的干旱、半干旱和亚湿润干旱地区的土壤退化。全球沙化、半沙化面积逐年增加，许多沙漠区逐年向外扩展。据联合国 2005 年公布的资料，全球有 110 多个国家、10 亿多人受到土地沙漠化的威胁，其中 1.35 亿人面临流离失所的危险。目前，养活着 21 亿人口的干旱地区中有 10%~20%的土地已经无法耕种，丧失了经济价值[8]。

石漠化（亦称石质荒漠化）多发生在石灰岩地区，是因水土流失而导致地表土壤损失，基岩裸露，土地丧失农业利用价值，并且生态环境退化，地表呈现类似荒漠景观的岩石逐渐裸露的演变过程。石漠化已经成为岩溶地区最大的生态问题，被称为"地球的癌症"。导致石漠化的主要因素是人为活动。由于长期以来自然植被不断遭到破坏，大面积的陡坡开荒，造成地表裸露，加上喀斯特石质山区土层薄，基岩出露，暴雨冲刷力强，大量的水土流失后岩石逐渐凸现裸露，从而呈现出石漠化现象。全世界岩溶发育面积达 2200 万平方公里，涉及 10 亿人口，岩溶地区因脆弱的生态系统、恶劣的生存环境和欠发达的经济状况，成为全球最贫穷的地区，引起了中国、美国、俄罗斯等 40 多个岩溶发育国家的密切关注[12, 13]。

5）土地污染

土地污染是指土地受到酸雨或富含有毒有害物质水的侵蚀，土壤原有的理化性质恶化，土壤丧失了生产潜力，导致土地上的农林副产品对人畜禽渔产生危害。随着工业的迅速发展，"三废"的排放，化肥和农药在农业生产中的大量投入，土地污染问题已经相当严重。全世界 10%的受监测河流在一个或多个监测站的数据表明，硝态氮含量超过世界卫生组织公布的饮水标准。在对美国 150 多条河流的研究中发现，在全部水和泥沙样品中，42%~82%受到有机氯杀虫剂的污染，2%~7%受到有机磷杀虫剂的污染[8]。

二、代表性国家农地保护政策

（一）美国

美国是实行土地私有制的国家，大部分土地都是由私人企业或个人所占有，联邦政府占有 308.4 万平方公里，约为国土面积的 32%。美国的耕地面积几乎比中国多一倍，是世界上农业较发达的国家，是粮食生产大国和农产品输出大国，有着"世界的面包篮"之称，这不仅得益于其得天独厚的自然条件、先进的科学技术和管理水平，更与美国长期实行的农地保护政策密切相关。工业化的发展推动了城市化进程，20 世纪 70 年代开始，美国也面临耕地被转为建设用地的情况，农地快速减少给美国带来了一系列经济、社会和生态问题，因此美国实行了一系列保护农地的措施，通过完善的法律制度、以城市用地与农用地双向划定为特色的土地规划、有效的经济调控手段以及高科技的运用，使美国的农地保护取得了显著的效果[14-18]。

1. 农地保护法律和政策调控

1）法律是美国保护农地的第一道防护网

为保障农业生产，美国政府制定了一系列农地保护法律，如《土壤保护法》(1935 年)、《土壤保护和国内配额法》(1936 年)、《农地保护政策法》(1981 年)、《农业风险保护法》(2000 年)等。此外，一些州也制定了保护本州农地的相关法律，如新泽西州的《农地评价法》、密歇根州的《农地和开敞空间保护法》等。

2) 划定城市空间增长边界 (urban growth boundary，UGB) 和农用地限制区 (agricultural protection zoning，APZ)

美国的城乡规划由规划委员会组织编制，经立法程序通过并发布，城市空间增长边界固定后不得随意变动，调整需遵循法定程序。城市空间增长边界是指在城市周围预先确定增长界限，以防止城市规模无序扩大而任意侵占农地，边界以内是已有建筑物的土地和尚未被开发的空地，其中空地面积为能够满足 20 年规划期内城市发展的用地。而农地区划政策，通过对划入保护区的土地所有者进行限制来进行土地的用途管制，政府通过对农地保护资金进行调配、编制各种农地开发与保护政策等来防止因管理疏漏而导致的农用土地性质的变更，做到"监督和平衡"，确保国家农地保护政策的一致性。

3) 土地分类、分区利用

《农地保护政策法》将美国的农地划分为四大类，即基本农地、特种农地、州重要农地和地方重要农地，前两种类型的农地禁止改变农业用途，后两种在一定条件下可改变用途。各州政府通常利用区划法规将辖区内的土地分为四类：居住用地、商业用地、工业用地和农业用地，每类土地又分不同的级别，并强制出版分区的地图，制定分区的文本。区划法规具有法律效力，分区制和土地细分管理则具有强制作用。农业区划是指为了建立稳定的农业区基地，政府通过提供服务措施，支持农业区内的农业生产活动和鼓励农民形成特定的农业区的行为。通过把农业用地严格划片，在该农业区域内，只准进行农业生产或者与农业生产有关的活动，严禁修建住宅和发展其他城市基础设施。分区制是美国地方政府控制建设用地的最主要的措施，它将土地分为管区，控制其用途、形态、密度、高度、面积等。

4) 农业专业化分区和集聚区域划分

美国州政府通过规划明确地方政府未来土地开发行为的空间区位，适当而有效地提供公共服务设施，以避免不成熟的土地开发行为。通过农业分区专业化促进土地因地制宜、合理利用，促进各个地区集中力量种植最适合其土壤、气候的作物。东北部多山地区发展乳畜业，中西部地势平坦地区发展畜牧业、灌溉农业和玉米种植业，南部高温多雨地区发展优质棉花和热带作物种植业，太平洋沿岸地带发展水果种植业和灌溉农业，哥伦比亚河谷发展小麦种植业。将农业与城市开发区域相隔离，对农田上建造房屋的数目进行限制，并对农业区实施保护。此外，美国许多地区正在尝试一种新的土地区域划分方法，即集聚建设方法，房屋相邻而建，以腾出广阔的土地用于农田。

2. 激励制度保障

1) 税收优惠

美国通过税收优惠政策对农地进行保护，包括农地保留农业用途的退税、减税等优惠。政府对于农地不能按照土地的城市开发价值征税，而要根据土地评估的价值征税。作为税收优惠的条件，农地所有者要保证土地保持农业用途至少 10 年。

2) 政府补贴

20 世纪 80 年代中期至 90 年代初期，美国政府针对美国东北部各州(缅因州、马里兰州、纽约州、宾夕法尼亚州、新泽西州等)人口稠密、城市化水平高、农地向住宅和其他城市用途流转压力大的状况，开展了一项"保护储备计划"，试图通过提供 3390 万美元的补贴，使土地所有者登记参加这项农地储备计划，保护农地和生态环境。

3) 土地发展权制度的实施

土地发展权制度是美国农地保护政策中的一项重要制度创新，土地发展权是改变土地用途或加大土地开发程度的权利。为保护农地保持农业用途而不被开发利用，美国政府对部分农地发展权进行购买(称为土地发展权购买)或者通过市场交易将该块土地的发展权转移到另一块拟开发的土地上(称为土地发展权转移)。土地发展权被购买或转移后，其产权可以继续交易，但不得改变土地用途。土地发展权的设置，合理地保障了土地所有者的利益，为长久地保留部分土地的农业用途创造了可能。

3. 现代科学技术的应用

美国在监测土地动态和评估土地质量等方面都采用现代科技手段，还成立专门机构对其进行记录和管理。20 世纪 80 年代以来，美国政府将地理信息系统(GIS)、全球定位系统(global positioning system，GPS)、遥感(RS)综合运用到农地动态监控和保护当中。

4. 耕地质量提升

美国曾经普遍采用集约耕作制度，提高了农作物产量，但也产生了土壤质量下降等不良后果。为改善这一状况，美国从 20 世纪 70 年代中期开始，大力推广有机耕作制度，不允许使用化肥和生长激素，采用轮作和土壤耕作，最大限度地利用植物的败叶、废弃的有机物质、厩肥、绿肥及豆类作物，用生物学方法防止病虫害。为土壤内有益微生物的生命活动创造了良好的条件，很好地改善了土壤质量，保证了农作物优质生长。

5. 非政府组织和公众参与

美国农地保护中的诸多环节都有美国耕地基金、农地保护协会、农地农场协会、农地基金等非政府组织的参与,这些组织专为保护农地而成立,在农地保护中发挥了重要作用。此外,政府官员、农地所有者、农民、专家、志愿者等公众参与度也比较高,美国土地利用规划的制定是自下而上以协商沟通的方式在充分发扬民主的基础上完成的。

(二)加拿大

加拿大地域辽阔,气候、地势和土壤等方面地区差异性大,与我国有相似之处。加拿大虽然整体上地广人稀,但局部土地资源相对短缺,全国只有约 7% 即 6800 万公顷的国土用于农业生产。加拿大的土地所有制包括联邦公有、省公有和私人所有三种形式,其中联邦公有占比约为 41%,省公有约为 48%,私人所有约为 11%。20 世纪 50 年代开始,加拿大城市迅速扩张,十多年时间占用了大量优质农田,同时又有大量农田闲置抛荒,造成农地面积锐减,引起了政府的关注和重视。而加拿大在土地规划管理方面,联邦政府、省政府和市政府相对独立又各有分工,根据《加拿大宪法》,各省拥有其省内资源的所有权,联邦政府只管理联邦所有的土地,对各省公有和私人所有的土地没有直接管理权,但是联邦政府(对机场、口岸、军事等重大基础设施项目用地具有管理权限)可以通过政策和投资流向来影响各省土地的开发利用。加拿大的农地保护政策可以归纳为三个方面[19-21]。

1. 法律和政策保护

为保护优质的农地免于开发,鼓励现有城市区域内土地的充分利用,从 20 世纪 70 年代起,加拿大开始将农地保护纳入国家政策议程,通过制订农地保护计划以阻止或减缓高质量农地的土地开发,其诸多创新实践取得了显著成效。加拿大制定有《环境和土地使用法》《污染控制法和解释法》《土地委员会法》等法律。另外,部分省还制定了更为严格的法律,如不列颠哥伦比亚省和魁北克省分别颁布了《农地委员会法》和《农地保护和农业活动法》。加拿大还出台了一项农地保护方面的新规定——缓解令,要求开发者每开发 1 英亩(1 英亩=0.00405 平方千米)农用地,都要永久性地保护另外一英亩的农用地。但其作为加拿大一种新型的农用地保护方式,方案的细节方面仍未完善,运行体制也尚未成熟,当前还未被广泛使用。

土地利用规划是加拿大农地保护的一项重要措施,各省份在联邦政府总体规划精神的引导下,结合自身特点制订土地利用以及农地保护方面的规划。例如,通过制定计划法案(planning act,PA),为该省农地保护政策的制定提供总体框架,指导自治县自制农地编制土地利用计划。其中特别要提到的是"升级发展计划",该计划以保护优质农地为目标,规定在科学估测农地质量的前提下,积极引导城市向特定的,主要是远离优质农地的方向扩张。同时,加拿大鼓励城市进行集约化经营，用足城市存量空间，加强对现有社区的重建，重新开发废弃地和污染地，减少盲目扩张对城郊优质农地的占用，同时达到保护农业用地的效果，促进土地资源的有效利用，并有助于保留城市的开放空间。加拿大通过制定土地利用总体规划(integrated land-use planning，ILP)等对城市发展和生态环境保护进行指导。

不列颠哥伦比亚省于1972年建立的农业土地储备(agricultural land reserve，ALR)被认为是当时北美最先进、最具影响力的土地利用规划之一。土地储备的项目规划与地方政府的计划和细则之间的关系是非常清晰明确的，由省政府发起并通过28个地区委员会提出、修改和完善农地边界，最终共同完成划定任务。区域划定与地方土地计划相衔接，每五年可以进行一次缓冲区调整。土地储备让省政府到各地政府的土地利用政策、计划、规章制度以及土地项目在农地保护的总体框架下更加合理化。

ALR划定省域农地区域，区域内优先考虑农业，非农业用途受到限制，目的是永久保护有价值的农业用地。ALR保护了不列颠哥伦比亚省约460万公顷的农业用地。政府结合环境和土地之间的相互配合，将1~4级农业生产能力的土地确定为农地，进行土地冻结(land freeze，LF)，禁止农地被细分或转用为非农用地。该土地储备计划最显著和最有影响力的特点表现在：一方面限制了购买开发权，通过农田分区和城市用地分区，划为农地的地区仅能用于农业和农场活动，有效守住了农地免于住宅和商业开发；另一方面，根据土地生产力而划定的农地储备的边界，有利于确定一个可信区域以保护农地的完整性，避免几十年长期发展过程中政治的干扰或政策的变动带来不确定因素。

加拿大南安大略省也制定了增长计划(growth plan，GP)，确定了密度和集约化目标、城市增长中心、战略就业区域和解决区域的限制，这些限制旨在减轻与该地区无序、不协调的增长相关的负面环境、经济和人类健康的影响，安大略省政府通过的"绿带"立法，被认为是防止城市发展和对环境敏感的土地扩张的重要一步。魁北克省规定，各市镇和县对本地区被划入保护区的农地要严格保护，优先用于农业生产。对在农地保护区中进行的其他生产活动，要向委员会提出申请。

2. 现代科学技术的应用

加拿大土地清查(Canada land inventory，CLI)是加拿大联邦和省政府联合实施的一项早期土地综合清查创新工作，20世纪60年代早期由林业和农村发展部提出，在1961年《农业恢复与发展法》的基础上对土地生产能力、区域资源使用以及土地利用规划进行了全面的清查，并结合大量数据绘制出地图，这些数据由世界上第一个地理信息系统所产生，也称为"加拿大地理信息系统"。

加拿大所有10个省份的土地使用和试点土地使用规划项目都是CLI计划的重要组成部分。加拿大通过调查将农地质量分为7个级别(含有子类)，1~3级是优质或高产的可耕土地，第1级土地可耕能力最高，第7级土地最低。在全国范围内，CLI 数据为评估加拿大土地使用和土地性质变化提供了依据，尤其是在城市扩张对农业和其他主要资源土地的侵蚀方面。通过土地清查，政府发现只有 10% 的土地适合发展农业，国家从这部分土地获得了各种各样的农产品，包括大量的出口产品。在此基础上，一些省份便开始了保护农业用地的立法，并确定了农田边际。其中，不列颠哥伦比亚省土地委员会就建立了农业土地储备，成为各省效仿的重要土地保护措施。

3. 开展生态计划和税收调整，促进生态发展

加拿大的宪法中缺少对农地发展权的规定，从而限制了购买农地，保护了农业用地的地役权。加拿大制定的生态礼物计划(ecological gifts program，EGP)提供了一种保护生态环境的方式，通过税收优惠鼓励所有者捐赠那些已被列为生态敏感区或具有生态价值的私有土地的发展权，保证土地的生物多样性和环境遗产的永久保存。此外，对不同的土地流转方式实行差异化税率，一方面征收高额的土地开发交易税，以此来抑制人们对农地的开发；另一方面，不断降低农户之间的耕地交易税，从而在更大程度上保证农地农用，促进农业的规模化发展。通过调整部分农地的税收评估标准，减少农民财产税的支付额度来实现农地保护，加拿大对农业用地以农用价值作为税收评估标准，而不是继续按照市场价值评估。

(三) 英国

英国是一个岛国，国土面积狭小，耕地面积所占比例在西欧各国中也是最小的。根据英国地形测量局 2005 年的调查，英国耕地面积为 458.3 万公顷，占土地总面积的 18.9%，1998～2005 年，英国耕地面积减少了 42.2 万公顷，年均约减少 5.44 万公顷，而城市及相关用地面积增加了 28.2 万公顷。英国 78% 的人口为城市人口，城市化程度居发达国家的前列，属人地矛盾突出的国家，耕地资源更为紧张。耕地保护是英国农用地保护的重要内容，但未单独制定耕地保护政策，其农地保护政策包括以下方面[22, 23]。

1. 法律制度管控

英国是典型的土地私有制国家，又是世界上最早通过规划立法限制土地开发的国家。工业化时期制定的《住宅法》《城乡规划法》，使城市快速发展而土地所有者损益明显，导致土地过度开发、环境污染和耕地流失现象严重。1942 年英国政府提出对农地实施分类利用，1947 年新的《城乡规划法》规定土地开发权归国家所有，土地所有者变更土地用途或开发土地必须向政府提出申请并缴纳开发税。1966 年英国建立农业土地分类系统，将农业土地分为 5 个级别。1981 年英国政府制定的《野生动物、田园地域法》提出将"科学研究指定地区"转为草地和林地，由政府支付补助金。1986 年制定《农业法》指定"环保农业地区"，通过

乡村发展纲要和国家发展规划，保护优等农业用地。1987 年制定《守护田庄规划》《有机农业生产规划》《农地造林规划》《坡地农场补贴规划》《林地补助规划》等，目的是改善环境，增加生物多样性。

2. 规划体系的构建

2004 年以来，英国新规划体系(国家层、区域层和地方层)强调农业的可持续发展，更加重视耕地保护，耕地保护政策体现在各级相关的规划中。国家级规划政策文件包括可持续发展、绿带、住房、交通、工商业、旅游等二十多个方面。总体上来看，英国的耕地保护主要通过灵活的规划制度来进行。中央政府居核心地位，所有开发项目需提交中央政府审核，英联邦环境部部长对于地方规划的审查拥有广泛的权力。这种先审查后开发的土地开发许可制度，能确保把开发建设活动对环境的影响降到最低，更加有效地利用土地资源。2005～2006 年，英国在欧盟率先实行以保护环境、促进生物多样性发展为宗旨的农业政策，鼓励农场主发展环保型农业，保护农田，防止过度耕种。

3. 生态激励制度

20 世纪 50 年代起，为减少城市建设对农地的环境影响，英国政府制定了《土壤处置实践指南》，明确了联邦政府和地方政府中农业、环境、规划、林业和矿产管理等不同层级政府部门的职责分工，以维持和保护土壤肥力。在保护耕地的具体过程中，主要通过三个方面实现。

1)强化耕地生态保护理念

20 世纪 80 年代以后，英国政府开始逐步加强农地环境的保护工作。地方官员尤为关注农地的环境价值和乡村景观的保护，2001 年英国新成立了环境、食品和农村事务部，还专门成立了未来农业与食品政策委员会，鼓励农民在生产的同时注重环境保护，同时对农业补贴政策做出相应调整。

2)实施耕地休耕保护制度

政府资助农户补助金，鼓励农户将科学研究的指定地区(多为劣质地)转为草地和林地。如果农场主每年将其 20%的土地作为永久性休耕地，其每公顷耕地所享受的补贴最高可达 200 美元，如果将 20%的耕地进行轮耕，其每公顷耕地所享受的补贴最高可达 180 美元。此外，还通过低息贷款方式鼓励农民进行土地整治、土地改良等活动。

3)实行农村环境生态补偿制度

从 2005 年开始，英国将种植和养殖补贴变为环境保护补贴，不施用氮肥的耕地每公顷可获得 450～550 英镑的补贴。其中在氮污染敏感地区，农户每公顷氮肥施用量小于 75kg 可获得 65 英镑补贴。

（四）德国

德国位于欧洲中部，属温带气候，水资源较为丰富，农牧业生产具有良好的自然条件。2016 年，德国农业用地面积为 1671 万公顷，约占德国国土面积的一半，其中耕地面积为 1182.2 万公顷，占农业用地的 70.7%，草地面积为 469 万公顷，占农业用地的 28.0%，其余为果园、葡萄园等。德国农业发达，机械化程度很高，是欧盟最大的农产品生产国之一。高度发达的工业也为提升德国耕地的生产效率创造了更多的优势，德国的农地保护特色鲜明、理念先进[24-26]。

1. 法律和政策调控

德国建立了一套关于土壤污染防治的基本法律体系。其中，核心的《联邦土壤保护法》规定了土地使用权人及所有权人在防止土壤污染与清除土壤污染方面的法律义务，明确了联邦政府的行政立法权限，以及政府对污染清除的调查规划主体、程序以及责任承担。

德国属于高度城市化国家，2000 年城市化率已高达 87.5%，其农地保护主要通过现代化的土地利用规划制度开展，规划制度的基础性框架是 1965 年制定的《联邦区域规划法》。该法建立了一整套国家规划管理的目标体系，包括国家级区域发展体系，区域间各州政府合作、保护土地资源景观等内容，该法律还具体到保持高质量农地和农村文化、消除农村地区人口流失等内容。

巴伐利亚州在德国农地保护方面具有代表性，其土地利用总体规划对保护农地做出了详尽的规定，包括联邦和州政府的公共投资都必须和现有的土地利用分区相吻合。土地利用分区具体设定了发展区、适度增长区和禁止发展区。在禁止发展区内，除去必要农业建筑和少量住宅，其余基本上是农用地，并且禁止开发。在农业区内，政府一般很少资助公路、排污、排水设施的修建，经济发展活动一般都位于设定的区域经济增长中心。该州于 1972 年建立了"山区农民补贴计划"，对在山区进行农业生产的农民给予一定年限的补贴，这不仅给当地农民带来经济收益，还保持了该地区高质量的土地景观和自然风景价值，这对巴伐利亚州的旅游和休闲产业具有重要的意义。

2. 注重土地整治与规划

德国通过土地整治工作促进城乡统筹协调发展，实现整治区域内生态环境保护与农村社会经济发展的统一。早在 20 世纪 80 年代，德国就开始推广应用计算机数据处理技术建立土地整治信息系统，土地整治已经兼具兴修水利、改良土壤、保护乡村景观、优化村民居住条件和传承历史文化等多重功能。德国在其城镇化进程中，高度重视城市土地规划的作用，根据城市发展趋势预测安排城市各项功能用地，将城市用地分为居住用地、混合用地、工业用地和特别用地四种类型，再将每种类型用地进一步细分，划分为核心区、混合区、居住区等，明确每个区的边界和用途，解决城镇化与耕地数量保护之间的矛盾。

3. 生态补偿与资助

德国注重发展有机农业，提高土壤有机质含量。德国农业发展最初是为了提高农产品供给水平，但导致人们过度利用耕地资源并加大了化肥、农药的投入。20 世纪 70 年代，德国出现了严重的农产品生产过剩现象，而且由于化学产品的滥用，耕地环境遭到了破坏，农产品质量安全难以保证，农民收入减少，挫伤了其继续从事农业生产的积极性。德国于 20 世纪 90 年代制定《土地资源保护法》《肥料使用法》等相关法律，启动了一系列农业生态补偿政策，旨在转变农业生产方式，保护耕地生态环境。补贴内容主要面向有机农业、粗放型草场和弃除草剂的农作物，补贴途径以政府购买型为主。在农业转型期间和过渡期完成以后，农业生产不允许使用任何药品和肥料。由于有机产品产量低，政府对农户和企业除给予一定补贴，还积极帮助开拓有机产品的消费渠道，使有机农产品做到优质优价。一些社会团体和民间工商企业也对有机农业的经营者在基础设施构建等方面进行资助。

德国对耕地进行生态补偿主要是通过生态补偿和休耕补贴两种形式实现的，其中生态补偿即一种在耕地上以有机、环保的农业生产方式耕种作业而获得的补贴（表 2-5）。补贴核定标准通常参照耕地中的氮含量，对于每公顷耕地中氮总量小于 170 公斤的农户首先会得到 500 欧元的基础性补贴，其他补贴依据具体开展的生态项目而定。德国耕地生态补偿的实施极大地提高了氮在农作物中的利用效率，显著改善了耕地质量，粮食综合生产力也得到了明显提升。同时实施的另一项政策措施是"乡村更新"，该措施的目的是通过努力创造充满活力的乡村环境，为当地农业人口提供更高水平的社会文化设施。

表 2-5　德国每公顷耕地生态补偿标准　（单位：欧元）

补贴类型	补贴对象	多年生农作物	蔬菜	一般种植业及绿地生产	能源类作物
转型补贴	传统农业向生态农业转型的农户	950	480	210	45
生态经营维持补贴	生态型农场主	560	320	160	45
土地常规补贴	从事环保型生产的农业企业主、农户	—	450～900		45
休耕补贴	休耕农户	全国 10%～33%的土地实行休耕补贴，补贴金额为 200～450 欧元			

（五）日本

日本是一个由 4 个大岛以及 3900 多个小岛组成的岛国，国土面积狭小，农地资源极其贫乏，人均耕地面积为 0.09 公顷，仅为我国的 1/3。日本 65%的土地为私人所有，公有土地只占35%，且多为不能用于建设的森林和原野。日本长期以来形成了以小规模农户家庭土地经营为主的模式，这与我国的农户家庭土地承包经营模式相类似。然而，在农地资源稀缺、人地矛盾尖锐的情况下，日本之所以能够有效地解决"农地非农化"的问题，成功地实现工业化和城市化，其科学严格的土地用途管制起到了重要的作用[27-31]。

1. 法律政策管控

日本制定的土地利用管理、规划及保护的法律繁多，包括《城市计划法》《农振法》《国土利用计划法》《农业法》《农地法》等。

《城市计划法》与《农振法》将全国土地区分为城市用地与农业用地，并对不同的农地资源予以不同程度的保护，以保证优良的农地资源不被挪作他用、优质农田永久性地用于农业生产。《国土利用计划法》规定，土地利用基本规划的原则是土地利用向着重视农地保护和生态保护的方向调整。例如，当市街化调整区和农业地区、防护林、自然公园和自然保护特殊地域重复时，农业地区、防护林、自然公园和自然保护特殊地域土地利用优先；农业地区与自然保护特殊地域重复时，自然保护特殊地域土地利用优先；该法还规定，市街化及用途地区与农业地区不能重复指定，防护林和自然公园地域也不能与原始自然环境保护地区重复指定。

日本农地一般分为三类。一类农地包括生产力高的农地以及通过公共投资进行土地改良、整理的农地和集团农地，此类农地除公共用途外不得转用。三类农地包括土地利用区划调整内的土地、上下水道等基础设施区内的农地、铁路及码头、轨道等交通设施，需占用的农地以及宅地占40%以上的街路围绕区域的农地，此类农地原则上可以转用。二类农地则是介于一、三类之间的农地，可以有条件转用。农地类别划分根据农业上的保全需要程度，一宗一宗地排定等级，低等级者可以转用。

根据《城市计划法》管制城乡用地，确定城市内部不同地域的土地利用。根据《农振法》与《农业法》的要求来明确农业地域的土地利用，限定森林地域的土地利用、自然公园的土地利用。

2. 层次分明、地域特色明显的国土规划体系

日本的国土规划体系包括国土综合开发规划、国土利用规划、土地利用基本规划、土地利用的详细规划4个层次，内容各有侧重。各种规划具备法律效应，确保了土地资源配置利用方向。

国土综合开发规划是日本经济振兴的重要宏观调控手段。针对资源配置利用的地域矛盾，实现地域间均衡发展，更是从长远角度明确国土综合开发利用方向，因此该规划是其他规划的基础和指导，是"管总"的规划。国土利用规划是在国土综合开发规划的指导下，从土地资源开发利用、保护的角度，确定土地利用的

基本方针、用地数量、布局方向和实施措施的纲要性规划，它实质上规定了土地资源应该做什么，用来做什么。土地利用基本规划以国土利用规划为依据，进一步划分城市、农业、森林、自然公园、自然保护等单项因子，并规定各地域土地利用调整等事项的具体土地利用规划，类似于我国的部门土地利用规划。土地利用的详细规划实质上是各地域内部进一步制订土地利用的详细规划，亦可认为是区域土地利用的细化方案，如城市规划、农业规划，类似于我国的特定区域详细规划。这种层次分明、地域特色明显的国土规划体系为日本用好每寸国土资源、保证土地资源合理配置及可持续利用打下了扎实基础。

3. 注重土地资源的集约利用

日本政府在工业与城市的布局上有意识地引导人口与经济向三大平原地带集中，逐步发展成为今天城乡一体化的三大都市圈，在有效地减少重复建设对农地资源占用的同时，产生了巨大的积聚效益和规模效益，实现了资源、基础设施共享与土地资源的集约利用。

日本新《农地法》的正式实施，将解决"人与地"关系问题作为土地制度和政策调整的主要目标，通过建立新型的"人与地"关系提高土地的利用效率，包括放宽对农地租赁主体的管制条件、调整与农地租赁相关的政策、推动农业生产法人以外的企业法人直接参与到农业生产经营活动中来。日本政府还对土地流转实施补贴，从而减缓甚至消除了重要的优良耕作区弃耕抛荒现象。通过对战前荒芜农地的复耕、填海造陆以及利用发达的科学技术增加山区、丘陵地带的有效利用空间和可用地面积等措施来增加农地与工业用地，在一定程度上有效增加了农地资源。

（六）韩国

韩国国土面积约为 10 万平方公里。其中，农地(耕地)面积为 180.05 万公顷，约占土地总面积的 18.1%，韩国人口约为 5200 万人，人均耕地面积不足 0.04 公顷，是世界上人口最密集的国家之一。韩国土地所有制以私有制为主，而且是一种垄断式的土地私人占有。韩国有完善且独特的土地管理体制，政府综合运用行政、法律、经济等手段对土地实行有效管理[32-34]，对土地的利用和管理行使着强有力的国家调控权力。

1. 法律政策制度管控

韩国政府为国土利用与规划制定的法律包括《国土利用管理法》《农地保护利用法》，内容详翔实，涵盖面广。

《国土利用管理法》将国土按用途分为城市地区、准城市地区、农林地区、准农林地区和环境保护地区五类，采取严格的耕地保护措施，对农业振兴地区和按用途划分地区的土地转用加以限制。《国土利用管理法》规定：农业振兴地区包括农林区域内的耕地及城市和环境保护区域内的部分耕地，其他耕地属于非振兴区域。农业振兴区域里不仅要对耕地进行整顿，还要增加灌溉基础设施的建设，除为了公共利益等个别情景，耕地是不能任意转为他用的。在个别情况下，农业保护区域限制转用许可面积为优良耕地面积的20%。

韩国政府为了充分利用和保护农地制定了《农地保护利用法》，目标是对日益减少的耕地进行有效的管理保护。规定的农用地保护措施包括：①农地的保护和利用通过立法予以保障，对违法行为严厉制裁；②设立农地专有管理机构，避免其他非农业管理部门由于部门利益减弱农地保护及管理的力度，特别是防止地方政府以低地价作为招商引资的优惠条件造成大量土地流失、闲置；③设立农地用途地域制度，按农地类型、用途来管理土地，采取灵活务实的做法，保障现有农地的数量和质量；④设立农地基金，筹措土地开垦和开发需要的资金，以弥补因农地转用而减少的农地；⑤颁布诚实耕作义务规定，土地的所有者或利用者疏于耕作或栽培时，政府可命令其有效利用农地，对不遵守命令者，政府可采取代耕措施。代耕措施，是指地方政府指定代耕者以替代土地的所有者或利用者耕作农地。指定代耕的情况包括：有明确所有者的休闲农地；无所有者或虽有所有者但不明确的休闲农地；连续二年未达到农林部规定的基准收获或栽培基准的农地，代耕的期限一般为二年。

2. 耕地开垦及资金管控

农地开垦费用制度的目的是为开垦替代耕地以代替因转用减少的耕地而准备必要资金，从而保持耕地的总面积不变，保证粮食自给。农地开垦费的缴纳对象是全部耕地转者，其额度按耕地类别、使用单位类别予以确定，一般按公告地价的20%缴纳。转用负担金制度是向通过耕地转用，使土地价格上涨的获利者征收资金的耕地保护制度。通过给转用者适当增加一些经济负担，起到限制农地转用的作用。

三、世界发达国家耕地保护的评述及启示

(一)世界发达国家农地保护综述

在前述的发达国家中，美国、加拿大地域辽阔，气候、地势和土壤等方面差异大，与我国有相似之处。而英国、德国、日本、韩国的农地资源稀缺、人地矛盾尖锐，也与我国存在许多相似之处。受自然条件、历史文化影响，日本、韩国长期以来形成了以小规模农户家庭土地经营为主的模式，这与我国的农户家庭土地承包经营模式相类似。在我国当前社会经济快速发展过程中，如何有效地解决"农地非农化"的问题、成功实现工业化和城市化，这些发达国家和地区科学严格的土地规划与农地保护制度将起到良好启示及借鉴作用。

综合而言，发达国家和地区的农用地保护措施的共同特征均为完善法律政策保障，注重规划，注重土壤质量改造、提高和保护，关注生态建设和农用地的可持续发展，配以补贴政策，以政府主导，社会团体、组织和公众共同参与，共同实现农用地的调控、使用和保护。其中，完备的法律保障和严格的土地规划是实现农用地保护的直接影响因素，关注耕地质量和土地生态是实现农用地保护的关键因素之一[35-37]。但各国和地区在农用地保护政策上存在不同的侧重，拟定了不同的措施(表 2-6)。

表 2-6　部分国家农用地保护政策重点与参与者构成

国家或地区	农用地保护政策重点	农用地保护的参与者
美国	以保护土壤实现耕地保护，维持耕地面积、注重耕地质量提高，政府提供多种补贴	政府、耕地所有人、专家、其他组织和协会
加拿大	以省为单位制定农用地保护政策，注重改良土壤、提高肥力，保护农业生态环境	政府、规划师、学者、公众
英国	注重土地开发、土地利用率、耕地质量提高和保护	政府、社会公众
德国	以可持续发展为导向实现耕地保护，走生态发展型道路	政府
日本	通过土地改良提高耕地质量，转变农业生产方式，保护耕地质量和数量	政府、法人"公团"、个人
韩国	分类保护，禁止耕地转用，制定农业振兴地域制度	政府、土地拥有者

(二)发达国家耕地保护的启示

1. 建立完善的法律法规体系

法律是保护农地的第一道防护网。发达国家的农地保护政策开始较早，多数国家从 20 世纪 70 年代后期开始都实行了保护农地的政策，且农地保护成效显著。其关键的因素在于国家级规划和相关农地保护政策都是通过立法机关以法律的形式颁布，有严格的法律规范和监督程序。

为了保护耕地不受侵占，各国均重视耕地保护立法工作，如美国从 1953 年开始就为农用地保护制定一系列保护法律。英国政府制定了十多部与耕地保护相关的法律，成为世界上公认的耕地保护立法最健全的国家。日本有关土地管理方面的法律共有 130 部之多。

总结发达国家农用地保护的法律制度建设，其特点主要有以下几个方面：农用地保护具有完善的法律体系予以支撑；法律体系落实程度高，监督程序完备；法律制度建设符合本国的实际需求，公众认可度高。

2. 完整规划体系与严格规划管理

农地保护政策应该首先是国家政策，国家级规划是对国土资源用途的法定性控制，能够从宏观角度上监控土地资源的流转，但国家级规划能够发挥作用的前提是必须通过地方和区域得到很好的贯彻和实施。日本的国土规划体系包括国土综合开发规划、国土利用规划、土地利用基本规划、土地利用详细规划4个层次。

不同层次规划还划定土地分区，规定不同的用途，制定相关管制措施，并严格执行。同时规划具备法律效应，确保了土地资源配置利用方向。在进行农地资源利用时要遵循土地使用管制规则，按照规定的农地利用方式，确定不同分区的使用强度。日本规定土地开发权归国家所有，土地所有者变更土地用途或开发土地必须向政府提出申请并缴纳开发税，否则只能按原有土地用途使用土地。德国则通过规划设定了发展区、适度增长区和禁止发展区，限制农用地使用权的转变。

3. 生态补偿和激励制度

上述发达国家均设有生态补偿机制，不同国家的补偿标准有所差异。美国开展的"保护储备计划"，试图通过提供补贴的方式使土地所有者登记参加这项农地储备计划，保护农地和生态环境。加拿大制定的"生态礼物计划"提供了一种保护生态环境的方式，通过税收优惠鼓励所有者捐赠那些已被列为生态敏感区或具有生态价值的私有土地的发展权，保证土地的生物多样性和环境遗产永久保存。英国的"科学研究指定地区"（劣质地）转为草地或林地，由政府支付补助金。德国对耕地的生态补偿主要通过生态补贴和休耕补贴两种形式呈现，补贴核定标准通常参照耕地中的氮含量，其他补贴依据具体开展的生态项目而定。

4. 土地发展权制度

土地发展权是美国的一个创新政策，土地发展权制度是各国保护农用地用途变更权利的制度，其大部分通过法律和规划得到保障和实现。为保护农地保持农业用途而不被开发利用，美国政府对部分农地发展权进行购买或者通过市场交易将该块土地的发展权转移到另一块拟开发的土地上，土地发展权被购买或转移后，其产权可以继续交易，但不得改变土地用途。

土地发展权是改变土地用途或加大土地开发程度的权利，受国外耕地保护的启发，土地发展权在我国的耕地保护中值得探索。我国农用地流转，可借鉴相关的理念和处置方法。

5. 广泛应用现代科学技术

发达国家十分重视现代科学技术在耕地保护中的应用。世界各发达国家在监测土地动态和评估土地质量等方面都采用了现代科技手段，将电子计算机技术、卫星通信技术以及遥感技术迅速发展并广泛应用于土地管理等各个领域，GIS、GNSS、RS都被综合运用到农地动态监控和保护当中。

美国最早在20世纪30年代土壤普查中运用科技手段完成了全世界首次土地生产力评价，其评价方法程序影响至今。加拿大则在60年代早期创新了世界上第一个地理信息系统，该系统利用开展土地综合清查工作，对土地生产能力、区域资源使用以及土地利用规划进行了全面的清查，并结合大量数据绘制出地图，土地清查数据为评估加拿大土地使用和土地性质变化提供了依据。德国 80 年代开始推广应用计算机数据处理技术建立土地整治信息系统，土地整治已经兼具兴修水利、改良土壤、保护乡村景观、优化村民居住条件和传承历史文化多重功能。

6. 多方参与的监督制度

发达国家土地以私有制为主，广大农场主对土地的利用受规划用途限制，受法律的约束，一旦违法使用土地将受到严厉的处罚，因而农场主都自觉按规划用途使用土地。在土地利用监督中，还活跃着国际、国内的非政府组织。比如，除了 FAO，美国农地保护中的诸多环节都有美国耕地基金、农地保护协会、农地农场协会、农地基金等非政府组织的参与，这些组织专为保护农地而成立，在农地保护中发挥了重要作用。此外，政府官员、农地所有者、农民、专家、志愿者等公众参与度也比较高，美国土地利用规划的制定是自下而上以协商沟通的方式在充分民主的基础上完成的。

借鉴国外多方参与、公众参与土地利用总体规划修编的方式，可以增加规划的透明度和可操作性。一方面，通过多方参与可以平衡各主体之间的利益关系，让决策符合大多数人的意愿，使决策更加完善与公平；另一方面，土地利用总体规划的制定与实施，涉及经济、行政、技术等多个社会学科领域，需要形成合力，以保障土地总体规划决策的科学性与民主性。

第二节　我国耕地现状与永久基本农田划定背景分析

一、我国面临的粮食安全挑战

据自然资源部 2018 年发布的《2017 中国土地矿产海洋资源统计公报》，2017 年初我国耕地面积为 13488.12 万公顷，人均耕地面积为 1.37 亩，不足世界平均水平的 40%，排在世界第 67 位，约相当于美国的 1/7、印度的 1/2。我国是全球第一大粮食生产国，但由于人口数量大，加上粮食结构比例欠合理，我国每年仍需从各粮食主产国进口大量粮食，主要种类为大豆、小麦、玉米等。据我国海关总署资料统计，2017 年我国粮食产量为 61791 万吨，其中谷物为 56455 万吨、大豆为 1917 万吨，但仍需进口粮食 13062 万吨，其中谷物为 2508 万吨、大豆为 9556 万吨。此外，我国每年还会进出口少量稻谷，这更多是为了满足世界贸易组织（World Trade Organization，WTO）的要求，即各成员国必须有 5% 的粮食来自进口，我国对主粮进口实施严格的配额制度，在一定程度上管控我国粮食安全风险。2004～2017 年我国粮食、谷物和大豆产量、进口量如表 2-7 所示，近年来我国粮食进出口量趋势如图 2-1 所示，2017 年我国粮食进口来源如图 2-2 所示。

表 2-7　2004～2017 年我国粮食、谷物和大豆产量、进口量统计表[①]　　（单位：万吨）

年份	产量			进口量		
	粮食	谷物	大豆	粮食	谷物	大豆
2004	46947	41157	1740	2998	975	2023
2005	48402	42776	1635	3286	627	2659
2006	49804	45099	1508	3186	359	2827
2007	50160	45632	1273	3237	155	3082
2008	52871	47847	1554	4131	154	3744
2009	53082	48156	1498	5223	315	4255
2010	54648	49637	1508	6695	571	5480
2011	57121	51939	1449	6390	545	5264
2012	58958	53935	1301	8025	1398	5838
2013	60194	55269	1195	8645	1458	6338
2014	60703	55741	1215	10042	1951	7140
2015	62144	57228	1184	12477	3270	8169
2016	61624	56517	1297	11468	2199	8391
2017	61791	56455	1917	13062	2508	9556

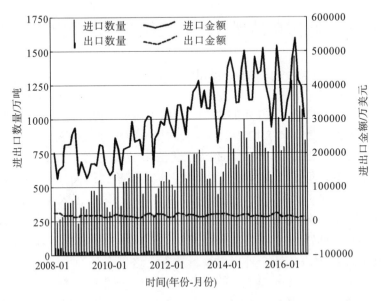

图 2-1　近年来我国粮食进出口量趋势[①]

① 资料来源：根据国家统计局、中国海关总署公布资料整理。

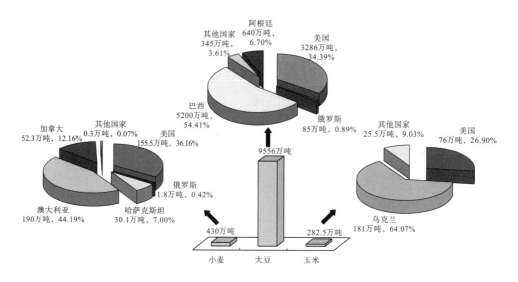

图 2-2　2017 年我国粮食进口来源示意图[①]

当前，我国在用约占世界 8% 的耕地养活占世界近 20% 的人口[②]，我国人均耕地面积处于世界中下水平，以中国现有的耕地面积难以完全满足中国人民的粮食需求。因此我国每年进口大量的小麦、玉米、大豆、水稻等粮食，但如果国际形势有变，进口受阻，中国的粮食安全会遭受重创。因此，在耕地面积保持稳定而人口持续增长的情况下，我国粮食供求矛盾面临进一步激化的挑战。虽然我国领土面积位居世界第三，大于美国，更是印度的 3 倍多，但境内多山陵、荒漠、草原，平原面积很小，耕地面积仅占国土面积的 16.13%，我国后备土地资源不足，据统计全国耕地后备资源约为 2 亿亩，但是水土光热条件比较好的不足 40%[③]。这一特殊的国情决定了我国粮食供求矛盾将长期存在，我国每年进口大量的小麦、玉米、大豆、水稻等粮食，但如果国际形势有变，进口受阻，中国的粮食安全会遭受严重威胁。

二、我国耕地保护面临的严峻形势

（一）耕地资源条件差且地区分布不均衡

截至 2017 年初，我国耕地面积为 13488.12 万公顷，垦殖系数（耕地比例）为 16.13%，人均耕地面积为 1.37 亩。我国土地资源条件总体较差，垦殖系数低，人均耕地少，优质耕地少，后备土地资源不足，地区分布不均衡。我国耕地面积较大的省份有黑龙江、内蒙古、河南、山东，云南耕地面积位列全国第八，约为 620

---

① 资料来源：根据中国海关总署公布数据整理。
② 资料来源：根据 FAO 发布数据整理。
③ 资料来源：根据自然资源部发布的土地变更调查成果数据整理。

万公顷[3, 4]。

据《2017 中国土地矿产海洋资源统计公报》，全国耕地平均质量等别为 9.96 等①。其中，优等地(1～4 等)面积为 397.38 万公顷，占全国耕地评定总面积的 2.94%；高等地(5～8 等)面积为 3584.60 万公顷，占评定总面积的 26.53%；中等地(9～12 等)面积为 7138.52 万公顷，占评定总面积的 52.84%；低等地(13～15 等)面积为 2389.25 万公顷，占评定总面积的 17.69%(图 2-3)。我国中低类产田占比超 70%，优质耕地大多分布在东南沿海地区[3, 4]。根据《全国土地利用总体规划纲要(2006—2020 年)》预测，到 2020 年我国人口将达到 14.5 亿人，为保障粮食安全、生态安全、经济安全、政治安全、社会稳定，必须稳定一定数量的耕地面积。

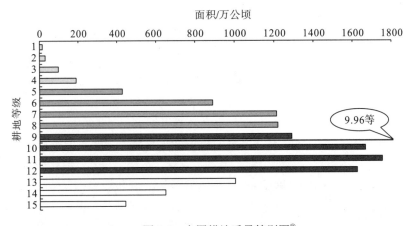

图 2-3　全国耕地质量等别图②

(二)耕地锐减局面得到控制，但耕地仍呈减少趋势

我国从 1988 年开始划定基本农田，通过对 1988～2017 年的耕地数据进行统计分析得出，我国耕地总面积呈下降趋势。1988～2017 年，全国耕地面积从 14534.88 万公顷减少至 13488.12 万公顷，净减少 1046.76 万公顷。其中 1996～2003 年我国耕地面积减少比例达到 4.62%，耕地总面积于 2002 年跌破 14000 万公顷(表 2-8、图 2-4)。

表 2-8　1988～2017 年我国耕地面积③　　　　(单位:万公顷)

年份	耕地面积	年份	耕地面积
1988	14534.88	2003	13697.88
1989	14504.48	2004	13603.09

① 我国耕地质量共分为15个质量等别，1～4 等、5～8 等、9～12 等、13～15 等，依次划分为优等地、高等地、中等地和低等地。
② 资料来源：根据自然资源部发布数据及《2017 中国土地矿产海洋资源统计公报》数据整理。
③ 资料来源：根据自然资源部发布的土地变更调查成果数据整理。

续表

年份	耕地面积	年份	耕地面积
1990	14501.58	2005	13566.93
1991	14511.58	2006	13536.25
1992	14509.28	2007	13532.18
1993	14479.58	2008	13530.25
1994	14447.28	2009	13538.46
1995	14403.48	2010	13526.83
1996	14362.58	2011	13523.86
1997	14348.97	2012	13515.85
1998	14322.87	2013	13516.34
1999	14279.21	2014	13505.73
2000	14182.97	2015	13499.87
2001	14120.24	2016	13492.09
2002	13951.62	2017	13488.12

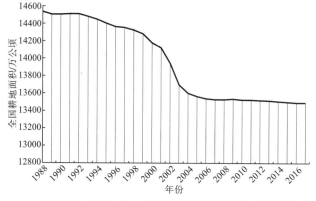

图2-4　1988～2017年我国耕地面积变化趋势图[①]

（三）耕地质量退化得到遏制，但土地整治任务艰巨

2018年全国水土流失面积为273.69万平方公里,我国的水土流失类型主要为水力侵蚀和风力侵蚀两种方式，其中水力侵蚀面积115.09万平方公里，占水土流失总面积的42%，占国土面积的12%。而风力侵蚀面积158.60万平方公里，占水土流失总面积的58%，占国土面积的16.6%。从全国省份分布来看，水力侵蚀在全国31个省（区、市）均有分布，其中风力侵蚀主要分布在"三北"地区。从东、中、西地区分布来看，西部地区水土流失最为严重，面积为228.99万平方公里，占全国水土流失总面积的83.7%。中部地区水土流失面积为30.04万平方公里，占

① 资料来源：刘一荻. 水利部：2018年全国水土流失面积较2011年相比减少"一个湖南省" [OL]. [2019-07-02]. https://baijiahao.baidu.com/s?id=1637996314619491287&wfr=spider&for=pc.

全国水土流失总面积的 11%。东部地区情况较西部北部较好，水土流失面积为 14.66 万平方公里，占全国的 5.3%。随着水土流失的加剧，土层有效持水量降低、热量状况变劣，裸露土地温度升高，土壤调节水分的功能也随之下降，影响水资源利用，进而导致水旱灾害加剧。

包括贵州大部及广西、云南、四川、重庆、湖北、湖南等省(区、市)的部分地区，是全球三大岩溶集中连片区中面积最大、岩溶发育最强烈的典型生态脆弱区，面积达 50 多万平方公里。2004～2005 年，国家林业局(现国家林业和草原局)组织开展了岩溶地区石漠化土地监测工作，范围包括我国西南、南方共 463 个县[38]，监测总面积为 107.14 万平方公里，岩溶面积为 45.10 万平方公里。监测结果表明，我国石漠化土地面积近 12.0 万平方公里，占岩溶面积的 26.61%。同时监测结果表明，我国石漠化土地面积总体呈减少趋势[38]。

我国耕地质量退化还表现出区域差异性，具体表现为东北黑土地变薄、南方土壤酸化、北方土壤盐碱化，目前我国耕地退化面积占耕地总面积比例达 40%以上。耕地污染面积大，全国耕地重金属点位超标率达 19%以上。由于土壤地力偏低、污染等因素影响，我国土壤对农产品贡献率仅为 20%，比发达国家低 20%[5, 8]。近 50 年气象资料统计显示，我国旱灾发生的频率呈现逐渐增加的趋势。近 10 年来全国耕地平均受旱面积达 2.9 亿亩，成灾面积为 1 亿多亩。云南省 2009～2011 年曾出现三年连续干旱的灾情，共 4182 万人不同程度受灾，农作物受灾面积达 7347 万亩，因旱直接经济损失达 396 亿元①。

我国从 20 世纪 80 年代末萌芽的土地整理到后来内涵更广泛的土地整治取得了丰硕成果。早期土地整理主要集中于耕地开发、整理，以提高土地利用率、增加有效耕地面积、改善农业生产条件为主要目的。现阶段土地整治，由分散的土地开发整理向集中连片的综合整治转变，由农村延伸到城镇工矿，由以增加耕地数量为主向增加耕地数量、提高耕地质量、改善生态环境并重转变，已由单纯的补充耕地向建设性保护耕地与推进新农村建设和城乡统筹发展相结合转变，由自然性工程转变为综合性社会工程，成为保发展、守红线、促转变、惠民生的重要抓手和基础平台。土地整治已上升为国家层面的战略部署，对国家粮食安全战略、社会主义新农村建设战略、城乡统筹发展战略和节约优先战略起到了重要的支撑作用。土地整治成为落实最严格耕地保护制度和最严格节约用地制度的重要手段，鉴于耕地面积减少、质量退化、非农建设占用突出的现实，我国土地整治任务十分艰巨，道路十分漫长。

(四)城市化进程对耕地构成巨大威胁

城镇化快速发展导致城镇建设用地不断扩展。2018 年 3 月 5 日，在中华人

---

① 资料来源：根据云南省人民政府、云南省民政厅公布数据整理。

民共和国第十三届全国人民代表大会第一次会议上，李克强总理在《政府工作报告》中提到，五年来经济结构出现重大变革，我国城镇化率从 52.6%提高到58.5%，8000 多万农业转移人口成为城镇居民。根据美国地理学家诺瑟姆的"城市化发展的 S 形曲线"理论，世界各国城市化发展过程所经历的轨迹，可以概括为一条稍微拉平的 S 形曲线；高收入水平国家 S 形曲线终点城市化水平基本接近 80%。据此理论，我国城市化水平仍有超过 20%的差距，并且我国处于城市化高速发展阶段。

近年来，我国城市化进程十分迅速，全国城镇土地面积由 2010 年的 759.1 万公顷增加至 2015 年的 916.1 万公顷，增加了 157.0 万公顷，增幅为 20.7%，年均增长约 3.8%。截至 2017 年初，全国城镇村及工矿用地总面积为 3179.47 万公顷，其中城市和建制镇土地总面积仅占 30%①。我国城市化水平达到或接近高收入国家水平，还需增加更多的城镇建设用地。我国城镇周边的耕地，多是长期形成的高产、稳产田，在城镇发展的过程中，周边耕地被不断侵占，耕地的数量和质量面临多重威胁。

基础设施全面构建导致用地超前发展。全国基础设施超前建设现象较为严重，2020 年全国高速公路网、高速铁路网基本完成。2016 年，全国交通运输用地(含农村道路)达 380 万公顷，全年新增 53.9 万公顷，增幅显著①。其中，公路、铁路等基础设施项目用地面积增加突出。党的十九大报告提出推动形成全面开放新格局，要以"一带一路"建设为重点，形成陆海内外联动、东西双向互济的开放格局，优化区域开放布局，加大西部开放力度。因此，基础设施用地还将进一步扩展。

在建设用地增长趋势方面，城镇土地利用增长将向中西部地区建制镇集中，用途上向商服、工矿仓储用地倾斜，采矿用地普遍呈现增量放缓态势，中部地区最为明显。近年来土地变更数据显示，通过深化"放管服"改革，改进和优化用地审批，开展重点项目绿色通道，保障重大投资项目及时落地，保障用地稳增长，促进了经济增长保持在合理区间[4]。

（五）城乡建设用地结构不合理且农村居住用地逆向发展

根据全国第一次土地利用变更调查数据分析，全国城镇用地、农村居民用地、独立工矿用地、盐田、特殊用地所占城镇村庄工矿用地的比例分别为 11.0%、68.3%、11.5%、1.9%、7.3%[39]。随着近年来城市化的发展，以及撤乡并镇等工作的开展，城镇用地大幅度增加，但农村居民用地所占比例仍然巨大，并且出现农村空闲住宅多，农村居住用地与农村人口迁移逆向发展现象，在城镇建设用地不断扩张，农村人口大量向城镇转移的同时，村庄用地规模不减反增。

截至 2015 年，全国城镇土地总面积为 916.1 万公顷，其中住宅用地面积为

---

① 资料来源：根据自然资源部全国城镇土地利用数据汇总成果、《2017 中国土地矿产海洋资源统计公报》数据整理。

304.1 万公顷，占 33.2%；工矿仓储用地为 259.1 万公顷，占 28.3%；公共管理与公共服务用地为 114.7 万公顷，占 12.5%；交通运输用地为 108.6 万公顷，占 11.9%；商服用地为 66.8 万公顷，占 7.3%[①]。该组数据反映出当前我国城镇用地结构明显不合理，工矿仓储用地所占比例大，城镇用地细化分类数据资料表明我国城市工业用地(不包括采矿用地)占比超过 20%，很多超过 30%，甚至 50%(国外大城市一般不超过 15%)。而我国城市绿地率低，缺乏分散开敞小型避难空间。此外，公共管理与公共服务用地的占比较低且远低于全国城镇水平，反映出当前城镇和农村社区服务等还有很大的提升空间。城镇用地数据还清楚反映出空间上的不平衡分布，西部、东北部地区发展明显滞后。党的十九大报告提出推动形成全面开放新格局，优化区域开放布局，加大西部开放力度。土地利用数据也显示国家政策投资在区域上向中西部地区偏移，中部、西部地区城镇土地增幅高于全国总增幅。

(六)建设用地粗放浪费现象突出

近年来，城镇土地利用效率不断提高，但全国建设用地总体粗放浪费现象较突出，产出效率还较为低下。全国城镇土地利用数据汇总成果显示[②]，2015 年工矿仓储用地产出效益为 654.8 万元/公顷，较 2010 年提升 27.2%；商服用地产出效益为 5071.8 万元/公顷，较 2010 年提升 42.2%。商服用地产出效益呈现"西部→中部→东北部→东部"的递增规律，东部地区的商服用地产出效益为西部的近 3 倍。工矿仓储用地产出效益呈现"东北部→西部→中部→东部"的递增趋势，东部地区的工矿仓储用地产出效益为东北部的近 2 倍。商服用地效率的增长逐步超过工矿仓储用地效率的增长，工矿仓储用地产出效益的增长速度逐步下降，而商服用地产出效益整体增长比较平稳，从 2012 年起，年增长率超过工矿仓储用地产出效益年增长率，平均值维持在 7%左右。

(七)"农转非"过程中占优补劣、质量下降问题突出

工业和城镇发展、基础设施建设占用了大量的农地，而补充的耕地多为远、劣耕地，是地力较差的低产田和旱田，部分地区耕地分布和质量状况已由集中、连片、优质逐步向破碎、零星、劣质转变，而且这种问题正在凸显。尽管耕地在数量上实现了占补平衡，但耕地质量难以保证，一亩良田和一亩劣地粮食产量相差很多。在全国范围内开展的农用地等别评定工作和成果的广泛应用，为占用耕地和补充耕地质量评估提供了客观依据，国家出台的一系列耕地占补平衡文件得到有效贯彻执行，使占优补劣问题得到一定程度的遏制。

---

① 资料来源：根据自然资源部全国城镇土地利用数据汇总成果整理。
② 资料来源：根据自然资源部全国城镇土地利用数据汇总成果、《2017 中国土地矿产海洋资源统计公报》数据整理。

三、新时期耕地和永久基本农田保护新要求

（一）新时期我国社会经济发展的重大举措

习近平总书记在党的十九大报告中提出"新时代中国特色社会主义思想"并构建国家发展的宏伟蓝图。党的十九大报告提出，决胜全面建成小康社会，开启全面建设社会主义现代化国家新征程，必须贯彻新发展理念，建设现代化经济体系，包括深化供给侧结构性改革、加快建设创新型国家、实施乡村振兴战略、实施区域协调发展战略、加快完善社会主义市场经济体制、推动形成全面开放新格局。

党的十九大报告进一步强调：建设现代化经济体系，必须把发展经济的着力点放在实体经济上，支持传统产业优化升级，培育若干世界级先进制造业集群，加强水利、铁路、公路、水运、航空、管道、电网、信息、物流等基础设施网络建设。实施乡村振兴战略，要加快推进农业农村现代化。巩固和完善农村基本经营制度，深化农村土地制度改革，完善承包地"三权"分置制度。保持土地承包关系稳定并长久不变，第二轮土地承包到期后再延长 30 年。确保国家粮食安全，把中国人的饭碗牢牢端在自己手中。发展多种形式适度规模经营，培育新型农业经营主体，健全农业社会化服务体系，实现小农户和现代农业发展有机衔接。促进农村三大产业融合发展，支持和鼓励农民就业创业，拓宽增收渠道。

党的十九大报告提出：实施区域协调发展战略，要加大力度支持革命老区、民族地区、边疆地区、贫困地区加快发展，强化举措推进西部大开发形成新格局，深化改革加快东北等老工业基地振兴，发挥优势推动中部地区崛起，创新引领率先实现东部地区优化发展，建立更加有效的区域协调发展新机制。以城市群为主体构建大、中、小城市和小城镇协调发展的城镇格局，加快农业转移人口市民化。以疏解北京非首都功能为"牛鼻子"推动京津冀协同发展，高起点规划、高标准建设雄安新区。以共抓大保护、不搞大开发为导向推动长江经济带发展。支持资源型地区经济转型发展。加快边疆发展，确保边疆巩固、边境安全。

党的十九大报告提出：推动形成全面开放新格局，要以"一带一路"建设为重点，坚持引进来和走出去并重，遵循共商共建共享原则，加强创新能力开放合作，形成陆海内外联动、东西双向互济的开放格局。优化区域开放布局，加大西部开放力度。赋予自由贸易试验区更大改革自主权，探索建设自由贸易港。创新对外投资方式，促进国际产能合作，形成面向全球的贸易、投融资、生产、服务网络，加快培育国际经济合作和竞争新优势。

（二）新时期党和国家对耕地和永久基本农田保护提出的新要求

党的十九大和中共十九届二中、三中全会精神，为今后较长时期内土地资源

管理指明了方向。当前我国经济转向高质量发展阶段，新型工业化、城镇化建设深入推进，农业供给侧结构性改革逐步深入，对守住耕地红线和永久基本农田提出了更高的新要求。在"新时代中国特色社会主义思想"形成过程中，党和国家对耕地和永久基本农田保护思路逐渐形成，并从保护意义、指导思路、基本原则、管理、建设、补划等方面提出明确的目标和要求。

党中央、国务院对耕地特别是永久基本农田高度重视，在"基本农田"前加上"永久"两字，"永久基本农田"的提出更体现了党和国家对耕地严格保护的态度。实行永久基本农田特殊保护，是确保国家粮食安全，落实"藏粮于地、藏粮于技"战略，加快推进农业农村现代化的有力保障，是深化农业供给侧结构性改革，促进经济高质量发展的重要前提，是实施乡村振兴，促进生态文明建设的必然要求，是贯彻落实新发展理念的应有之义、应有之举、应尽之责，对全面建成小康社会、建成社会主义现代化强国具有重大意义。

耕地和永久基本农田保护要牢固树立山水林田湖草是一个生命共同体理念，构建数量、质量、生态"三位一体"耕地保护新格局，实现永久基本农田保护与经济社会发展、乡村振兴、生态系统保护相统筹。将永久基本农田控制线划定成果作为土地利用总体规划的规定内容，在规划批准前先行核定并上图入库、落地到户。在划定生态保护红线、城镇开发边界工作中，要与已划定的永久基本农田控制线充分衔接，原则上不得突破永久基本农田边界。

从严管控非农建设占用永久基本农田。永久基本农田一经划定，任何单位和个人不得擅自占用或者擅自改变用途，不得多预留一定比例永久基本农田为建设占用留有空间，严禁通过擅自调整县乡土地利用总体规划规避占用永久基本农田的审批，严禁未经审批违法违规占用。农用地转用和土地征收依法依规报国务院批准。

加强开展永久基本农田质量和永久基本农田整备区建设。根据全国高标准农田建设总体规划和全国土地整治规划安排，整合各类涉农资金，吸引社会资本投入，优先在永久基本农田保护区和整备区开展高标准农田建设，推动土地整治工程技术创新和应用，逐步将已划定的永久基本农田全部建成高标准农田，有效稳定永久基本农田规模布局，提升耕地质量，改善生态环境。

明确永久基本农田补划要求。重大建设项目、生态建设、灾毁等占用或减少永久基本农田的，按照"数量不减、质量不降、布局稳定"的要求开展补划，按照法定程序和要求相应修改土地利用总体规划。构建永久基本农田动态监管机制。永久基本农田划定成果作为土地利用总体规划的重要内容，纳入遥感监测"一张图"和综合监管平台，作为土地审批、卫片执法、土地督察的重要依据。

综合而言，耕地和永久基本农田保护要牢固树立和贯彻落实新发展理念，坚持农业农村优先发展战略，坚持最严格的耕地保护制度和最严格的节约用地制度，以守住永久基本农田控制线为目标，以建立健全"划、建、管、补、护"长效机制为重点，巩固划定成果，完善保护措施，提高监管水平，逐步构建形成保护有力、建设有效、管理有序的永久基本农田特殊保护格局，筑牢实现"两个一百年"奋斗目标和中华民族伟大复兴中国梦的土地资源基础。

第三节　我国耕地与永久基本农田保护法律法规及政策制度

一、我国耕地与永久基本农田保护法律法规

从方法与措施角度，土地保护可分为依法保护、分区保护，辅之以各种先进的技术措施，因而耕地与永久基本农田保护有完善的法律法规作支撑。我国经过多年的法制建设，目前已形成完整的耕地与永久基本农田保护法律法规体系，包括法律、条例、规定、办法、通知等，是实现最严格的土地管理制度的基石。

（一）国家颁布的法律、条例

国家颁布的法律、条例包括《中华人民共和国土地管理法》《中华人民共和国农业法》《中华人民共和国土地管理法实施条例》《基本农田保护条例》《土地复垦条例》。

（二）省（区、市）政府颁布的条例、规定

全国各个省（区、市）均制定了本行政辖区的土地管理和基本农田保护法规、条例等。云南省制定了适合本省的《云南省土地管理条例》《云南省基本农田保护条例》等。

（三）行政部门发布的规定、办法、通知

我国在土地管理实践过程中形成了大量的政策性文件，其中对耕地与永久基本农田保护影响较大或直接相关的文件包括：《国务院关于深化改革严格土地管理的决定》（国发〔2004〕28号）、《中共中央关于推进农村改革发展若干重大问题的决定》（中发〔2008〕16号）、《国土资源部　农业部关于划定基本农田实行永久保护的通知》（国土资发〔2009〕167号）、《关于加强和完善永久基本农田划定有关工作的通知》（国土资发〔2010〕218号）、《国土资源部关于严格土地利用总体规划实施管理的通知》（国土资发〔2012〕2号）、《国土资源部关于强化管控落实最严格耕地保护制度的通知》（国土资发〔2014〕18号）、《国土资源部关于补足耕地数量与提升耕地质量相结合落实占补平衡的指导意见》（国土资规〔2016〕8号）、《国土资源部　农业部关于全面划定永久基本农田实行特殊保护的通知》（国土资规〔2016〕10号）、《中共中央国务院关于加强耕地保护和改进占补平衡的意见》（中发〔2017〕4号）、《国土资源部关于改进管理方式切实落实耕地占补平衡的通知》（国土资规〔2017〕13号）、《国土资源部关于全面实行

永久基本农田特殊保护的通知》(国土资规〔2018〕1 号)、《自然资源部关于做好占用永久基本农田重大建设项目用地预审的通知》(自然资规〔2018〕3 号)、《自然资源部 农业农村部印发关于加强和改进永久基本农田保护工作的通知》(自然资规〔2019〕1 号)、《自然资源部办公厅关于划定永久基本农田储备区有关问题的通知》(自然资办函〔2019〕343 号)等。

二、我国耕地与永久基本农田保护政策制度

从我国建立的法律法规中,可以明显解读出与耕地和永久基本农田保护相关的政策,并形成占用耕地和永久基本农田补偿、永久基本农田划定与管护、审批、用途管制、地力保护与质量提高、责任追究、执法监察与督察、耕地质量调查评价与监测、保护目标责任考核、耕地保护补偿与激励、永久基本农田占用与补划等一系列完整的耕地和永久基本农田保护制度。

(一)占用耕地和永久基本农田补偿制度

《中华人民共和国土地管理法》第四章第三十一条明确规定:国家实行占用耕地补偿制度。非农业建设经批准占用耕地的,按照"占多少,垦多少"的原则,由占用耕地的单位负责开垦与所占用耕地数量和质量相当的耕地;没有条件开垦或者开垦的耕地不符合要求的,应当按照省、自治区、直辖市的规定缴纳耕地开垦费,专款用于开垦新的耕地。

《国务院关于深化改革严格土地管理的决定》(国发〔2004〕28 号)进一步明确:各类非农业建设经批准占用耕地的,建设单位必须补充数量、质量相当的耕地,补充耕地的数量、质量按等级折算,防止占多补少、占优补劣。耕地开垦费要列入专户管理,不得减免和挪作他用。政府投资的建设项目也必须将补充耕地费用列入工程概算。

《中共中央关于推进农村改革发展若干重大问题的决定》(中发〔2008〕16 号)提出:坚持最严格的耕地保护制度,层层落实责任,坚决守住十八亿亩耕地红线。划定永久基本农田,建立保护补偿机制,确保基本农田总量不减少、用途不改变、质量有提高。继续推进土地整理复垦开发,耕地实行先补后占,不得跨省区市进行占补平衡。

随着我国社会经济发展,结合我国国情,耕地占补平衡出现新理论和趋势。2016 年国土资源部出台的《关于补足耕地数量与提升耕地质量相结合落实占补平衡的指导意见》(国土资规〔2016〕8 号)规定:单独选址建设项目涉及占用耕地,受资源条件限制,难以做到占优补优、占水田补水田的,可通过补改结合方式,在确保补足耕地数量基础上,结合实施现有耕地提质改造,落实耕地占优补优、占水田补水田。按照部有关规定,铁路、高速公路和大中型水利水电等稳增长重

点建设项目，可对补充耕地和提质改造进行承诺；其他建设项目在完成补充耕地数量的前提下，可对通过提质改造落实占优补优、占水田补水田进行承诺。鼓励各地采取措施，先行实施提质改造，实现"先改后占"。

中共中央国务院《关于加强耕地保护和改进占补平衡的意见》（中发〔2017〕4号）明确要求改进耕地占补平衡管理：以县域自行平衡为主、省域内调剂为辅、国家适度统筹为补充，落实补充耕地任务。各省（自治区、直辖市）政府要依据土地整治新增耕地平均成本和占用耕地质量状况等，制定差别化的耕地开垦费标准。对经依法批准占用永久基本农田的，缴费标准按照当地耕地开垦费最高标准的两倍执行。县（市、区）政府无法在本行政辖区内实现耕地占补平衡的，可在市域内相邻的县（市、区）调剂补充，仍无法实现耕地占补平衡的，可在省域内资源条件相似的地区调剂补充。耕地后备资源严重匮乏的直辖市，新增建设占用耕地后，新开垦耕地数量不足以补充所占耕地数量的，可向国务院申请国家统筹；资源环境条件严重约束、补充耕地能力严重不足的省份，对由于实施国家重大建设项目造成的补充耕地缺口，可向国务院申请国家统筹。

国土资源部印发的《关于改进管理方式切实落实耕地占补平衡的通知》（国土资规〔2017〕13号）提出：对于历史形成的未纳入耕地保护范围的园地、残次林地等适宜开发的农用地，经县级人民政府组织可行性评估论证、省级国土资源主管部门组织复核认定后可统筹纳入土地整治范围，新增耕地用于占补平衡。对于其他部门组织实施的高标准农田建设项目，地方各级原国土资源主管部门要主动与同级发改、农发、水利、农业等相关部门对接，按照上图入库要求，明确项目建设范围、资金投入、新增和改造耕地面积及质量、类型、验收单位等主要内容，做好项目信息报部备案工作。

（二）永久基本农田划定与管护制度

《中华人民共和国土地管理法》第四章第三十三条、《基本农田保护条例》第一章第二条明确"国家实行永久基本农田保护制度"，《基本农田保护条例》第二章第八条规定：各级人民政府在编制土地利用总体规划时，应当将基本农田保护作为规划的一项内容，明确基本农田保护的布局安排、数量指标和质量要求。县级和乡镇土地利用总体规划应当确定基本农田保护区。《中华人民共和国土地管理法》和《基本农田保护条例》对应当划入基本农田保护区的耕地都做出了相应规定。《基本农田保护条例》第一章第三条还提出基本农田保护实行全面规划、合理利用、用养结合、严格保护的方针。

《基本农田保护条例》第二章第十一条要求，划定的基本农田保护区，由县级人民政府设立保护标志，予以公告，由县级人民政府土地行政主管部门建立档案，并抄送同级农业行政主管部门。任何单位和个人不得破坏或者擅自改变基本农田保护区的保护标志。

《国务院关于深化改革严格土地管理的决定》(国发〔2004〕28号)明确:土地利用总体规划修编,必须保证现有基本农田总量不减少,质量不降低。基本农田要落实到地块和农户,并在土地所有权证书和农村土地承包经营权证书中注明。基本农田保护图件备案工作,应在新一轮土地利用总体规划修编后三个月内完成。

《关于强化管控落实最严格耕地保护制度的通知》(国土资发〔2014〕18号)进一步明确:基本农田一经划定,任何单位和个人不得擅自占用,或者擅自改变用途,这是不可逾越的红线。通知指出:我国社会经济经历30多年持续快速发展,导致土地开发强度总体偏高,建设用地存量大、利用效率低,划定永久基本农田、严控建设占用耕地不仅十分必要,也已具备条件。严格划定城市开发边界、永久基本农田和生态保护红线,强化规划硬约束。将保护耕地作为土地管理的首要任务,坚决落实最严格的耕地保护制度和节约用地制度。在已有工作基础上,从城市人口500万以上城市中心城区周边开始,由大到小、由近及远,加快全国基本农田划定工作,切实做到落地到户、上图入库,网上公布,接受监督。在交通沿线和城镇、村庄周边的显著位置增设永久保护标志牌。基本农田一经划定,实行严格管理、永久保护,任何单位和个人不得擅自占用或改变用途;建立和完善基本农田保护负面清单,符合法定条件和供地政策,确需占用和改变基本农田的,必须报国务院批准,并优先将同等面积的优质耕地补划为基本农田。《关于全面划定永久基本农田实行特殊保护的通知》(国土资规〔2016〕10号)进一步明确:不得多预留一定比例永久基本农田为建设占用留有空间,不得随意改变永久基本农田规划区边界特别是城市周边永久基本农田。

随着科学技术发展应用以及新时代中国特色社会主义思想形成,对永久基本农田划定与管护提出了新的具体要求,《关于全面划定永久基本农田实行特殊保护的通知》(国土资规〔2016〕10号)明确:以新发展理念为引领,以处理好农民与土地关系为主线,以确保国家粮食安全为目标,以提升耕地综合生产能力为重点,以"四个不能"为底线(不能把农村土地集体所有制改垮了、不能把耕地改少了、不能把粮食生产能力改弱了、不能把农民利益损害了),坚持目标导向和问题导向,坚持先难后易方法路径,坚持齐抓共管工作格局,全面划定永久基本农田并实行特殊保护,建立粮食生产功能区和重要农产品生产保护区,实现耕地数量、质量、生态"三位一体"保护,为促进农业现代化、新型城镇化健康发展和生态文明建设提供坚实资源基础。将永久基本农田保护目标任务落实到用途管制分区,落实到图斑地块,与农村土地承包经营权确权登记颁证工作相结合,实现上图入库、落地到户,确保划足、划优、划实,实现定量、定质、定位、定责保护,划准、管住、建好、守牢永久基本农田。

《自然资源部关于做好占用永久基本农田重大建设项目用地预审的通知》(自然资规〔2018〕3号)强调了要严格占用和补划永久基本农田论证。重大建设项目必须首先依据规划优化选址,避让永久基本农田;确实难以避让的,建设单位在可行性研究阶段，必须对占用永久基本农田的必要性和占用规模的合理性进行充分论证。市县级自然资源主管部门要按照法定程序，依据规划修改和永久基本农田补划的要求，认真组织编制规划修改方案暨永久基本农田补划方案，确保永久基本农田补足补优；省级自然资源主管部门负责组织对占用永久基本农田的必要性、合理性和补划方案的可行性进行踏勘论证，并在用地预审初审中进行实质性审查，对占用和补划永久基本农田的真实性、准确性和合理性负责。对省级高速公路、连接深度贫困地区直接为该地区服务的省级公路，必须先行落实永久基本农田补划入库要求，方可受理其用地预审。

自然资源部、农业农村部《关于加强和改进永久基本农田保护工作的通知》(自然资规〔2019〕1号)提出了全面开展划定成果核实工作，充分运用卫星遥感和信息化技术手段，以2017年度土地变更调查、地理国情监测、耕地质量调查监测与评价等成果为基础，结合第三次全国国土调查、自然资源督察、土地资源全天候遥感监测、永久基本农田划定成果专项检查、粮食生产功能区和重要农产品生产保护区(以下简称"两区")划定等工作中发现的问题进行全面核实，全面清理划定不实问题，对不符合要求的耕地或其他土地错划入永久基本农田的，按照"总体稳定、局部微调、量质并重"的原则，进行整改补划，并相应对"两区"进行调整，按法定程序修改相应的土地利用总体规划。依法处置违法违规建设占用问题，严格规范永久基本农田上的农业生产活动，坚持底线思维。

上述政策法规为永久基本农田划定、认定、入库上图等奠定了坚实的基础。

(三)审批制度

《中华人民共和国土地管理法》第四十六条规定：征收下列土地的，由国务院批准：(一)永久基本农田；(二)永久基本农田以外的耕地超过三十五公顷的。《基本农田保护条例》第三章第十五条强调，基本农田保护区经依法划定后，任何单位和个人不得改变或者占用。国家能源、交通、水利、军事设施等重点建设项目选址确实无法避开基本农田保护区，需要占用基本农田，涉及农用地转用或者征收土地的，必须经国务院批准。

《关于强化管控落实最严格耕地保护制度的通知》(国土资发〔2014〕18号)要求：对耕地后备资源不足的地区相应减少建设占用耕地指标。强化建设项目预审，严格项目选址把关。凡不符合土地利用总体规划、耕地占补平衡要求、征地补偿安置政策、用地标准、产业和供地政策的项目，不得通过用地预审。建设用地审查报批时，要严格审查补充耕地落实情况，达不到规定要求的，不得通过审查。

(四)用途管制制度

《中华人民共和国土地管理法》第三十七条、《基本农田保护条例》第三章第十七条规定：非农业建设必须节约使用土地，可以利用荒地的，不得占用耕地；

可以利用劣地的，不得占用好地。禁止占用耕地建窑、建坟或者擅自在耕地上建房、挖砂、采石、采矿、取土等。禁止占用永久基本农田发展林果业和挖塘养鱼。《基本农田保护条例》第三章第十八条规定禁止任何单位和个人闲置、荒芜基本农田。

《国务院关于深化改革严格土地管理的决定》（国发〔2004〕28号）进一步明确：符合法定条件，确需改变和占用基本农田的，必须报国务院批准；经批准占用基本农田的，征地补偿按法定最高标准执行，对以缴纳耕地开垦费方式补充耕地的，缴纳标准按当地最高标准执行。禁止占用基本农田挖鱼塘、种树和其他破坏耕作层的活动，禁止以建设"现代农业园区"或者"设施农业"等任何名义，占用基本农田变相从事房地产开发。

《关于加强和改进永久基本农田保护工作的通知》（自然资规〔2019〕1号）明确了要严格占用和补划审查论证。一般建设项目不得占用永久基本农田；重大建设项目选址确实难以避让永久基本农田的，在可行性研究阶段，省级自然资源主管部门负责组织对占用的必要性、合理性和补划方案的可行性进行严格论证，报自然资源部用地预审；农用地转用和土地征收依法报批。深度贫困地区、集中连片特困地区、国家扶贫开发工作重点县省级以下基础设施、易地扶贫搬迁、民生发展等建设项目，确实难以避让永久基本农田的，可以纳入重大建设项目范围，由省级自然资源主管部门办理用地预审，并按照规定办理农用地转用和土地征收。严禁通过擅自调整县乡土地利用总体规划，规避占用永久基本农田的审批。重大建设项目占用永久基本农田的，按照"数量不减、质量不降、布局稳定"的要求进行补划，并按照法定程序修改相应的土地利用总体规划。补划的永久基本农田必须是坡度小于25度的耕地，原则上与现有永久基本农田集中连片。占用城市周边永久基本农田的，原则上在城市周边范围内补划，经实地踏勘论证确实难以在城市周边补划的，按照空间由近及远、质量由高到低的要求进行补划。临时用地一般不得占用永久基本农田，处理好涉及永久基本农田的矿业权设置。通知还强调了协调安排生态建设项目，党中央、国务院确定建设的重大生态建设项目，确实难以避让永久基本农田的，按有关要求调整补划永久基本农田和修改相应的土地利用总体规划。省级人民政府为落实党中央、国务院决策部署，提出具有国家重大意义的生态建设项目，经国务院同意，确实难以避让永久基本农田的，按照有关要求调整补划。其他景观公园、湖泊湿地、植树造林、建设绿色通道和城市绿化隔离带等人造工程，严禁占用永久基本农田。

(五)地力保护与质量提高制度

《中华人民共和国土地管理法》第三十六条规定：各级人民政府应当采取措施，维护排灌工程设施，改良土壤，提高地力，防止土地荒漠化、盐渍化、水土流失和土壤污染。《基本农田保护条例》第三章第十六条强调，占用基本农田的单位应当按照县级以上地方人民政府的要求，将所占用基本农田耕作层的土壤用于新开垦耕地、劣质地或者其他耕地的土壤改良。第十九条提出：国家提倡和鼓励农业生产者对其经营的基本农田施用有机肥料，合理施用化肥和农药。利用基本农田从事农业生产的单位和个人应当保持和培肥地力。第二十六条规定，因发生事故或者其他突然性事件，造成或者可能造成基本农田环境污染事故的，当事人必须立即采取措施处理，并向当地环境保护行政主管部门和农业行政主管部门报告，接受调查处理。

《关于强化管控落实最严格耕地保护制度的通知》（国土资发〔2014〕18 号）要求全面实施耕作层剥离再利用制度，建设占用耕地特别是基本农田的耕作层应当予以剥离，用于补充耕地的质量建设，超过合理运距、不宜直接用于补充耕地的，应用于现有耕地的整治。统筹规划，整合资金，大力推进高标准基本农田建设。加大对生产建设活动和自然损毁土地的复垦力度，探索开展受污染严重耕地的修复工作。除突发性自然灾害等原因外，严禁将耕地等农用地通过人为撂荒、破坏质量等方式变为未利用地。提出进一步加大永久基本农田建设力度，各地要加大财政投入力度，整合涉农资金，吸引社会投资，在永久基本农田保护区和整备区开展高标准农田建设和土地整治。实施耕地质量保护与提升行动，加大土壤改良、地力培肥与治理修复力度，不断提高永久基本农田质量。新建成的高标准农田应当优先划为永久基本农田，作为改变或占用永久基本农田的补划基础。

《关于加强和改进永久基本农田保护工作的通知》（自然资规〔2019〕1 号）提出妥善处理好生态退耕，对位于国家级自然保护地范围内禁止人为活动区域的永久基本农田，经自然资源部和农业农村部论证确定后应逐步退出，原则上在所在县域范围内补划，确实无法补划的，在所在市域范围内补划；非禁止人为活动的保护区域，结合国土空间规划统筹调整生态保护红线和永久基本农田控制线。不得擅自将永久基本农田和已实施坡改梯耕地纳入退耕范围。对不能实现水土保持的 25 度以上的陡坡耕地、重要水源地 15～25 度的坡耕地、严重沙漠化和石漠化耕地、严重污染耕地、移民搬迁后确实无法耕种的耕地等，综合考虑粮食生产实际种植情况，经国务院同意，结合生态退耕有序退出永久基本农田。根据生态退耕检查验收和土地变更调查结果，以实际退耕面积核减有关省份的耕地保有量和永久基本农田保护面积，在国土空间规划编制时予以调整。要开展永久基本农田质量建设，根据全国土地利用总体规划纲要、全国高标准农田建设规划和全国土地整治规划安排，优先在永久基本农田上开展高标准农田建设，提高永久基本农田质量。建立健全耕地质量调查监测与评价制度，完善耕地和永久基本农田质量监测网络，加强耕地质量保护与提升，采取工程、化学、生物、农艺等措施，开展农田整治、土壤培肥改良、退化耕地综合治理、污染耕地阻控修复等，有效提高耕地特别是永久基本农田综合生产能力。同时建立永久基本农田储备区。

（六）责任追究制度

《中华人民共和国土地管理法》第七十五条规定：占用耕地建窑、建坟或者擅自在耕地上建房、挖砂、采石、采矿、取土等，破坏种植条件的，或者因开发土地造成土地荒漠化、盐渍化的，由县级以上人民政府土地行政主管部门责令限期改正或者治理，可以并处罚款；构成犯罪的，依法追究刑事责任。

《基本农田保护条例》第四章第二十九条明确，县级以上地方人民政府土地行政主管部门、农业行政主管部门对本行政区域内发生的破坏基本农田的行为，有权责令纠正。第五章第三十条规定给予从重处罚的情形：（一）未经批准或者采取欺骗手段骗取批准，非法占用基本农田的；（二）超过批准数量，非法占用基本农田的；（三）非法批准占用基本农田的；（四）买卖或者以其他形式非法转让基本农田的。第三十一条：违反本条例规定，应当将耕地划入基本农田保护区而不划入的，由上一级人民政府责令限期改正；拒不改正的，对直接负责的主管人员和其他直接责任人员依法给予行政处分或者纪律处分。相应的处罚包括：破坏或者擅自改变基本农田保护区标志的，由县级以上地方人民政府土地行政主管部门或者农业行政主管部门责令恢复原状，可以处1000元以下罚款。占用基本农田建窑、建房、建坟、挖砂、采石、采矿、取土、堆放固体废弃物或者从事其他活动破坏基本农田，毁坏种植条件的，由县级以上地方人民政府土地行政主管部门责令改正或者治理，恢复原种植条件，处占用基本农田的耕地开垦费1倍以上2倍以下的罚款；构成犯罪的，依法追究刑事责任。侵占、挪用基本农田的耕地开垦费，构成犯罪的，依法追究刑事责任；尚不构成犯罪的，依法给予行政处分或者纪律处分。

《国务院关于深化改革严格土地管理的决定》（国发〔2004〕28号）进一步规定：严格土地管理责任追究制。对违反法律规定擅自修改土地利用总体规划的、发生非法占用基本农田的、未完成耕地保护责任考核目标的、征地侵害农民合法权益引发群体性事件且未能及时解决的、减免和欠缴新增建设用地土地有偿使用费的、未按期完成基本农田图件备案工作的，要严肃追究责任，对有关责任人员由上级主管部门或监察机关依法定权限给予行政处分。实行补充耕地监督的责任追究制度，国土资源部门和农业部门负责对补充耕地的数量和质量进行验收，并对验收结果承担责任。

《关于强化管控落实最严格耕地保护制度的通知》（国土资发〔2014〕18号）进一步要求：严格执行《违反土地管理规定行为处分办法》，积极配合监察机关追究地方人民政府负责人的责任。应当将耕地划入基本农田而不划入，且拒不改正的，对直接负责的主管人员和其他直接责任人员，给予行政处分。对国土资源部门工作人员不依法履行职责，存在徇私舞弊、压案不查、隐瞒不报等行为的，要严格依照相关规定追究有关责任人的责任。

(七)执法监察与督察制度

《基本农田保护条例》第一章第五条明确:任何单位和个人都有保护基本农田的义务,并有权检举、控告侵占、破坏基本农田和其他违反本条例的行为。第四章第二十八条规定,县级以上地方人民政府应当建立基本农田保护监督检查制度,定期组织土地行政主管部门、农业行政主管部门以及其他有关部门对基本农田保护情况进行检查,将检查情况书面报告上一级人民政府。被检查的单位和个人应当如实提供有关情况和资料,不得拒绝。

《国务院关于深化改革严格土地管理的决定》(国发〔2004〕28 号)明确:强化对土地执法行为的监督。建立公开的土地违法立案标准。对有案不查、执法不严的,上级国土资源部门要责令其作出行政处罚决定或直接给予行政处罚。坚决纠正违法用地只通过罚款就补办合法手续的行为。对违法用地及其建筑物和其他设施,按法律规定应当拆除或没收的,不得以罚款、补办手续取代;确需补办手续的,依法处罚后,从新从高进行征地补偿和收取土地出让金及有关规费。完善土地执法监察体制,建立国家土地督察制度,设立国家土地总督察,向地方派驻土地督察专员,监督土地执法行为。

《关于强化管控落实最严格耕地保护制度的通知》(国土资发〔2014〕18 号)提出:加强对违反规划计划扩大建设用地规模、农村土地流转和农业结构调整中大量损坏基本农田等影响面大的违法违规行为的执法检查。充分利用卫星遥感、动态巡查、网络信息、群众举报等手段,健全"天上看、地上查、网上管、群众报"违法行为发现机制,对耕地进行全天候、全覆盖监测。在每年一次全国土地卫片执法检查的基础上,在有条件地区推广应用无人机航拍、基本农田视频监控网等,对重点城市群郊区、耕地集中连片区域和土地违法违规行为高发地区,加大执法查处频度。认真落实违法行为报告制度,对非法占用基本农田 5 亩以上或基本农田以外的耕地 10 亩以上、非法批准征占基本农田 10 亩以上或基本农田以外的耕地 30 亩以上以及其他造成耕地大量毁坏行为的,国土资源部门必须在核定上述违法行为后 3 个工作日内向同级地方人民政府和上级国土资源部门报告。坚持重大典型违法违规案件挂牌督办制度,对占用耕地重大典型案件及时进行公开查处、公开曝光。加强与法院、检察、公安、监察等部门的协同配合,形成查处合力。

同时,我国于 2006 年成立国家土地督察机构并向地方驻派 9 个局,在耕地与基本农田保护领域,主要以耕地保护目标责任落实、规划计划执行、建设用地审批、基本农田划定、耕地占补平衡和农地流转等为重点,加强对省级人民政府耕地保护情况的监督检查,有关工作向国务院报告。

中共中央国务院《关于加强耕地保护和改进占补平衡的意见》(中发〔2017〕4 号)进一步明确:完善国土资源遥感监测"一张图"和综合监管平台,扩大全天候遥感监测范围，对永久基本农田实行动态监测，加强对土地整治过程中的生态环境保护，强化耕地保护全流程监管。加强耕地保护信息化建设，建立耕地保护数据与信息部门共享机制。健全土地执法联动协作机制，严肃查处土地违法违规行为。国家土地督察机构要加强对省级政府实施土地利用总体规划、履行耕地保护目标责任、健全耕地保护制度等情况的监督检查。

《自然资源部关于做好占用永久基本农田重大建设项目用地预审的通知》（自然资规〔2018〕3 号）明确：县级以上国土资源主管部门要强化土地执法监察，及时发现、制止和严肃查处违法乱占耕地特别是永久基本农田的行为，对违法违规占用永久基本农田建窑、建房、建坟、挖砂、采石、取土、堆放固体废弃物或者从事其他活动破坏永久基本农田，毁坏种植条件的，要及时责令限期改正或治理，恢复原种植条件，并按有关法律法规进行处罚，构成犯罪的，依法追究刑事责任；对破坏或擅自改变永久基本农田保护区标志的，要及时责令限期恢复原状。各派驻地方的国家土地督察机构要加强对永久基本农田特殊保护落实情况的监督检查，对督察发现的违法违规问题，及时向地方政府提出整改意见，并督促问题整改。对整改不力的，按规定追究相关责任人责任。

(八) 耕地质量调查评价与监测制度

《基本农田保护条例》第三章第二十二条要求，县级以上地方各级人民政府农业行政主管部门应当逐步建立基本农田地力与施肥效益长期定位监测网点，定期向本级人民政府提出基本农田地力变化状况报告以及相应的地力保护措施，并为农业生产者提供施肥指导服务。第二十三条提出，县级以上人民政府农业行政主管部门应当会同同级环境保护行政主管部门对基本农田环境污染进行监测和评价，并定期向本级人民政府提出环境质量与发展趋势的报告。

《国务院关于深化改革严格土地管理的决定》（国发〔2004〕28 号）提出：国土资源部要会同有关部门抓紧建立和完善统一的土地分类、调查、登记和统计制度，启动新一轮土地调查，保证土地数据的真实性。组织实施"金土工程"。充分利用现代高新技术加强土地利用动态监测，建立土地利用总体规划实施、耕地保护、土地市场的动态监测网络。

《关于强化管控落实最严格耕地保护制度的通知》（国土资发〔2014〕18 号）进一步提出：加强耕地和基本农田变化情况监测及调查，及时预警、发布变化情况。以第二次全国土地调查、年度土地变更调查和卫星遥感监测数据为基础，加快完善土地规划、基本农田保护、土地整治和占补平衡等数据库，建立数据实时更新机制，实现与建设用地审批、在线土地督察等系统的关联应用和全国、省、市、县四级系统的互联互通，纳入国土资源"一张图"和综合监管平台，强化耕地保护全流程动态监管。

中共中央国务院《关于加强耕地保护和改进占补平衡的意见》（中发〔2017）

4 号)要求建立健全耕地质量和耕地产能评价制度，完善评价指标体系和评价方法，定期对全国耕地质量和耕地产能水平进行全面评价并发布评价结果。完善土地调查监测体系和耕地质量监测网络，开展耕地质量年度监测成果更新。

(九)保护目标责任考核制度

《基本农田保护条例》第一章第四条规定：县级以上地方各级人民政府应当将基本农田保护工作纳入国民经济和社会发展计划，作为政府领导任期目标责任制的一项内容，并由上一级人民政府监督实施。第六条明确指出，国务院土地行政主管部门和农业行政主管部门按照国务院规定的职责分工，依照本条例负责全国的基本农田保护管理工作。县级以上地方各级人民政府土地行政主管部门和农业行政主管部门按照本级人民政府规定的职责分工，依照本条例负责本行政区域内的基本农田保护管理工作。乡(镇)人民政府负责本行政区域内的基本农田保护管理工作。

《基本农田保护条例》第四章第二十七条要求：在建立基本农田保护区的地方，县级以上地方人民政府应当与下一级人民政府签订基本农田保护责任书；乡(镇)人民政府应当根据与县级人民政府签订的基本农田保护责任书的要求，与农村集体经济组织或者村民委员会签订基本农田保护责任书，并对基本农田保护责任书内容进行了规定。

《国务院关于深化改革严格土地管理的决定》(国发〔2004〕28 号)明确：建立耕地保护责任的考核体系。国务院定期向各省、自治区、直辖市下达耕地保护责任考核目标。各省、自治区、直辖市人民政府每年要向国务院报告耕地保护责任目标的履行情况。实行耕地保护责任考核的动态监测和预警制度。国土资源部会同农业部、监察部(现国家监察委员会)、国家审计署、国家统计局等部门定期对各省、自治区、直辖市耕地保护责任目标履行情况进行检查和考核，并向国务院报告。对认真履行责任目标，成效突出的，要给予表彰，并在安排中央支配的新增建设用地土地有偿使用费时予以倾斜。对没有达到责任目标的，要在全国通报，并责令限期补充耕地和补划基本农田。对土地开发整理补充耕地的情况也要定期考核。

《关于全面划定永久基本农田实行特殊保护的通知》(国土资规〔2016〕10 号)进一步明确：强化地方各级政府永久基本农田保护主体责任，严格考核审计，实现省级政府耕地保护责任目标考核和粮食安全省长责任制考核联动，推动地方政府建立健全领导干部耕地保护离任审计制度，考核审计结果作为对领导班子和领导干部综合考核评价的参考依据。坚持党政同责，严格执行《党政领导干部生态环境损害责任追究办法(试行)》。严肃执法监督，对违法违规占用、破坏永久基本农田的行为要严厉查处、重典问责。

中共中央国务院《关于加强耕地保护和改进占补平衡的意见》(中发〔2017〕

4 号）要求：高标准农田建设情况要统一纳入国土资源遥感监测"一张图"和综合监管平台，实行在线监管，统一评估考核。经国务院批准，国土资源部会同农业部、国家统计局等有关部门下达省级政府耕地保护责任目标，作为考核依据。各省级政府要层层分解耕地保护任务，落实耕地保护责任目标，完善考核制度和奖惩机制。耕地保护责任目标考核结果作为领导干部实绩考核、生态文明建设目标评价考核的重要内容。探索编制土地资源资产负债表，完善耕地保护责任考核体系。实行耕地保护党政同责，对履职不力、监管不严、失职渎职的，依纪依规追究党政领导责任。

（十）耕地保护补偿与激励制度

《基本农田保护条例》第三章第十九条提出：国家提倡和鼓励农业生产者对其经营的基本农田施用有机肥料，合理施用化肥和农药。《关于强化管控落实最严格耕地保护制度的通知》（国土资发〔2014〕18 号）提出：支持地方提高非农业建设占用耕地特别是基本农田的成本，加大对耕地保护的补贴力度，探索建立耕地保护经济补偿机制。建立健全制度，鼓励农村集体经济组织和农民依据土地整治规划开展高标准基本农田建设，探索实行"以补代投、以补促建"。积极促进土地税费制度改革，提高新增建设用地土地有偿使用费标准，建立按本地区开垦同等质量耕地成本缴纳耕地开垦费的制度。耕地保有量和基本农田面积少于土地利用总体规划确定的保护目标的，核减相应中央新增建设用地土地有偿使用费预算分配数。

《关于全面划定永久基本农田实行特殊保护的通知》（国土资规〔2016〕10 号）进一步提出建立完善永久基本农田保护激励机制，各地要加强调查研究和实践探索，完善耕地保护特别是永久基本农田保护政策措施。与整合有关涉农补贴政策、完善粮食主产区利益补偿机制相衔接，与生态补偿机制联动，鼓励有条件的地区建立耕地保护基金，建立和完善耕地保护激励机制，对农村集体经济组织、农民管护、改良和建设永久基本农田进行补贴，调动广大农民保护永久基本农田的积极性。

中共中央国务院《关于加强耕地保护和改进占补平衡的意见》（中发〔2017〕4 号）进一步明确：全面推进建设占用耕地耕作层剥离再利用，市县政府要切实督促建设单位落实责任，将相关费用列入建设项目投资预算，提高补充耕地质量。将中低质量的耕地纳入高标准农田建设范围，实施提质改造，在确保补充耕地数量的同时，提高耕地质量，严格落实占补平衡、占优补优。加强新增耕地后期培肥改良，综合采取工程、生物、农艺等措施，开展退化耕地综合治理、污染耕地阻控修复等，加速土壤熟化提质，实施测土配方施肥，强化土壤肥力保护，有效提高耕地产能。积极稳妥推进耕地轮作休耕试点，加强轮作休耕耕地管理，不得减少或破坏耕地，不得改变耕地地类，不得削弱农业综合生产能力；加大轮作休耕耕地保护和改造力度，优先纳入高标准农田建设范围。因地制宜实行免耕少耕、深松浅翻、深施肥料、粮豆轮作套作的保护性耕作制度，提高土壤有机质含量，平衡土壤养分，实现用地与养地结合，多措并举保护提升耕地产能。同时，《关于加强耕地保护和改进占补平衡的意见》还要求积极推进中央和地方各级涉农资金整合，综合考虑耕地保护面积、耕地质量状况、粮食播种面积、粮食产量和粮食商品率，以及耕地保护任务量等因素，统筹安排资金，按照"谁保护、谁受益"的原则，加大耕地保护补偿力度。鼓励地方统筹安排财政资金，对承担耕地保护任务的农村集体经济组织和农户给予奖补。奖补资金发放要与耕地保护责任落实情况挂钩，主要用于农田基础设施后期管护与修缮、地力培育、耕地保护管理等。

（十一）永久基本农田占用与补划制度

《基本农田保护条例》第十五条、第十六条明确：国家能源、交通、水利、军事设施等重点建设项目选址确实无法避开基本农田保护区，需要占用基本农田，涉及农用地转用或者征收土地的，必须经国务院批准。经国务院批准占用基本农田的，当地人民政府应当按照国务院的批准文件修改土地利用总体规划，并补充划入数量和质量相当的基本农田。

《关于全面划定永久基本农田实行特殊保护的通知》（国土资规〔2016〕10号）进一步明确：永久基本农田一经划定，任何单位和个人不得擅自占用，或者擅自改变用途。除法律规定的能源、交通、水利、军事设施等国家重点建设项目选址无法避让的外，其他任何建设都不得占用，坚决防止永久基本农田"非农化"。符合法定条件的，需占用和改变永久基本农田的，必须经过可行性论证，确实难以避让的，应当将土地利用总体规划调整方案和永久基本农田补划方案一并报国务院批准，及时补划数量相等、质量相当的永久基本农田。

永久基本农田占用与补划制度政策，把静态的土地规划编制与永久基本农田划定与动态的实施管理结合起来，保持规划的现势性与合理性，保障和促进土地利用的科学发展。

综合而言，我国完整、系统、严格的耕地与永久基本农田保护制度是从我国国情出发，充分体现可持续理念而制定的，它是全世界最严格的耕地保护制度，也是关系国家粮食安全战略高度的必然选择。

（十二）基本农田"多划后占"政策

《国土资源部办公厅关于印发市县乡级土地利用总体规划编制指导意见的通知》（国土资厅发〔2009〕51号）提出："基本农田保护区划定中，可以多划一定比例的基本农田，用于规划期内补划不易确定具体范围的建设项目占用基本农田，包括难以确定用地范围的交通、水利等线性工程用地，不宜在城镇村建设用地范围内建设、又难以定准的独立建设项目"，简称基本农田"多划后占"。

实践证明，"多划后占"政策对于提高规划的可操作性、加快重点建设项目落地方面起到了积极的推进作用。但是也存在技术、管理、财政等方面的障碍[40]。

国土资源部、农业部联合发布的《关于全面划定永久基本农田实行特殊保护的通知》(国土资规〔2016〕10号)要求"不得多预留一定比例永久基本农田为建设占用留有空间,不得随意改变永久基本农田规划区边界特别是城市周边永久基本农田"。这意味着基本农田"多划后占"政策退出历史舞台。

第三章　永久基本农田划定理论、思想和要求

第一节　永久基本农田划定基础理论

一、土地保护理论

土地保护是指在一定历史条件下，人们从保障自身利益或满足社会需要出发，为防止水土流失、土地退化、土地纠纷及不合理占用等，以一定政策、法律、经济和技术手段，对某些地块或区域所采取的限制和保护措施。土地保护是保护各类土地资源数量和质量的重要手段，是环境保护的重要内容，保护特殊经济价值及生态价值的土地资源，以满足人们生活、生产需要，保障土地可持续利用[41]。

从保护方法与措施角度看，土地保护分为：依法保护，包括制定法律、法规、政策，如《中华人民共和国土地管理法》《中华人民共和国农业法》《中华人民共和国土地管理法实施条例》《基本农田保护条例》《土地复垦条例》等；划定各类土地保护区，如划定基本农田保护区、生态环境安全控制区、自然与文化遗产保护区等；采取技术措施，包括采取工程措施、生物措施对策。

从土地保护类型看，土地保护可分为：土地产权保护，即采取土地登记制度，对土地所有权、使用权、他项权利进行登记并受国家法律保护；土地用途保护，即保护某类用途土地的数量、质量和利用方式，如划定基本农田保护区、自然保护区、风景名胜保护区并进行保护；土地质量保护，即通过制定政策措施，防止土地质量下降，生态环境恶化，改善生态系统而进行的保护。

永久基本农田划定属于土地保护的范畴，其根本出发点是立足我国国情，贯彻切实保护耕地这一国策，将土地资源开发、利用、整治、保护形成有机整体，以确保我国土地资源的科学、合理、高效、公平利用。永久基本农田保护也是一个系统而完整的土地保护工程，涉及立法与依法保护、划定保护区，不仅包括用途保护，还要求数量、质量、方式、生态环境的保护，进一步通过永久基本农田划定落实、明确责任人，建立"划、建、管、护、补"的长效机制，体现了党和国家为保障国家粮食安全而表现出来的高瞻远瞩的战略决策，以及为保护老百姓的"吃饭田""保命田"显示出来的坚强决心。

二、土地可持续利用理论

1987年，世界环境与发展委员会向联合国大会正式提出了可持续发展的模式。其基本定义是：既满足当代人的需要，又不对后代人满足其需要的能力构成危害的发展。土地数量有限性和土地需求增长性构成土地资源持续利用的特殊矛盾，土地资源持续利用已成为国际研究热点之一[42-44]。土地资源持续利用的主要特征包括：①保有一定数量、结构合理且质量不断提高的各类土地资源；②土地资源的生产性能和生态功能不断提高；③土地资源利用的经济效益不断提高；④降低土地利用可能带来的风险；⑤土地资源的利用能够被社会接受，体现公平和效率[45]。

耕地持续利用更被列为土地资源持续利用研究热点中的热点。土地资源持续利用要求一定数量和一定质量的土地，可采取土地保护的方法实现，而协调土地供给和土地需求这一土地资源持续利用永恒主题，可以通过土地利用规划实现。基于这一思想，在土地利用总体规划中，按照一定时期人口和社会经济发展对农产品的需求，划出不得占用的耕地，即永久基本农田。通过国土空间规划和土地保护，有效实现我国耕地资源持续利用。土地可持续利用涉及土地资源供给与需求的平衡关系，如图3-1所示。

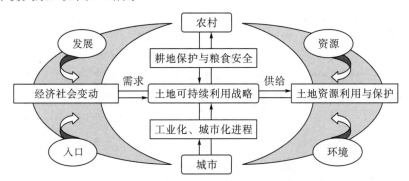

图3-1　土地利用与可持续发展关联模式图[42]

随着新时代发展，党和国家进一步丰富永久基本农田的内涵和功能，不仅仅是为了满足保障国家粮食安全的需要，而且是适应多元目标和功能的需求，提出保数量、保质量、保生态"三位一体"，保资源、保节约、保权益"三保并重"。党和国家不仅拓展、丰富了"耕地保护"的内涵和外延，同时将持续利用、保护土地完整有机结合，推动形成永久基本农田保护全面落实和特殊保护的新局面。

三、系统工程理论

系统(system)指由相互作用和相互依赖的若干部分组合起来的具有某种特定功

能的有机整体。系统工程(system engineering，SE)是一门综合性组织管理技术，以大型复杂的系统为研究对象，并有目的地对其进行规划、研究、设计和管理，以期达到总体最佳效果[43, 44]。系统工程可理解为：系统工程=传统工程+系统观点+数学方法+计算机技术。系统工程方法论为研究方法上的整体化、技术应用上的综合化、组织管理上的科学化。系统工程把对象系统看成一个整体，同时把研究过程也视为一个整体。系统工程技术内容包括：运筹学、概率论、数理统计学、控制论和信息论等。系统工程处理的基本方法如图 3-2 所示。

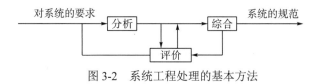

图 3-2　系统工程处理的基本方法

永久基本农田划定及管护就是典型的系统工程。它涉及数量巨大的图斑等空间数据、片块与行政区划等属性数据，划定过程涉及内业—外业—内业整理—数据建库，技术方法涉及实地调查、测绘技术、RS 技术应用、GNSS 实时监测定位、GIS 技术、数据库技术、管理信息系统、办公自动化等，加上参与人数众多，只有灵活应用系统工程理论，进行充分的系统分析，才能实现最优化管理。

系统工程理论要求永久基本农田划定及管护中严格贯彻整分合原理和相对封闭原理。在整体规划下明确分工，在分工基础上进行有效的综合，包括目标优化组合、组织优化组合、人才优化组合、环境优化组合；同时管理过程必须构成一个封闭的循环回路，管理系统由指挥中心、执行机构、监督与反馈机构等构成。系统工程理论可为永久基本农田划定及管护工作准确、高效完成奠定理论基础。

四、区位理论

区位是自然地理、经济地理和交通地理单元在空间地域上有机结合的具体表现[46]。区位理论是区域经济学的理论基石，区位理论是关于人类经济活动与社会、自然等其他事物或因素间的空间分布及其空间中的相互关系的学说。

区位理论起源于德国经济学家杜能的农业区位论，经历了古典区位理论、新古典区位理论、行为经济学区位理论、结构主义区位理论、柔性生产方式区位理论以及新经济地理区位理论的不断演化。现代区位理论的共同核心论点体现为：规模经济、外部效益、向心力或离心力以及区位竞争。其中，农业区位理论的创始人、德国经济学家冯•杜能，根据区位经济分析和区位地租理论，在其《孤立国》一书中提出六种耕作制度，每种耕作制度构成一个区域，而每个区域都以城市为中心，围绕城市呈同心圆状分布，这就是著名的"杜能圈"。作为圈层结构理论的最初研究者，他认为：城市在区域经济发展中起主导作用，城市对区域经济的促进作用与空间距离成反比, 区域经济的发展应以城市为中心, 以圈层状的空间分布为特点逐步向外发展。此外, 德国著名的地理学家克里斯塔勒则提出中心地理论, 中心地是指区域内向其周围地域的居民点居民提供各种货物和服务的中心城市或中心居民点, 由中心地提供商品和服务, 此中心地职能主要以商业、服务业方面的活动为主, 同时还包括社会、文化等方面的活动, 但不包括中心地制造业方面的活动。中心性(中心度)则是一个中心地对周围地区的影响程度, 或者说中心地职能的空间作用大小, 中心性可以用“高”“低”“强”“弱”“一般”“特殊”等概念来形容和比较。某中心地能维持供应某种商品和劳务所需的最低购买力和服务水平则是需求门槛[43, 44, 46]。

根据区位理论, 土地是区位论研究的客体, 各种已有的地理因素和社会经济活动的空间配置是区位条件, 分析研究这些条件在土地上的分布和变化特点, 以及它们相互组合对特点发生的综合影响和作用, 可以揭开区域特点的变化规律及其数量特征。在进行永久基本农田划定时可以根据区位条件造成的区位空间差异, 评定区域永久基本农田质量等级, 进而建立区域永久基本农田划定的空间布局方案。与此同时, 根据区位理论中的某些原则, 可以在保护永久基本农田质量和数量的基础上, 确定城镇用地规模和发展方向。将城镇周边、交通道路沿线和坝区一定比例的优质耕地划入永久基本农田, 也是应用了区位理论的结果。例如, 云南省在加强耕地保护促进城镇化科学发展的过程中, 将坝区现有优质耕地的80%以上划为永久基本农田, 划定后的城镇周边永久基本农田与河流、湖泊、山体、绿带等生态屏障共同形成城市开发的实体边界, 体现出优化城市空间格局、促进土地节约集约利用、控制城市扩张蔓延的作用。

五、新时代中国特色社会主义思想

习近平总书记在党的十九大报告中提出新时代中国特色社会主义思想, 建设现代化经济体系为土地资源管理, 也为新时期的耕地与永久基本农田保护提出了新的要求。新时代中国特色社会主义思想对耕地与永久基本农田保护的指导具体体现在以下方面。

(1)坚定生态系统保护决心, 倒逼城市走集约节约发展之路。党的十九大报告中关于加大生态系统保护力度的内容提到, 完成生态保护红线、永久基本农田红线、城镇开发边界“三条红线”划定工作。2017 年《全国国土规划纲要(2016-2030 年)》印发, 这是我国首个国土空间开发与保护的战略性、综合性、基础性规划, 对涉及国土空间开发、保护、整治的各类活动具有指导和管控作用。该文件提出, 加快构建“安全、和谐、开放、协调、富有竞争力和可持续发展的美丽国土”。随后《全国土地整治规划(2016-2020 年)》印发, 要求规划期内确保建成4亿亩高标准农田,力争建成6亿亩高标准农田,全国基本农田整治率达到60%;

国土资源部《关于有序开展村土地利用规划编制工作的指导意见》(国土资规〔2017〕2号)明确鼓励有条件的地区编制村土地利用规划,统筹安排各项土地利用活动,加强农村土地利用供给的精细化管理;2017年5月《土地利用总体规划管理办法》发布实施,明确城乡建设、区域发展、基础设施建设、产业发展、生态环境保护、矿产资源勘查开发等各类与土地利用相关的规划,应当与土地利用总体规划相衔接。2019年5月《中共中央　国务院关于建立国土空间规划体系并监督实施的若干意见》提出要提高国土空间规划的科学性。坚持生态优先、绿色发展,尊重自然规律、经济规律、社会规律和城乡发展规律,因地制宜开展规划编制工作;坚持节约优先、保护优先、自然恢复为主的方针,在资源环境承载能力和国土空间开发适宜性评价的基础上,科学有序统筹布局生态、农业、城镇等功能空间,划定生态保护红线、永久基本农田、城镇开发边界等空间管控边界以及各类海域保护线,强化底线约束,为可持续发展预留空间。

(2)永久基本农田保护划定工作的要求体现出新特点。永久基本农田划定工作的新特点包括四点。①划定要求更高。②目标定位多元:进一步稳定和提升粮食综合生产能力,夯实现代农业发展的物质基础;进一步强化城市发展的边界约束,促进新型城镇化健康发展;进一步倒逼节约集约用地,缓解资源环境承载压力,促进生态文明建设;进一步推进永久基本农田落地到户,切实维护广大农民的土地权益。③划定任务艰巨。④基础支撑坚实,如2013年以来的第二次全国土地调查成果发布、新一轮耕地质量等别更新和完善工作、地球物理化学调查、土地整治与高标准农田建设项目验收等一系列成果,以及国土资源遥感监测"一张图"和综合监管平台的多领域应用等成果。

(3)强化永久基本农田红线在新一轮土地利用总体规划中的落实。新一轮规划修编的一个重要任务就是优化各类用地空间布局,通过规划修编进行用地科学布局。本轮土地利用总体规划将于2020年到期,在严格规划实施管理,强化土地用途管制,大力推动生态文明建设,保障粮食安全、生态安全,促进新型城镇化健康发展和加强区域协调、城乡融合等方面发挥着重要作用。自然资源部从2018年1月起在部分省(区、市)部署开展新一轮土地利用总体规划编制试点,其中一项任务则是强化土地用途管制,要创新规划分区引导方法,实施全域全类型土地用途管制,明确各类空间对应规划用地类型,完善用地政策与标准体系。强化永久基本农田保护红线、生态保护红线和城镇开发边界在土地利用总体规划中的协调落实机制。

(4)在划定永久基本农田的基础上加强耕地质量建设。在耕地质量上,确保优质耕地优先划为永久基本农田,按照耕地质量等别和地力等级由高到低进行排序。2017年1月9日,中共中央、国务院印发《中共中央国务院关于加强耕地保护和改进占补平衡的意见》(中发〔2017〕4号),提出加强耕地数量、质量、生态"三位一体"保护。在加快保护耕地面积,划定永久基本农田的同时,我国将从四个方面加强耕地质量建设:守住耕地数量和质量两条红线;进一步实施高标准农田建设；推动科技创新；推进土地保护，实施耕地修复。

(5)推进永久基本农田管理科学化、规范化、精细化，全面落实特殊保护。《国土资源部 农业部关于全面划定永久基本农田实行特殊保护的通知》（国土资规〔2016〕10 号）要求加快推进永久基本农田上图入库、落地到户，为了加快此项工作的推进，国土资源部办公厅于 2017 年 3 月又发布了《关于切实落实永久基本农田上图入库落地到户各项任务的通知》（国土资厅发〔2017〕6 号），要求各级国土资源主管部门要在同级人民政府的统一领导下，按照已经论证审核通过的省市县各级永久基本农田划定方案，落实已经划定的城市周边永久基本农田绝不能随便占用的要求，在确保已经划定的永久基本农田数量不减少、质量不降低、位置不改变的基础上，落到地块、完善表册、补齐标志、落实责任、上图入库，及时形成永久基本农田划定成果，并汇交数据库成果，全面落实永久基本农田实行特殊保护。

(6)通过目标责任制严保永久基本农田。2018 年 1 月 18 日，国务院办公厅印发《省级政府耕地保护责任目标考核办法》（国办发〔2018〕2 号），强调要守住耕地保护红线，严格保护永久基本农田，建立健全省级人民政府耕地保护责任目标考核制度。要根据《全国土地利用总体规划纲要》确定的相关指标和高标准农田建设任务、补充耕地国家统筹、生态退耕、灾毁耕地等实际情况，把各省、自治区、直辖市耕地保有量和永久基本农田保护面积等考核检查指标，作为省级政府耕地保护责任目标。把全国土地利用变更调查提供的各省、自治区、直辖市耕地面积、生态退耕面积、永久基本农田面积数据以及耕地质量调查评价与分等定级成果，作为考核依据。

(7)在政策指导下开展划定工作。永久基本农田划定以相应的法律法规、政策依据和工作要求作为基础，在法律上体现在以《中华人民共和国土地管理法》为框架的法律法规中，在政策和具体实施方面，需要按照以下相关标准和技术规范，明确工作基础和工作要求，统一标准规范。

(8)以国土空间规划作为空间发展指南和可持续发展蓝图。《中共中央 国务院关于建立国土空间规划体系并监督实施的若干意见》（中发〔2019〕18 号）提出建立全国统一、责权清晰、科学高效的国土空间规划体系，整体谋划新时代国土空间开发保护格局，综合考虑人口分布、经济布局、国土利用、生态环境保护等因素，科学布局生产空间、生活空间、生态空间。要提高科学性，坚持生态优先、绿色发展，尊重自然规律、经济规律、社会规律和城乡发展规律，因地制宜开展规划编制工作；坚持以节约优先、保护优先、自然恢复为主的方针，在资源环境承载能力和国土空间开发适宜性评价的基础上，科学有序统筹布局生态、农业、城镇等功能空间，划定生态保护红线、永久基本农田、城镇开发边界等空间管控边界以及各类海域保护线，强化底线约束，为可持续发展预留空间。自然资源部印发的《关于全面开展国土空间规划工作的通知》（自然资发〔2019〕87 号）对国土空间规划各项工作进行了全面部署，全面启动国土空间规划编制审批和实施管理工作，提出了做好过渡期内现有空间规划的衔接协同，按照国土空间规划"一张图"要求，做一致性处理，不得突破土地利用总体规划确定的 2020 年建设用地和耕地保有量等约束性指标，不得突破生态保护红线和永久基本农田保护红线。

第二节　永久基本农田划定的指导思想与基本原则

一、永久基本农田划定指导思想

应认真贯彻"十分珍惜和合理利用土地，切实保护耕地"的基本国策。对永久基本农田实行特殊保护，保护永久基本农田数量长期稳定，质量逐步提高。以习近平新时代中国特色社会主义思想为指导，深入贯彻党的十九大和中共十九届二中、三中全会精神，牢固树立新发展理念，实施乡村振兴战略，坚持最严格的耕地保护制度和最严格的节约用地制度，落实"藏粮于地、藏粮于技"战略，以确保国家粮食安全和农产品质量安全为目标，加强耕地数量、质量、生态"三位一体"保护，构建保护有力、集约高效、监管严格的永久基本农田特殊保护新格局，牢牢守住耕地红线，为促进农业现代化、新型城镇化健康发展和生态文明建设提供坚实资源基础。

二、永久基本农田划定目标

将《全国土地利用总体规划调整方案》确定的全国 15.46 亿亩基本农田保护目标任务落实到用途管制分区，落实到土地利用总体图斑地块，与农村土地承包经营权确权登记颁证工作相结合，实现上图入库、落地到户，确保划足、划优、划实，实现定量、定质、定位、定责保护，划准、管住、建好、守牢永久基本农田。

三、永久基本农田划定原则

(一) 坚持依法依规、规范划定

根据《中华人民共和国土地管理法》和《基本农田保护条例》有关规定，按照土地利用总体规划确定的目标任务，规范有序开展永久基本农田划定工作。

(二) 坚持统筹规划、协调推进

永久基本农田划定要与土地利用总体规划调整完善协同推进，两者互为基础、互为条件。城市周边和全域永久基本农田划定要充分衔接，划定成果要全部纳入地方各级土地利用总体规划调整方案，两项工作统一方案编制，同步完成。

（三）坚持保护优先、优化布局

永久基本农田划定和土地利用总体规划调整完善要按照总体稳定、局部微调、应保尽保、量质并重的要求，优先确定永久基本农田布局，把城市周边"围住"、把公路沿线"包住"，优化国土空间开发格局。

（四）坚持优进劣出、提升质量

落实国务院土壤污染防治行动计划，将重点地区、重点部位优先保护类和安全利用类耕地优先划入，将受重度污染的严格控制类耕地及其他质量低下耕地按照质量由低到高的顺序依次划出，提升耕地质量，保证农业生产环境安全。

（五）坚持特殊保护、管住管好

加强和完善对永久基本农田具有管控性、建设性和激励约束性的保护政策，严格落实永久基本农田保护责任，强化全面监测监管，建立健全"划、建、管、护"长效机制。

第三节　永久基本农田划定要求

一、永久基本农田划定基本要求

永久基本农田划定基本要求如下。

依据土地利用总体规划确定永久基本农田划定任务和永久基本农田划定方案，全面落实永久基本农田"落地块、明责任、设标志、建表册、入图库"等工作任务，及时形成永久基本农田划定成果。

（1）真正落地块。将永久基本农田图斑落到地块，确定边界、面积、地类、质量等级信息以及片（块）编号。

（2）层层明责任。逐级签订保护责任书，将保护责任逐级落实到地方各级人民政府，落实到村组、农户，有条件的地方要结合农村土地承包经营权确权登记颁证，将划定的永久基本农田记载到农村土地承包经营权证上。

（3）及时设标志。补充更新标志、标识牌，在交通沿线、城市周边显著位置增设永久基本农田保护标志牌，昭示社会、接受监督。

（4）全面建表册。把永久基本农田保护图和数量、质量、责任信息等及时整理汇集，确保真实、完整、准确。

（5）系统入图库。按照《基本农田数据库标准》及相关数据库建设要求，及时更新完善现有永久基本农田数据库，将永久基本农田相关信息对应到图斑，做到图、数、地相一致，加强耕地数量、质量信息共享。

二、永久基本农田划定与调整要求

(一)可以继续保留的永久基本农田

经核实确认,符合土地利用总体规划基本农田布局要求的现状基本农田,继续保留划定为永久基本农田;可以保留的永久基本农田地类有耕地、可调整地类、确定为名优特新农产品生产基地的其他农用地;对于规划调整后 2020 年耕地保有量低于现行土地利用总体规划安排的,除纳入国家安排生态退耕范围、实施国家重大发展战略(如云南省易地扶贫搬迁三年行动计划)、“十三五”重点建设项目难以避让的以外,符合永久基本农田布局要求的现状基本农田,一律继续保留划定为永久基本农田。

(二)不得保留的永久基本农田

现状基本农田中依法批准的(无论是否实际占用)、符合占用基本农田条件正在报批的、规划预留的(如采矿用地)、违法查处后不能复垦的建设用地、未利用地,以及质量不符合要求的其他农用地,不得保留划定为永久基本农田。

(三)新划入永久基本农田的要求

新划入的永久基本农田土地利用现状应当为耕地,为确保永久基本农田划定后质量提高,下列类型的耕地应当优先划定为永久基本农田:城镇周边、交通沿线和坝区尚未划为永久基本农田,质量达到所在县(市、区)域平均水平以上的耕地;已建成的高标准农田、正在实施改造的中低产田;与已有划定基本农田集中连片,质量达到所在县(市、区)域平均水平以上的耕地;自身聚集度高、规模较大,有良好的水利与水土保持设施的耕地;农业科研、教学试验田。

(四)禁止新划入永久基本农田的要求

为了确保划定的永久基本农田质量不降低,下列类型的耕地禁止新划定为永久基本农田:已纳入国务院批准的新一轮退耕还林还草总体方案中的耕地;坡度大于 25 度且未采取水土保持措施的耕地;遭受严重污染且无法治理的严格控制类耕地;经自然灾害和生产建设活动严重损毁无法复垦的耕地;位于垃圾堆放场、化工企业、矿山等污染源周边且符合国家标准或行业标准防治范围内的耕地;河流湖泊、水库及水电站最高洪水位控制线范围内不适宜稳定利用的耕地;未纳入基本农田整备区或者改造整治的零星分散、规模过小、不易耕作、质量较差的耕地;其他确因社会经济发展需要不宜作为永久基本农田保护的耕地;不得将各类生态用地划定为永久基本农田。

(五)城镇周边永久基本农田调整要求

1. 城镇周边永久基本农田划定要求

城镇周边永久基本农田(含已有和新划入永久基本农田)保护面积比例超过60%的地区,本次调整过程中可依两部、两厅[①]要求,在优化永久基本农田布局的同时,适当调减面积,但调整后的保护率不得低于60%;城镇周边永久基本农田(含已有和新划入永久基本农田)面积比例未达到60%,但限制建设区和禁止建设区新划入基本农田面积比例超过80%指标的地区,应按以下要求调整:允许建设区、有条件建设区内的永久基本农田(含已有和新划入永久基本农田),面积不得调减,布局可按有关规定进行优化;限制建设区和禁止建设区已有永久基本农田面积不得调减,布局可按有关规定进行优化;限制建设区和禁止建设区内新划入的永久基本农田,在优化布局的同时,可适当调减,但调整后永久基本农田面积比例不得低于80%。

城镇周边永久基本农田(含已有和新划入永久基本农田)面积比例未达到60%,但限制建设区和禁止建设区新划入的永久基本农田加上已有永久基本农田达到该范围内耕地面积90%以上地区,应按以下要求调整:允许建设区、有条件建设区内永久基本农田(含已有和新划入永久基本农田),面积不得调减,布局可按有关规定优化;限制建设区和禁止建设区内永久基本农田(含已有和新划入永久基本农田)在优化布局的同时,可适当调减,但调整后,相关永久基本农田面积比例不得低于90%。

2. 城镇周边永久基本农田划出要求

已有永久基本农田中因实施国家重大发展战略、"十三五"重点建设项目,以及地类不符合划定要求的可以适度划出。现状永久基本农田中的建设用地包括依法批准的(无论是否实际占用)、正在报批的、规划预留的(如采矿用地)、违法查处后不能复垦的均要依法依规划出。

3. 城镇周边永久基本农田补划要求

城镇周边补划的永久基本农田土地利用现状应当为耕地。25度以上的坡耕地,已依法批准或正在办理用地手续的耕地,严重污染及纳入生态退耕的耕地,零星分散、规模过小、不易耕作、质量差的耕地不得划入永久基本农田。

(六)坝区耕地划入永久基本农田的要求

坝区是云南省特有的地理区域概念,是云南省为了严格保护耕地定位的面积在1平方公里以上的平坦地区。为了贯彻落实《云南省人民政府关于加强耕地保护促进城镇化科学发展的意见》(云政发〔2011〕185号)要求,将坝区现状的80%划为永久基本农田,实行特殊保护,保护好云南人民的"米袋子""菜篮子"。

---

① 两部:自然资源部、农业农村部;两厅:云南省自然资源厅、云南省农业农村厅。

第四章 永久基本农田划定与管护的技术方法

第一节 永久基本农田划定与管护的技术路线

一、永久基本农田划定技术路线

永久基本农田划定工作主要可划分为工作准备、方案编制与论证、组织实施、验收与报备四个阶段，技术路线具体如图4-1所示。

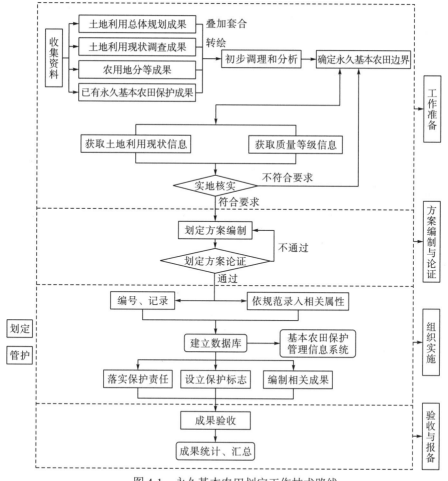

图 4-1 永久基本农田划定工作技术路线

二、永久基本农田补划与更新技术路线

永久基本农田补划与更新分为补划方案编制与论证、占用(减少)和补划核实确认、成果编制、验收与报备几个阶段，技术路线如图4-2所示。

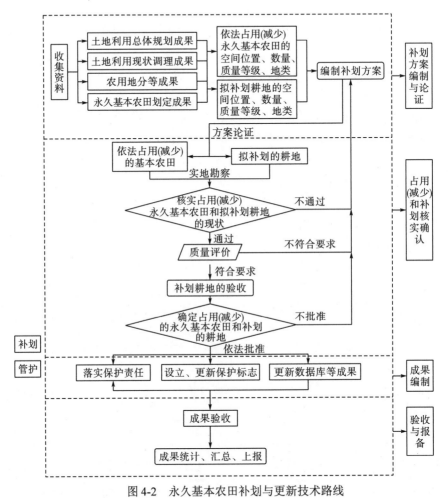

图4-2　永久基本农田补划与更新技术路线

第二节　永久基本农田划定与管护的技术体系

一、技术要求

(一)数学基础

平面坐标系统：1980西安坐标系、2000国家大地坐标系(2018年7月1日后)。

高程系统：1985 国家高程基准。

投影：采用高斯-克吕格投影，按 3°分带。

（二）计量单位

长度单位用米，保留 2 位小数；面积采用平方米，保留 2 位小数；文本及表格数据中面积采用亩，保留 2 位小数。取位精度不包括过程数据的处理精度，仅针对最终的结果数据。

（三）技术成果要求

1. 一致性

在年度更新的土地利用现状数据、农用地分等成果的套合、叠加、转绘技术处理过程中，应以土地利用现状调查成果为依据，进行坐标系、空间尺度的转换和空间位置的综合判定。永久基本农田图斑边界原则上应与土地利用现状图斑边界相一致。存在切割图斑的特殊情况时，永久基本农田边界应有明显地面参照物和标志物。永久基本农田划定（补划）面积应与土地利用现状图斑地类面积相一致，地类与土地利用现状调查认定的地类相一致。

2.准确性

在各项成果中要认真做好成果分析和检查记录，对永久基本农田划定（补划）的各地类图斑要做好记录，各类数据要具备可追溯性。永久基本农田编号具有唯一性；各类属性注记准确完整；图面清晰易读，数据库结构完整；数据库、图件、表册、地块一致；永久基本农田划定调查表的填写要规范统一，调查内容应真实可靠。

3.现势性

永久基本农田划定（补划）采用各项最新的基础资料。通过永久基本农田日常变化信息的实时记录与登记，结合年度更新，确保永久基本农田划定成果的现势性，真实反映永久基本农田现状和变化。

4.先进性

在完成永久基本农田划定过程中，结合实际，应用 3S（GIS、RS、GNSS）等先进的技术手段实现永久基本农田地块边界空间位置的准确定位。永久基本农田划定采用现代化管理技术，建设完整的永久基本农田数据库，为构建永久基本农田信息化管理体系提供基础。在永久基本农田管理系统开发过程中，应采用较为成熟先进的开发技术，保证系统的开放、兼容、稳定等。

二、支撑技术体系

(一)地理信息系统

地理信息系统(GIS)又称为地学信息系统，是一种特定的十分重要的空间信息系统。它是在计算机软硬件系统支持下，对整个或部分地球表层(包括大气层)空间中的有关地理分布数据进行采集、储存、管理、运算、分析、显示和描述的技术系统，其特点包括：公共的地理定位基础；具有采集、管理、分析和输出多种地理空间信息的能力；系统以分析模型驱动，具有极强的空间综合分析和动态预测能力，并能产生高层次的地理信息；以地理研究和地理决策为目的，是一个人机交互式的空间决策支持系统。

随着计算机软硬件的飞速发展，地理信息系统已广泛应用于自然资源管理的各个领域，在永久基本农田划定过程中，地理信息系统同样给予了大力支持。乡镇级土地利用总体规划数据库是划定工作的基础资料，就是基于地理信息系统构建的空间数据库，划定成果资料也一样。划定过程中的内业拟定及外业核查更是广泛应用了地理信息系统的叠加分析、缓冲区分析、数据插值等方法，最终还得借助地理信息系统的强大功能落实、统计、汇总、分析全省永久基本农田分布、规模及质量状况等信息。

(二)遥感科学与技术

遥感(RS)科学与技术是在测绘科学、空间科学、电子科学、地球科学、计算机科学以及其他学科交叉渗透、相互融合的基础上发展起来的一门新兴边缘学科。它利用非接触传感器来获取有关目标的时空信息，不仅着眼于解决传统目标的几何定位，更为重要的是对利用外层空间传感器获取的影像和非影像信息进行语义和非语义解译，提取客观世界中各种目标对象的几何与物理特征信息。遥感作为一门对地观测综合性科学，它的出现和发展既是人们认识和探索自然界的客观需要，更有其他技术手段无法比拟的特点，包括：可获取大范围数据资料；获取信息的速度快、周期短；获取信息受条件限制少；获取信息的手段多、信息量大。

遥感技术具有良好的地理数据获取功能，遥感影像是地球表面的"相片"，真实地展现了地球表面物体的形状、大小、颜色等信息。这比传统的地图更容易被大众接受，影像地图已经成为重要的地图种类之一。在永久基本农田划定中，采取外业调查与内业处理相结合的方法，对现有永久基本农田保护成果进行分析核实和认定，最终获取客观准确的永久基本农田成果。具体技术流程：利用最新的卫星遥感影像数据作为调查底图，通过与乡级土地利用总体规划(2010～2020年)所确定基本农田图斑及相关地图要素进行叠加，清晰地分辨出永久基本农田片块，对划入划出的永久基本农田进行全面的内业拟定及外业核查。

国家高分辨率对地观测系统重大专项的实施，随着高分辨率一号、二号、三号、四号卫星发射成功，能够为国土部门提供高精度、宽范围的空间观测服务。同时，日渐成熟、广泛应用的无人机测绘技术，也为耕地与永久基本农田动态监测与更新提供了灵活、快捷的解决方案。高分辨率卫星影像资料及无人机技术不仅能快速监测永久基本农田状况，而且能提供诸如永久基本农田损毁方式、程度的准确信息，可以为永久基本农田特殊保护提供强有力的技术手段。

(三)全球导航卫星系统

全球导航卫星系统(GNSS)是一种结合卫星及通信发展的技术，它利用导航卫星进行测时和测距，美国从 20 世纪 70 年代开始研制，历时 20 余年，耗资 200 亿美元，于 1994 年全面建成。2020 年，美国 GPS、俄罗斯 GLANESS、欧盟 GALILEO和中国北斗导航卫星系统四大 GNSS 系统建成或完成现代化改造。GNSS 是具有海陆空全方位实时三维导航与定位能力的新一代卫星导航与定位系统。经过近十年我国测绘等部门的使用表明，GNSS 以全天候、高精度、自动化、高效益等特点，成功地应用于大地测量、工程测量、航空摄影、运载工具导航和管制、地壳运动测量、工程变形测量、资源勘察、地球动力学等多个领域中，取得了较好的经济效益和社会效益。

利用 GNSS 及其地面增强系统提供的"针尖般"的精确度，测量者可以迅速得到高精度的勘测和地图测绘结果，从而可以大幅减少使用传统测绘技术所需的设备和工时。永久基本农田划定充分应用 GNSS 的便捷而精确的服务，采取 GNSS手持机，实时监测定位，进行永久基本农田片块和界线的划定调查与认定，并在各县永久基本农田保护标志埋设等工作过程中进行现场定位等。

(四)3S 集成应用

将 GNSS、RS 和 GIS 技术根据应用需要，有机地组合成一体化的、功能更强大的新型系统的技术和方法，是一门非常有效的空间信息技术。RS 可以为土地资源提供丰富、现势性的利用信息，并为 GIS 的数据更新提供可靠、快速的数据源。但 RS 对社会经济、自然概况及人类活动的大量信息却难以获取。GNSS 技术和RS 技术是 GIS 数据采集和及时更新的主要技术手段和有力支撑。GIS 既能提供信息查询、检索服务，又能提供综合分析评价，是 RS 和 GNSS 所不及的。因此，只有将三者有机结合，才能使 RS 和 GNSS 技术所获取的现势信息经过积累和延伸，真实反映土地利用情况，并实现实时处理的功能，为土地利用规划、监督及评价、基本农田保护区划定等提供科学依据。

就 3S 技术的作用及地位而言，GIS 相当于人的大脑，对所得的信息加以管理和分析；RS 和 GNSS 相当于人的两只眼睛，负责获取海量信息及其空间定位。RS、GNSS 和 GIS 三者的有机结合，构成了整体的实时动态对地观测、分析和应用的运行系统，为科学研究、政府管理、社会生产提供了新一代的观测手段、描述语言和思维工具(图 4-3)。

图 4-3　3S 技术集成示意图

通过集成 3S 技术，在永久基本农田划定过程中，逐步形成一套充分利用各自的技术特点、快速准确又经济的技术方法体系。RS 提供最新的土地利用图像信息，GNSS 提供图像信息中"骨架"位置信息，GIS 为图像处理、分析应用提供管理和技术手段。三者相互作用，形成了"一个大脑，两只眼睛"的框架，可为永久基本农田划定提供现势性、精确的基础资料，从而为建立客观、准确、完整的基本农田数据库奠定基础。

(五)数据库管理系统

数据库管理系统(database management system，DBMS)是一种操纵和管理数据库的大型软件，用于建立、使用和维护数据库。它对数据库进行统一的管理和控制，以保证数据库的安全性和完整性。用户通过 DBMS 访问数据库中的数据，数据库管理员也通过 DBMS 进行数据库的维护工作。它可使多个应用程序和用户用不同的方法在相同或不同时刻建立、修改和访问数据库。常用的大型数据库管理系统提供数据定义、数据操作、数据库运行管理、数据组织存储与管理、数据库保护、数据库维护、通信等功能。

DBMS 采用复杂的数据模型表示数据结构，数据冗余小，易扩充，十分容易实现数据共享，并具有较高的数据和程序独立性，能为用户提供方便的用户接口，可为用户提供并发控制、恢复、完整性、安全性四个方面的数据控制功能，可以增加整个系统的灵活性。永久基本农田划定成果数据量巨大，存在空间数据与非空间数据相结合、数据间关系复杂、具有明显时效性、数据严肃性等特点，因此永久基本农田划定成果十分适合也必须采用 DBMS 进行统一建库。《关于全面划定永久基本农田实行特殊保护的通知》提出"要按照《基本农田数据库标准》及相关数据库建设要求，及时更新完善现有永久基本农田数据库，将永久基本农田相关信息对应到图斑，做到图、数、地相一致，加强耕地数量、质量信息共享，系统入图库"，因此，采用标准的数据库可轻松实现全国数据共享，数据库管理系统也为永久后期基本农田管护提供了便利工具。

(六)永久基本农田管理信息系统

永久基本农田划定成果不仅要形成标准数据库，同时还需建立基本农田管理信息系统(basic farmland management information system，BFMIS)，以便完成永久基本农田日常管理工作，包括信息的分类、检索、查询、统计、分析、综合、数据更新等功能。

BFMIS 属于土地管理信息系统(land management information system，LMIS)或者土地信息系统(land information system，LIS)的分支。BFMIS 与 GIS 相联系又有区别，两者都属于空间信息系统(spatial information system，SIS)，即它们都是给用户提供一个空间的数据框架，用户可以将地域的各种属性数据，包括自然属性和社会经济属性数据置于这一框架之中，系统支持用户对这一地域进行综合分析。

GIS 内涵较为广泛，提供较全面的计算机空间分析功能，特别是在自然地理信息数据的分析处理上有强大的功能[47, 48]。BFMIS 是一个较专业的管理信息系统，它所要求的空间分析功能可能仅是 GIS 的一小部分。它强调的是从永久基本农田管理工作的实际需要出发，按照工作的实际流程、专业技术的规程和规范，以及永久基本农田管理要求的各种数据、图件、表册与文档，提供对应的功能模块，这一系统对用户界面要求较高，以满足用户使用要求。

本书研究建立的 BFMIS 是以土地资源与永久基本农田管理为工作对象的计算机信息系统，是集土地管理业务、计算机技术、地理信息系统、数据库管理系统、遥感、网络等高新技术于一体的技术含量高、投资力度大的系统工程，是耕地与永久基本农田信息化的核心内容，是辅助法律、行政和经济决策的工具，也是规划和研究的辅助设备。

(七)大数据分析

大数据指无法在一定时间范围内用常规软件工具进行捕捉、管理和处理的数据集合，是需要新处理模式才能使其具有更强的决策力、洞察发现力和流程优化能力的海量、高增长率和多样化的信息资产。大数据分析的产生旨在行业管理，国家或企业可以将实时数据流分析和历史相关数据相结合，然后通过大数据分析并发现它们所需的模型，同时也可帮助预测和预防未来运行中断和性能问题。可以利用大数据进一步了解使用模型以及地理趋势，进而加深大数据对全国或行业的洞察力，也可以追踪和记录网络行为，利用大数据轻松地识别业务影响。

大数据需要特殊的技术进行处理，适用于大数据的技术包括大规模并行处理(massive parallel processing，MPP)数据库、数据挖掘、分布式文件系统、分布式数据库、云计算平台、互联网和可扩展的存储系统。大数据处理方法包括：采集、导入/预处理、统计/分析、挖掘。大数据分析普遍存在的方法理论包括：可视化分析、数据挖掘算法、预测性分析、语义引擎、数据质量和数据管理。

大数据分析与土地统计分析目标不谋而合，并为土地统计分析提供了新的方法和工具。土地统计分析工作能够通过土地统计数据找出土地利用变化的规律和趋势，总结土地利用的经验教训，为制定土地管理政策服务。传统土地统计分析包括横向分析法和纵向分析法，根据土地的动态变化数据，分析某一地区或单位历年的土地利用情况。受制于常规工具，常规数据分析难以反映土地利用空间变化及规律，而大数据分析能很好地弥补其不足，将土地统计分析推向新阶段。

(八)物联网技术

物联网(IoT)是互联网的延伸与扩展。物联网是以互联网为基础的一种网络技术，其用户端延伸和扩展到了任何物品和物品之间，进行信息交换和通信。物联网是指通过信息传感设备，按照约定的协议，把任何物品与互联网连接起来，进行信息交换和通信，实现智能化识别、定位、跟踪、监控和管理的一种网络。

物联网技术包括：①传感器技术，传感器指的是能感受规定的被测量件并按照一定的规律(数学函数法则)转换成可用信号的器件或装置，通常由敏感元件和转换元件组成；②RFID(radio frequency identification)技术：实现物品信息快速准确传递和物品联通智能化的先进技术。

利用传感器、RFID、二维码解读器等设备对物体信息进行实时提取并解读，做到对物体进行全面感知，利用传感网络和互联网融合，强化无线传输功能，对采集信息实时准确传递，利用云计算、数据挖掘、模糊识别等智能技术对数据进行分析处理，实现对物体的智能控制。针对永久基本农田管护，可以基于农业物联网技术进行永久基本农田信息监测，建立起对永久基本农田数量和农作物生长信息进行实时采集和远程传输的平台。通过系统实时、准确地获取永久基本农田相关数据，有利于提高永久基本农田的数字化管理水平。

永久基本农田划定与管护技术体系如图4-4所示。

(九)视频监控技术

视频监控技术已被用于耕地和永久基本农田保护，在城镇周边、公路沿线的永久基本农田保护区，适宜用视频监控的方法全天候、全视角地监控永久基本农田的状况，防止非法占用和人为破坏。

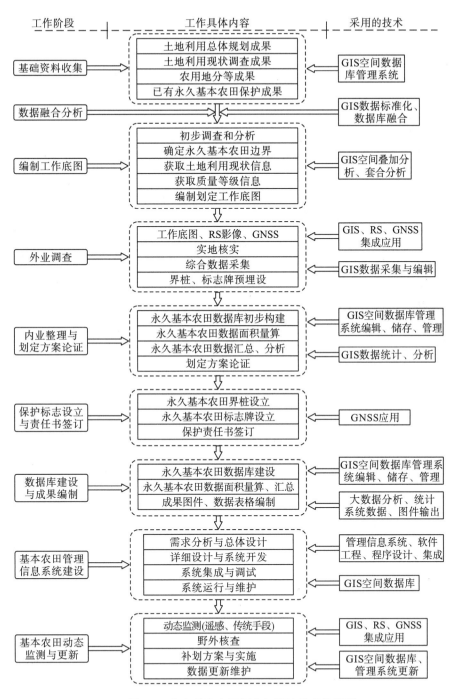

图 4-4 永久基本农田划定与管护技术体系图

三、永久基本农田划定主要技术方法

(一)实地调查

根据永久基本农田划定的基本要求,要做到落地到户、上图入库,并在交通沿线和城镇、村庄周边的显著位置增设永久保护标志牌。再者,全国第二次土地调查及变更调查数据难免会存在错误或遗漏,因此野外实地调查是基本的、实事求是的工作与技术方法。一方面可以对基础土地利用数据、土地利用总体规划划定的永久基本农田数据进行检验与校核,另一方面可以保证永久基本农田划定的客观、真实、有效,维护永久基本农田划定与保护的权威性。

在永久基本农田划定过程中,采取全野外调查方式,实地调查、明确永久基本农田的范围、地类、面积、地块、质量信息、权属、保护责任等情况,并如实将相关信息填写在调查表上。对于土地利用总体规划(2010~2020 年)数据与 2011 年变更调查数据中土地利用现状地类、坡度等情况存在较大差异且遥感判读难以解决的,必须采取人工实地调查方法解决。

(二)遥感调查

遥感(RS)调查方法主要借助遥感技术良好的地理数据获取功能及信息更新快、现势性特点,通过遥感影像真实地展现划定永久基本农田形状、大小、颜色等信息。本次调查利用第二次全国土地调查的影像图与土地利用总体规划图拟划定的永久基本农田的范围,将永久基本农田图斑及相关地图要素进行叠加,清晰地分辨出永久基本农田片块,采用 GIS 手段处理分析后制作调查使用的工作底图,对划入划出的永久基本农田进行全面的内业拟定及外业核查。

在外业调查时,在县(市、区)自然资源局、乡(镇)土地管理所等相关部门的支持及地方村民委员会的积极配合下,一并将界桩、标志牌预埋设的位置进行了调查,并清楚地在调查工作底图上记录,为后期的施工埋设提供方便,最终完成外业调查工作。

(三)GNSS 实时监测定位

利用 GNSS 及其地面增强系统提供的精确度,测量者可以迅速得到高精度的勘测和地图测绘结果,从而可以大幅减少使用传统测绘技术所需的设备和工时。在本次划定工作中,野外调查组全部配备 GNSS 手持机,实时监测定位,进行永久基本农田片块和界线的划定调查与认定。

GNSS 实时监测定位可以在野外调查中,对变更调查数据中土地利用现状地类、坡度等情况存在较大差异且遥感判读难以解决的图斑进行快速圈定、标注、面积量算、编辑记录属性,对部分永久基本农田图斑进行分割、重新构区等。总

之，GNSS 结合 GIS 功能集成，能够有效完成野外调查数据的采集和编辑，最终完成外业调查工作，为内业数据整理奠定基础。同时 GNSS 技术协助完成界桩和标志牌预埋设工作方案，包括标识地点设立定位、数量、类型等，为后期的现场施工提供方便。

（四）GIS 空间分析

在 3S 集成系统中，GIS 的作用相当于人的大脑，一直贯穿整个永久基本农田划定工作，充分体现出对空间数据进行采集、储存、管理、运算、分析、显示和描述的技术系统特点[49]。在永久基本农田划定中应用到的 GIS 空间分析方法与功能包括四个方面。

（1）在地理信息系统的数据库技术支撑下，完成对乡镇级土地利用总体规划数据库、原永久基本农田划定数据、土地利用变更数据、农用地分等数据、农村土地确权数据的融合分析，提取永久基本农田面积、范围、质量等信息，并叠加、套合 RS 影像资料，形成工作的基本底图。

（2）借助 RS 和 GNSS 系统开展野外调查，对模糊图斑进行圈定、标注、面积量算、属性记录，对部分永久基本农田图斑进行分割、重新构区、面积统计，快速、高效完成野外调查数据的采集和编辑，为内业整理提供客观准确基础数据。

（3）借助地理信息系统的空间数据库管理系统，构建完整的永久基本农田数据库，基于地理信息系统平台建立永久基本农田保护管理信息系统，为后期永久基本农田管理、监察监督、动态监测等提供坚强技术支持。

（4）基于 GIS 分析、统计、汇总功能，由村→乡→县→市→省，逐级汇总完成全省永久基本农田分布、规模及质量状况等信息。以永久基本农田数据库为基础，最终通过输出功能，编制完成本次永久基本农田划定成果，包括图件、表册等。

（五）大数据分析

以往土地统计分析工作受工具方法限制，仅仅根据土地的动态变化数据，分析某一地区或单位历年的土地利用情况及总体趋势，难以反映土地利用空间变化规律和细节。通过大数据分析技术，将有效实现空间数据统计分析，找出土地利用变化的规律和趋势，进而通过数据挖掘技术，总结土地利用的经验教训，为优化国土空间布局、制定土地管理政策服务。

（六）景观生态理论分析

景观格局作为农业生态系统的空间表象，直接影响农业生态系统的稳定性、脆弱性和农业生产功能。景观指数可以研究地区面积分布、边缘和形状特征，以及它们的细碎化和连通性[50]。景观学把空间的异质性与尺度的关系有机结合起来，对景观指数进行分析，可以综合衡量永久基本农田细碎化程度。景观多样性和异质性是景观生态学的两个重要概念，多样性主要描述斑块性质的多样化，而异质性则是斑块空间镶嵌的复杂性。景观生态规划引入了生态学理念，遵循尺度原则、多样性原则和景观功能结构合理化等原则，结合相关理论基础，能够发现永久基本农田质量的景观格局特征和空间差异，为国土空间规划中永久基本农田的格局优化提供依据。

第三节　永久基本农田划定与管护的工作流程

永久基本农田划定工作主要分为工作准备、永久基本农田划定方案编制与论证、组织实施、检查验收与备案四个阶段（又可细分为十四个步骤），以 2012 年的基本农田划定工作为例，主要工作实施步骤如下。

一、工作准备

基本农田划定作业单位成立相应的基本农田划定项目组，分为外业组和内业组。外业和资料收集安排技术人员和专职检查员，内业数据整理、建库、数据汇总、报告编写、图件编制等工作根据进展情况和具体需要安排相应的作业人员。在开展项目工作之前，首先进行技术交底，学习基本农田划定的有关规程、文件、工作方案、实施细则等，使作业员对划定工作有更深刻的了解，有利于工作的顺利开展。

二、资料收集与整理

基本农田划定工作主要收集：土地利用总体规划（2010～2020 年）图件、数据库、文本及说明；土地利用变更调查（数字正射影像图、土地利用现状数据库、面积汇总表）；农村集体土地确权登记发证相关成果资料；农用地分等更新成果；建设项目依法占用基本农田的用地审批资料；土地整理复垦开发相关资料。

三、制作基本农田工作底图

在上一年度变更调查数据的基础上，以乡级完善土地利用总体规划（2010～2020 年）成果图为依据，结合农用地分等成果资料，利用 GIS 技术叠加土地开发等成果，按照基本农田划定的要求，对以上几种图件进行套合，逐片块落实基本农田，将批准的建设用地叠加到基本农田保护图上，划出并标注基本农田保护片块编号，编制基本农田保护工作底图，作为开展基本农田划定的外业调查工作底图。

四、外业调查

利用第二次全国土地调查的影像图(分辨率为 2.5m，城镇及周边地区可用分辨率为 1m、0.2m 的影像)与土地利用总体规划图拟划定的基本农田的范围，采用 GIS 手段处理分析后制作工作底图。采取全野外调查方式，实地调查、明确基本农田的范围、地类、面积、地块、质量信息、权属、保护责任等情况，并如实将相关信息填写在调查表上。在外业调查时，在县(市、区)自然资源局、乡(镇)土地管理所等相关部门的支持及地方村民委员会的积极配合下，一并将界桩、标志牌预埋设的位置进行了调查，并清楚地在调查工作底图上记录，为后期的施工埋设提供方便，最终完成外业调查工作。

(一)保护片(块)实地调查

1. 基本农田保护片(块)边界调查

边界调查时要在基本农田土地权利人双方和调查人员共同参与下现场指认，现场确定边界。经基本农田土地权利人双方(或是授权委托代理人)与调查人员共同认定的边界，由指界人签字盖章或按手印。

2. 基本农田保护片(块)权属确认

村小组界线以农村集体土地所有权调查所确定的界线为准进行权属界线转绘。若农村集体土地所有权调查时未到村民小组的，必须在基本农田土地权利人(行政村或村民小组)双方法定代表人和调查人员共同参与下现场指认权属界线，由调查人员现场填写基本农田保护片(块)内各村组的权属界线、界址走向描述、界址编号等，并由指界人在基本农田划定调查表中签字盖章或按手印。

3. 基本农田保护片(块)现状调查

调查内容包括基本农田保护片(块)的空间位置、面积、地类、质量等级等现状信息。现状基本农田为建设用地、未利用地，以及不符合土地利用总体规划基本农田布局要求且不可调整或达不到耕地质量标准的农用地，为拟划出地块拍摄实地核查照片。

(二)填写基本农田划定调查表

在符合政策法规和双方共同认定的情况下，由调查人员填写基本农田划定调查表中的有关内容，在工作底图上标绘基本农田保护片(块)范围，其余无法现场填写的如基本农田保护图、面积和相关意见等由调查人员后期进一步完善；双方土地权利人(行政村和村民小组负责人)在基本农田划定调查表中签字盖章或按手印；承包经营户在基本农田划定承包经营户责任人签字表上签字盖章或按手印。

五、内业整理

依据外业调查工作底图资料，将基本农田划入、划出图斑绘在数据库中，进行拓扑处理，并量算面积。统计外业调查需划出基本农田图斑布局、权属、地类及面积等情况。将外业调查划入、划出地块及建设占用基本农田地块全部标绘在现状图上，按乡(镇)统计基本农田划入、划出汇总表，并制作基本农田划入、划出分析图，初步编制基本农田划定方案。

六、基本农田划定方案论证

将外业调查需调出基本农田的地块逐图斑进行梳理、外业调查需要调出的地块及已变更地类等情况的，查找相关用地手续，按相应要求进行基本农田划出地块的资料整理等。

组织发改委、财政、林业、农业、交通、水利等部门及各乡(镇)领导、专家对基本农田划定方案进行审查论证，严格执行土地利用总体规划和落实耕地保护制度，严守耕地和基本农田保护红线，确保基本农田数量不减少、用途不改变、质量有提高，经过听证及各部门论证，通过县(市、区)人民政府的批准。

七、基本农田保护标志设立

基本农田划定后，各县(市、区)要按《基本农田与土地整理标识使用和有关标志牌设立规定》(国土资发〔2007〕304 号)及基本农田保护标志设立的要求，结合当地实际，经过工作人员反复实地踏勘，在县自然资源局、乡(镇)人民政府、乡(镇)土管所及村委会的配合支持下，在每个乡镇辖区内设立统一规范的基本农田保护牌和标识，标示出基本农田的位置、面积、保护责任人、保护片(块)号、保护起始日期、相关政策规定、示意图和监督举报电话等信息。

八、保护责任书签订

基本农田划定需县、乡、村、组层层签订保护责任书、落实保护责任人，全面建立保护监管机制和保护补偿机制。权利人中县(市、区)人民政府，各乡(镇、街道办事处)政府既受上一级政府监督，同时又肩负起监督村民委员会(社区居民委员会)这一级的责任,村民委员会(社区居民委员会)作为最小的基本农田保护行政责任单位，管理好所属辖区的村民对基本农田的保护责任。

九、数据库建设

在云南省第二次全国土地调查成果及土地利用变更调查数据的基础上，依据乡级土地利用总体规划(2010～2020 年)的基本农田布局情况，结合实地调查，将划定的基本农田占用、补划界线与土地利用变更调查数据库中地类图斑层套合，确定基本农田保护片(块)界线，形成基本农田保护片(块)层。由基本农田保护片(块)层与数据库中的地类图斑层叠加，获得基本农田保护图斑层。

按照基本农田划定方案对基本农田图斑进行划入与划出，形成基本农田划入划出层和基本农田划入划出注记层；利用农村集体土地确权登记 1∶10000 成果资料形成基本农田保护单元，综合农用地分等成果，分析评价划定基本农田质量情况；通过汇总统计，对比分析是否满足土地利用总体规划(2010～2020 年)基本农田保护指标要求。若没有达到基本农田保护指标要求，按相关规范及流程，按上面方法补划相应的基本农田。

按照外业实地设立的保护标志牌、基本农田保护标准界桩和简易界桩埋设位置，生成基本农田标志牌、基本农田标志牌注记和基本农田保护界桩层，共 8 个基本农田图层。最后，形成基本农田划定数据库。

十、基本农田管理信息系统建设

基本农田管理信息系统开发包括以下步骤：系统总体目标设计→需求分析→总体设计→详细设计(包括数据库设计)→系统开发→系统集成与测试→系统运行与维护。基本农田管理信息系统开发是系统而漫长的过程，应该在基本农田划定成果编制之前完成，可由专业的公司开发，但设计的数据库应符合《基本农田数据库标准》要求。

基本农田划定数据库是基本农田管理信息系统的核心和主要内容，将数据库与基本农田管理信息系统平台相结合，即完成基本农田管理信息系统建设。

十一、面积量算与数据汇总

(一)面积量算

面积量算是在基本农田管理信息系统的支持下，以基本农田数据库为依据，将高斯平面坐标换算为相应椭球的大地坐标，应用公式计算相应基本农田保护要素的椭球面积。面积量算主要包括控制面积和基本农田图斑地类面积量算两大部分，参照《第二次全国土地调查技术规程》(TD/T 1014-2007)、《土地利用数据库标准》(TD/T 1016-2007)和《第二次全国土地调查基本农田调查技术规程》(TD/T 1017-2008)等的相关要求和成果，在各级行政辖区界线、权属界线、控制面积已确定的基础上进行。

基本农田调查面积计算，采用椭球面积计算公式计算图斑地类面积。

基本农田图斑地类面积为基本农田图斑面积减去实测线状地物按扣除比例扣除后的线状地物面积、按系数扣除的田坎和其他相应扣除的面积。

对于因基本农田保护片块范围裁剪导致的图斑切割，参照第二次全国土地调查的各项系统参数设置后，计算图斑地类面积的方法和要求，重新计算。

没有涉及图斑切割的基本农田图斑地类面积，应与云南省最新的土地利用现状调查成果中图斑地类面积一致；涉及图斑切割的基本农田图斑地类面积，图斑切割部分的图斑地类面积之和应与土地利用现状调查成果中图斑地类面积一致（如一个图斑被切割为三部分，则重新计算后的这三部分图斑地类面积之和应与切割前的图斑地类面积一致）。

(二)面积汇总

以县级基本农田划定调查数据为基础，按附件各汇总表格的有关要求，汇总基本农田保护数据；数据汇总要在确保调查数据的准确性、真实性的前提下进行面积量算和汇总统计。

各级调查单位就统一提供的调查界线作为基本农田调查范围的界线控制，以省自然资源厅下发的各行政辖区控制面积，作为基本农田划定面积统计汇总的依据，统计汇总的数据应等于提供的各级辖区控制面积。经面积平差后，图幅内各行政辖区面积之和、各类图斑面积之和必须等于图幅理论面积。确保基本农田划定面积数据不重不漏。

基本农田划定面积按行政辖区进行汇总。各级控制面积是从上到下逐级控制，面积统计汇总是自下而上逐级进行的，下级各单位面积之和应等于上一级辖区的控制面积。县级统计汇总数据应与省级提供的县级辖区控制面积相等；市级汇总的本辖区内各县级单位面积应与省提供的本市辖区控制面积相等；各市汇总面积应与国家下达的省级控制面积相等。

(三)数据质量检查

数据库应通过统一的质量检查软件检查，包括数据完整性、空间数学基础与数据格式正确性、标准符合性、空间拓扑、图数一致性等方面的质量检查，未通过检查的需修改完善后重新提交。

十二、成果编制

(一)图件编制

根据国家和省级基本农田图件的编制要求，编制国际分幅基本农田保护图、乡(镇)基本农田保护图和县级基本农田分布图。

基本农田图件为按照一定比例尺制作的准确反映基本农田布局、数量、土地利用现状等信息的图件，在全要素的土地利用现状图的线划图上，以相应的图例图式，反映基本农田保护片(块)的空间位置与编号，加注基本农田界桩和保护牌设立的信息，包括标准分幅基本农田保护图、乡级基本农田保护图、县级基本农田分布图和基本农田划入划出分析图。

(二)表册编制

以县级行政辖区为单位，在完成基本农田数据库建设工作的基础上，以行政村为基本单位，从已建成的县级基本农田数据库中，按基本农田的土地利用现状地类和权属等信息统计汇总本行政区域内基本农田面积，输出基本农田调整划定平衡表、基本农田保护责任一览表、基本农田现状登记表、基本农田现状汇总表等，加盖各级人民政府公章，并装订成册。

统计内容包括：基本农田现状登记表、基本农田现状汇总表、基本农田保护责任一览表、基本农田占用(减少)补划台账、年度基本农田占用(减少)补划一览表、年度基本农田占用(减少)汇总表、县级基本农田保护面积汇总表、乡(镇)级基本农田保护面积汇总表、基本农田保护片块面积汇总表、坝区耕地划为基本农田情况表。

(三)报告编制

根据基本农田划定工作开展的实际情况和成果，编写县级基本农田划定工作报告、技术报告和成果分析报告等文字报告。

十三、成果和数据库验收及报备

县级自然资源、农业农村主管部门要组织技术单位专业技术人员对基本农田划定成果进行自检，市级自然资源、农业农村主管部门应对所辖县(市、区)的成果质量进行审核。划定成果按县级电子数据成果汇交要求规定的文件格式提交。

各级自然资源、农业农村主管部门要在政府统一组织下，按照县级自检、市级初验、省级验收的自下而上的程序，及时完成基本农田划定成果验收工作。①县级自检。自然资源、农业农村主管部门对辖区全域基本农田划定成果全面自检，自检合格后，向市级提出初验申请。②市级初验。市级自然资源、农业农村主管部门对县级基本农田划定成果进行初验，初验合格后，向省级提出验收申请。③省级验收。自然资源厅、农业农村厅根据市级验收请示，组织专家对基本农田划定成果进行验收，并形成验收意见。

最终，自然资源部、农业农村部联合按照有关规定对永久基本农田划定成果进行复核，永久基本农田数据库复核合格后，与规划调整完善数据库一并纳入国土资源遥感监测"一张图"和综合监管平台，作为土地审批、卫片执法、土地督察的重要依据。

十四、基本农田划定成果应用与管护

基本农田数据库及管理信息系统的建立，将基本农田相关信息对应到图斑，做到图、数、地相一致，加强耕地数量、质量信息共享，系统入图库，并形成"划、建、管、护"长效机制。成果将为日常土地管理、土地审批、卫片执法、土地督察提供极大便利。成果应用主要集中在六个方面。

（1）用地预审。自然资源主管部门在建设项目审批、核准、备案阶段，依法对建设项目涉及的土地利用事项进行审查，成果将提供客观、现势性耕地与基本农田保护信息。

（2）土地征收。建设项目用地涉及农用地转为建设用地以及涉及土地征收的，应当办理农用地转用审批手续。征收土地涉及基本农田的，由国务院批准。

（3）耕地占补平衡。非农业建设经批准占用耕地的，按照"占多少，垦多少"的原则，由占用耕地的单位负责开垦与所占用耕地的数量和质量相当的耕地。国家能源、交通、水利、军事设施等重点建设项目选址确实无法避开基本农田保护区，需要占用基本农田，涉及农用地转用或者征收土地的，必须经国务院批准。经国务院批准占用基本农田的，当地人民政府应当按照国务院的批准文件修改土地利用总体规划，并补充划入数量和质量相当的基本农田。

（4）卫片执法。利用卫星遥感技术，对某一区域某一时段的土地利用情况进行监测，通过对比监测前后的用地情况，确定变化图斑，再对变化图斑进行核实确定土地合法性。这是一种土地执法监管手段，可以全面、客观、准确地反映出被监测区域的土地利用情况特别是土地违法违规状态。基本农田划定成果及数据库为卫片执法提供了本底数据。

（5）土地督察。国务院授权自然资源部代表国务院对各省（区、市）监督检查，包括：耕地保护责任目标落实情况，土地执法情况，土地利用和管理中的合法性、真实性，土地管理审批事项和土地管理法定职责履行情况，运用土地政策参与宏观调控情况等。耕地与基本农田是土地督察的重点，而基本农田划定成果是督察对象，成果数据库是督察重要的参考依据。

（6）规划编制。国土空间规划编制包括明晰规划思路、统一规划基础、开展基础评价、绘制规划底图、编制空间规划等主要任务。在统一规划基础信息前提下，开展资源环境承载能力评价和国土空间开发适宜性评价，划定包括农业空间和永久基本农田保护线在内的"三区三线"（三区：生态空间、农业空间、城镇空间；

三线：生态红线、永久基本农田、城镇开发边界)，在资源环境要素评价的基础上，开展农业功能的资源环境承载能力集成评价，从而划定农业生产适宜性分区。

基本农田管护是建立"划、建、管、护"长效机制的重要环节，也是一项长期而艰巨的工作。在技术环节中，基本农田管护工作主要体现在基本农田补划、数据库更新、管理信息系统维护与运行中。其中，以基本农田补划最为基础，其步骤可分为补划方案编制和论证、占用(减少)和补划核实确认、成果编制、验收与报备几个阶段(图4-2)。

第四节　基本农田划定的成果与编制要求

本节以2012年云南省基本农田划定工作为例。

一、基本农田划定主要成果

(一)外业调查成果

外业调查成果包括签订县与乡镇、乡镇与村(居)委会、村(居)委会与小组责任书，填写外业调查表，设置基本农田保护标准界桩、基本农田保护简易界桩及基本农田保护标志牌等相关成果。

(二)统计汇总表

(1)基本农田调整划定平衡表；
(2)基本农田保护责任一览表；
(3)基本农田占用(减少)补划台账；
(4)年度基本农田占用(减少)补划台账；
(5)年度基本农田占用(减少)汇总表；
(6)基本农田现状登记表；
(7)基本农田现状汇总表；
(8)县级基本农田保护面积汇总表；
(9)乡(镇)基本农田保护面积汇总表；
(10)村委会基本农田保护片块面积汇总表；
(11)坝区耕地划为基本农田情况表；
(12)基本农田划定统计表。

(三)图件成果

(1)乡(镇)基本农田保护图；
(2)县级基本农田保护分布图；

(4)县级基本农田调整分析图;

(5)标准分幅基本农田保护图;

(6)省级基本农田分布图 1 幅、市级基本农田分布图。

(四)数据库成果

(1)市县基本农田划定数据库;

(2)各级基本农田管理系统。

(五)文字报告

(1)基本农田划定工作实施方案;

(2)基本农田划定方案;

(3)基本农田检验分析报告;

(4)基本农田划定工作总结;

(5)基本农田划定工作总结报告;

(6)基本农田划定工作资料汇编;

(7)基本农田划定成果数据册。

二、基本农田划定的成果编制要求

(一)基本农田保护片(块)编号

以行政村为单位,相连图斑确定为一个基本农田保护片(块),对基本农田保护片(块)进行编号并进行标注。

基本农田保护片(块)编号由 12 位行政村代码+ 4 位保护片(块)号组成,基本农田保护片(块)不允许跨两个以上的行政村,村民委员会内 4 位数的基本农田保护片(块)号不得重复,第 13~16 位代表片(块)号,为村民委员会内基本农田保护片(块)顺序号。

基本农田图斑编号由 16 位保护片(块)编号+4 位基本农田图斑号组成;基本农田图斑编号是在基本农田保护片(块)编号后面增加四位数的顺序号。

基本农田界桩编号由 16 位保护片(块)编号+3 位顺序号组成,共 19 位,基本农田界桩编号原则上应以基本农田保护片(块)为单位,从左到右,自上而下顺时针方向统一编号。

12 位行政村代码的编码规则必须与云南省第二次全国土地调查的编码一致。

(二)基本农田地类和面积认定

基本农田划定和基本农田补划面积应与土地利用现状图斑地类面积相一致,地类与土地利用现状调查认定的地类相一致。因此,基本农田现状登记表和基本农田现状汇总表中的地类面积按照土地利用现状调查认定的地类进行汇总。

综合分析和实地核实保留基本农田和划入、划出基本农田的空间位置、数量、地类、质量等级情况等信息，并在图上标识基本农田划入、划出地块。重点对划入地块进行对比分析并实地核实。同时，核实实地已被占用、毁坏的位置、范围和面积，并进行统计汇总。

(三)质量评价

在划定过程中，应综合评价划定基本农田的质量等级信息，新划定的基本农田各图斑的平均等指数应大于划出基本农田各图斑的平均等指数，确保划入基本农田的平均质量等级不低于划出基本农田的平均质量等级。

平均等指数计算公式：

$$K_1 = \frac{\sum_{i=1}^{n} K_i \times S_i}{\sum_{i=1}^{n} S_i} \tag{4-1}$$

$$K_2 = \frac{\sum_{j=1}^{n} K_j \times S_j}{\sum_{j=1}^{n} S_j} \tag{4-2}$$

$$K_2 \geqslant K_1$$

式中，K_1 为划出基本农田的平均等指数；K_2 为划入基本农田的耕地平均等指数；K_i 为第 i 个划出基本农田图斑的利用等指数；S_i 为第 i 个划出基本农田图斑的面积；K_j 为第 j 个划入基本农田图斑的利用等指数；S_j 为第 j 个划入基本农田图斑的面积。

(四)基本农田保护责任书签订

基本农田划定必须要落实基本农田保护责任。将划定后的基本农田保护责任落实到行政村、组和承包经营农户，签订或更新基本农田保护责任书，明确集体经济组织和农户的基本农田保护责任，将基本农田保护责任层层落实。

基本农田保护责任书应当包括下列内容：基本农田的范围、面积、地块、质量等级、保护措施、当事人的权利与义务、奖励与处罚等。

(五)基本农田保护标志设立

基本农田划定后，各县(市、区)按《基本农田与土地整理标识使用和有关标志牌设立规定》(国土资发〔2007〕304 号)的要求，结合当地实际，在每个乡镇辖区内设立统一规范的基本农田保护牌和标识，标示出基本农田的位置、面积、保护责任人、保护片(块)号、保护起始日期、相关政策规定、示意图和监督举报电话等信息。

规模较大及集中连片程度较高的基本农田保护片(块)也应设立标志牌或界桩；基本农田保护标志保护牌可以按片(块)相对集中区域(参考基本农田保护分布图)进行设置，绘制相应的基本农田保护位置及片(块)分布图；每个基本农田保护区应设立标志牌，铁路、公路等交通沿线和城镇、村庄周边的显著位置应增设标志牌。

在基本农田图斑和基本农田保护片(块)数据的基础上，结合实地情况在基本农田保护区域与建设留用地分界线上、建设用地拐点处等设立基本农田保护界桩。基本农田保护片(块)界桩的埋设，原则上界桩之间的实地距离在坝区内不超过 500 米，在山区不超过 300 米。在实际埋设中，各地可根据基本农田保护片(块)边界走向实际情况，适当放宽。总体要求为基本农田保护片(块)界桩设置以在 1∶10000 图上看得清为准。

(六)数据汇总与表册编制

在完成落地块、明责任、设标志的基础上，充分利用已有表册成果，及时健全完善相关表册档案，以行政村为基本单元，按村级、乡级、县级、市级、省级的顺序自下而上逐级进行汇总，编制各级永久基本农田表册。

1. 面积量算

以基本农田数据库为依据，将高斯平面坐标换算为相应椭球的大地坐标，应用公式计算相应基本农田保护要素的椭球面积，主要包括控制面积和基本农田图斑地类面积量算两大部分，参照《第二次全国土地调查技术规程》(TD/T 1014-2007)、《土地利用数据库标准》(TD/T 1016-2007)和《第二次全国土地调查基本农田调查技术规程》(TD/T 1017-2008)等的相关要求和成果，在各级行政辖区界线、权属界线、控制面积已确定的基础上进行。

2. 逐级统计汇总

以县级行政辖区为单位，在完成基本农田数据库建设工作的基础上，以行政村为基本单位，按照国土资源部、农业部《关于划定基本农田实行永久保护的通知》(国土资发〔2009〕167 号)、《关于加强和完善永久基本农田划定有关工作的通知》(国土资发〔2010〕218 号)、《基本农田划定技术规程》(TD/T 1032-2011)等相关文件通知的要求，按基本农田的土地利用现状地类和权属等信息统计汇总本行政区域内基本农田面积。

飞入地基本农田面积统计在其权属单位所属的行政辖区内，争议区按划定的工作界线范围统计汇总。因小数位取舍造成的误差应强制调平。

基本农田面积按村级—乡级—县级自下而上逐级进行汇总。

3. 表册编制

编制县、乡、村三级基本农田现状登记表与汇总表，并加盖各级人民政府公章。基本农田划定平衡表、基本农田占用(减少)补划台账、基本农田占用(减少)补划一览表、年度基本农田占用(减少)补划汇总表等表格依规范要求编制。

(七)基本农田保护图编制

基本农田图件为按照一定比例尺制作的准确反映基本农田布局、数量、土地利用现状等信息的图件，在全要素的土地利用现状图的线划图上，以相应的图例图示，反映基本农田保护片(块)的空间位置与编号，加注基本农田界桩和保护牌设立的信息，包括标准分幅基本农田保护图、乡级基本农田保护图、县级基本农田分布图和基本农田划入划出分析图。有条件的县(市、区)，可选择编制基本农田划入划出分析图等。

1. 图件主要内容

乡级基本农田保护图：在对应的第二次全国土地调查的乡镇缩编图的基础上，叠加基本农田保护片(块)边界、界桩、编号和保护牌设立信息的相关内容与信息等。

县级基本农田分布图：在对应第二次全国土地调查的县级挂图的基础上，以相应的图例图示，反映基本农田保护片(块)的空间位置与编号，加注基本农田保护牌设立信息。

基本农田划入划出分析图：在第二次全国土地调查的县级挂图的基础上，结合农用地分等信息，以相应的图例图示，反映基本农田保护片(块)划入与划出的空间位置与编号，加注基本农田调整后质量等级、集中连片程度、地类、面积等信息。

2. 编制要求

基本农田保护图、基本农田分布图的比例尺应与第二次全国土地调查形成的同级土地利用现状图比例尺相一致。

基本农田图斑边界坐标串应与土地利用现状图斑坐标串一致，特殊情况分割图斑的除外。

基本农田保护片(块)界线用红色实线表示，并加注保护片(块)编号。

基本农田保护片(块)编号注记形式为JA，J表示基本农田，A表示基本农田保护片(块)编号。图面标注时，编号可按12位行政村代码+4位保护片(块)号标注，也可只标注4位保护片(块)号。

在基本农田图件中，基本农田、基本农田占用(减少)地块、基本农田补划地块应分别赋色。

图廓内外整饰要素包括：图名、图幅号、指北针、比例尺、图例、数学基础、编制时间、编制单位等。

准分幅基本农田保护图的图名标注"基本农田保护图"和"图幅号"（"图幅号"标注在图名下方）；乡级基本农田保护图的图名标注"××乡基本农田保护图"；县级基本农田分布图的图名标注"××县基本农田分布图"。

乡级基本农田保护图、县级基本农田分布图的图幅右下角注明编制单位和编制时间。

图面上应当包含以下内容：基本农田保护区界线及保护责任人界线（村民小组、农户）、图名、图例、比例尺、制图单位、日期、行政界线、水系、排灌渠系、道路、农田防护林带、独立工矿、居民点及现有地类界线。

各种线划、符号的用色依据《云南省第二次全国土地调查实施细则》中的图式、图例色标执行，在基本农田图件中，基本农田、基本农田占用地块、基本农田补划地块应分别按规定赋色，"补划的基本农田图斑用红色（R230 G100 B100）表示，以区别于原划定的基本农田"，其他各类用地均不用色。

（八）数据库建设

按照基本农田划定数据库标准要求，以划定年土地利用现状变更调查成果为基础，采用与土地利用变更调查一致的行政区，以县级为基本组织单元，以土地利用变更调查数据库中土地利用要素和基础地理信息要素为支持和基础，依据永久基本农田划定方案、落地块、明责任、设标志、建表册成果，衔接土地利用总体规划调整完善工作，建设永久基本农田数据库。

第五章 永久基本农田数据库
与管理信息系统建设

第一节 永久基本农田管理信息化的必要性

为实现对永久基本农田划定成果的集中管理，借助国土资源主干网和金土工程及"一张图"工程的支持，保证永久基本农田成果充分应用于自然资源管理日常业务，为国土空间规划、土地执法监察和管理决策提供快速、准确、翔实的基础数据，需要建设永久基本农田数据成果管理系统，以满足动态化、规范化、标准化永久基本农田数据管理和应用的迫切需求。

建设省级永久基本农田数据成果管理系统，对县(市、区)汇交的永久基本农田数据进行集中管理，满足省级数据库成果汇交上报国家，省级自然资源管理机构内部处室(简称"省厅")永久基本农田占用分析、永久基本农田占用补划分析、统计查询、数据汇总、空间分析、数据下发的工作需要。

建成长效的数据上报和快速更新机制，保持永久基本农田数据库的现势性，实现国家、省、市、县四级永久基本农田数据库的互联互通和同步更新，满足国民经济与社会发展对自然资源基础数据的广泛需求。

在省级永久基本农田数据库基础上建立数据查询分析系统，支撑省厅内部各处室对永久基本农田数据查询分析的需要。

一、建设省级永久基本农田管理数据库

按照统一的标准和规范，以县为单位进行成果统一汇交和整合集成，对永久基本农田成果数据进行有效的组织和存储。在横向上，保证各区域数据成为逻辑无缝的整体，在纵向上，通过统一的空间坐标定位保证各类数据能够实现空间上的叠加和套合。在数据内容上，实现对永久基本农田的图形、属性等空间数据及其他非空间数据的逻辑一体化管理。

矢量数据包括：永久基本农田要素[基本农田保护片(块)，基本农田保护图斑，基本农田划入划出，基本农田保护区，基本农田保护标志牌、界桩及相关注记等八个图层]、地形要素(等高线、高程注记点)、其他要素(行政区、行政界线)、土地利用要素(地类图斑、线状地物、地类界线)、文字注记等，现有数据以1∶10000比例尺为主。

管理数据主要是永久基本农田保护管理的相关数据，如基本农田保护片块和保护图斑扩展属性表、汇总表格及界桩、标志牌照片信息等。

元数据是各种数据自身的描述数据，包括矢量元数据、栅格元数据等，数据格式为 XML 组织的文本数据。

其他相关数据包括各地建库相关文档、验收报告、核查报告、数据汇总表格、宗地扫描件等。

二、建设省级永久基本农田数据成果管理系统

按照永久基本农田划定和软件开发的有关标准和程序，开展省级永久基本农田数据成果管理系统的系统分析、系统设计、软件开发、测试运行等建设工作，开发省级永久基本农田数据成果管理系统，满足省级国土资源日常应用需求。

省级永久基本农田数据成果管理系统对各县(市、区)上报到省厅的永久基本农田数据进行管理，主要实现信息资源数据检查、数据入库、数据管理、数据汇总统计、空间分析、制图输出、数据更新等功能。

第二节　建设省级永久基本农田管理数据库的技术路线及流程

一、数据汇交流程

县级永久基本农田数据库经市级初验后，由市以县为单位汇交到省，汇交材料应包括纸质的加盖市级自然资源主管部门公章的报送公文、提交资料清单和电子数据成果。电子数据成果包括矢量数据、栅格数据、文档数据、表格数据、说明文档及元数据等(图 5-1)。

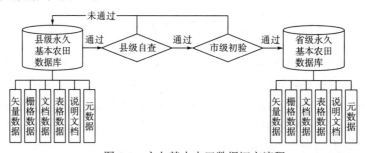

图 5-1　永久基本农田数据汇交流程

二、技术路线

根据数据情况分析可知,省级永久基本农田数据成果(含矢量数据、表格数据、附件、扫描资料、元数据、其他相关数据、报件数据资料、管理数据、统计数据

等)经过汇交达 TB(太字节)级，数据量是巨大的，所以需要采用先进的大型商用数据库 Oracle+GIS 平台 ArcGIS(或 Super Map 等)的方式来建立数据库。

　　永久基本农田划定采用全数字化作业方式，逐级建立永久基本农田成果空间数据库。省级永久基本农田数据成果具有数据量大、数据类型复杂、数据格式多样、安全管理要求高等特点。省级永久基本农田数据成果管理系统主要存储由永久基本农田划定工作形成的永久基本农田数据，同时也可以包含以后每年度更新的永久基本农田矢量数据等更新数据(表 5-1)。

表 5-1　省级永久基本农田管理系统数据库

数据类型	数据名称	备注
矢量数据	境界与行政区 行政区 行政界线 行政区注记	
	地形要素 等高线 高程注记点	
	永久基本农田要素 永久基本农田保护片(块) 永久基本农田保护单元 永久基本农田保护图斑 永久基本农田划入划出 永久基本农田保护区 永久基本农田保护标志牌 界桩 注记	来自县级数据库，现有数据以 1∶10000 比例尺为主
	土地利用要素 地类图斑 线状地物 地类界线	
	其他要素 城镇周边范围 坝区范围 利用等别	
	数据变更历史 永久基本农田保护片(块) 永久基本农田保护单元 永久基本农田保护图斑 永久基本农田划入划出	
表格数据	永久基本农田土地质量 永久基本农田保护片(块)责任 永久基本农田图斑责任 永久基本农田现状登记表 永久基本农田占用(减少)补划台账 永久基本农田占用(减少)补划一览表 其他汇总表格	来自县级数据库
附件、扫描资料	界桩、标志牌照片信息等	来自县级数据库
元数据	各种数据自身的描述数据，包括矢量元数据、栅格元数据等，数据格式为 XML 组织的文本数据	来自县级数据库
其他相关数据	各地建库相关文档、验收报告、核查报告、数据汇总表格及宗地扫描件等	来自县级数据库
报件数据资料	预审报件上报成果 预审报件批复成果 征转报件成果	来自各建设用地项目报件，掌握永久基本农田占用、补划情况
管理数据	对导入系统的数据进行管理的数据(如显示地图窗口、渲染方式等)和系统字典表等	数据导入管理系统时，系统自动构建
统计数据	由矢量数据汇总得出的各类统计、分析数据	系统根据需求，自动汇总，用于多时相、多区域对比分析、统计数据呈现

为了方便管理，以省级建立一个数据库的方式来建立空间数据库。那么系统在接收到通过质量检查的永久基本农田数据成果时，可将成果中的矢量数据导入相应的数据库中，并在管理数据库中自动记录，把影像数据、附件扫描资料导入文件数据库中（图 5-2）。

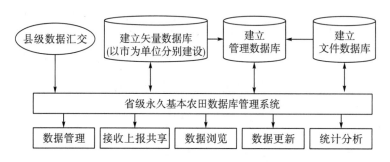

图 5-2　省级永久基本农田管理数据库技术路线

三、建设流程

要建设省级永久基本农田管理数据库，需要先建设省级永久基本农田数据库管理系统的管理数据库、矢量数据库和文件数据库。其中，管理数据库为属性数据库，用于保存支撑系统运行的管理数据、统计数据等；矢量数据库是以市为单位的空间库，保存各县级永久基本农田矢量数据、数据更新历史和项目报件数据等；而文档数据库为文档服务器，用于存储各县级永久基本农田数据的影像、附件、扫描资料和其他资料，此项在三类数据中所需容量最大，约占所有数据成果的 85%。

同时收集县级永久基本农田数据成果，利用专项的质量检查软件辅助工作人员进行自动检查和人机交互检查，通过检查的数据成果可接收，未通过数据检查的，需县级自然资源管理部门和作业单位进行修改，直到通过检查再进行汇交。

四、数据命名方式

永久基本农田管理系统数据库的存储结构是一个大型树状结构，通过数据更新，各种比例尺下又存在不同时相的数据。因此，在建设过程中，需要使用统一的规则对数据进行命名，保证数据能正确入库、查询和更新。

数据库是所有数据的集合，根据存储内容的不同，从逻辑上可以分为若干数据集，每个数据集存储了具体到某个行政单位、版本（按年代时间管理）、比例尺和专题的数据。因此，需要制定统一的数据集命名规范，保证这些数据集无论是在物理上分库存储，还是放在统一的一个物理库中，都可以通过数据集名称来解析识别。

以行政区为基础的永久基本农田数据交换文件命名规则如图 5-3 所示。

XX	XX	X	XXXX	XXXXXX	XXX	XXX	.XXX
|	|	|	|	|	|	|	|
专业代码	业务代码	比例尺代码	年代	县行政区划代码	乡行政区划代码	特征码	扩展文件名

图 5-3　以行政区为基础的永久基本农田数据交换文件命名规划

命名规则说明如下。

主文件名采用 21 位字母数字型代码，行列号位数不足者前面补零，扩展文件名因文件格式不同而不同：矢量数据为 MDB，数字正射影像图为 IMG，数字栅格地图为 RAS，数字高程模型为 DEM，元数据为 XML，附加信息文件和头文件为 TXT。

专业代码采用 2 位数字码，土地专业码为 20。

业务代码采用 2 位数字码，基本农田业务为 05。

比例尺代码采用 1 位字符码，比例尺代码如表 5-2 所示。

表 5-2　比例尺代码表

序号	比例尺	比例尺代码
1	1∶100 万	A
2	1∶50 万	B
3	1∶25 万	C
4	1∶10 万	D
5	1∶5 万	E
6	1∶2.5 万	F
7	1∶1 万	G
8	1∶5000	H
9	1∶2000	J
10	1∶1000	K
11	1∶500	L
12	1∶20 万	R
13	1∶150 万	S
14	1∶250 万	T
15	1∶400 万	U
16	1∶500 万	V
17	1∶600 万	W
18	1∶800 万	X
19	1∶1000 万	Y
0	无比例尺或者与比例尺无关	O

年代代码采用 4 位数字码。

县(市、区)行政区划代码采用 6 位数字代码,由《中华人民共和国行政区划代码》(GB/T 2260-2007)标准规定。

乡镇级行政区划代码采用十进制 3 位顺序码,在县(市、区)行政区划范围内,按照乡镇名称的顺序从 001 至 999 编码。

特征码表示村级行政单位代码,采用十进制 3 位顺序码,在乡镇行政区范围内,按照保护片的顺序从 001 至 999 编码。

命名实例如下。

示例 1:云南省昆明市宜良县 2012 年永久基本农田保护区分布图,比例尺为 1:1 万,数据格式为 VCT,其数据文件命名说明如下。

从《中华人民共和国行政区划代码》中查到云南省昆明市宜良县的行政区划代码:530125。则该数据文件名为:2005G2012530125000000.MDB。

示例 2:昆明市宜良县狗街镇基本农田保护图,比例尺为 1:1 万,其数据文件命名说明如下。

假设狗街镇的三位顺序码为 104。则该数据文件名为:2005G2012530125104000.MDB。

示例 3:1:1 万宜良县狗街镇里营村基本农田保护图,其数据文件命名为:2005G2012530125104209.VCT(假设狗街镇里营村的三位顺序码为209)。

第三节　永久基本农田数据库质量检查

一、数据检查

质检软件接收以县为单位上报的数据成果并进行必要的检查。只有通过质量检查才能保证数据在管理系统中正常运行。数据检查主要实现对不同粒度土地调查成果数据的自动质量检查与评价。省级永久基本农田成果数据库的数据以及后续更新的数据均需在入库前进行质量检查,并在检查规则上必须与国家下发的数据库质量检查软件完全一致。基于以上考虑,数据检查功能在检查规则和部分检查内容上应与数据库质量检查软件提供功能进一步协调一致。数据检查以交互式和批量式进行,支持多用户并行检查;基于检查的内容和结果,形成内容清晰、易于错误定位、提供一定错误修正指导的检查报告和部分统计评价结果。

二、数据转换和预处理

格式转换:实现二次调查规定的数据汇交格式与质检软件数据格式的快速无损转换;实现 MDB、ArcGIS 系列数据格式之间的转换。

坐标转换与投影变换：支持 1980 西安坐标系、CGCS2000 坐标系与 WGS84 坐标系之间的相互转换；支持投影参数设置，可实现矢量数据和栅格数据的投影变换；支持空间数据的动态投影；支持坐标去带号、增加带号、整体平移、仿射变换、线形变换、多项式变换。

栅格数据预处理：支持栅格数据处理功能，如支持空间数据投影定义、不同参考系统变换、不同投影之间变换；具有建立金字塔索引、影像对比度调整等常用图像处理功能；能够进行图像的裁减(空间坐标定义、图形、图像、AOI 方式)、镜像、旋转、自动拼接、空间分辨率调整等常用图像功能处理。

三、数据入库

质检软件支持将通过质量检查的矢量或栅格数据以手动、自动批量等方式导入数据库，没有通过质量检查的，不能入库；质检软件可以在数据入库的同时实现元数据的入库及元数据信息的追加，建立数据和元数据之间的关联；质检软件可以针对数据入库情况，自动生成数据入库报告，供用户参考。根据质量检查发现的问题，返回数据提交单位进行相应的修改，然后再检查、再修改，反复上述过程达到数据入库标准为止。

第四节　省级永久基本农田数据成果信息管理系统

一、系统总体需求

省级永久基本农田数据成果信息管理系统建成后，将全面、真实、持续地掌握全级永久基本农田数据，为管理国土资源和服务国民经济与社会发展提供数据保障。本节从整体上分析阐述该系统主要应满足的需求。

(一)海量空间数据的快速组织管理

根据初步估算，省级永久基本农田数据库数据量将达到 6TB，而且后期的变更维护数据量也会不断增长。整个数据库数据内容复杂，数据量大、应用多样化。因此，系统不仅要有支持多元化数据的能力，还要能支持 TB 级空间数据的快速浏览与查询。系统应具备快速响应各用户端数据服务请求的功能，尤其是在多用户大数据量并发的情况下能够快速提供数据服务的能力。

(二)快速、稳定的数据入库、更新与维护机制

省级永久基本农田数据库主要是对永久基本农田数据成果进行集中管理，同时还应做好以后每年变更数据的入库以及维护。这也是保证系统长效运行的关键。

数据库质量是维持数据库长效运行的重要因素，入库数据必须保证其通过省级质量检查，通过数据库质量检查软件的检查，确保没有数据错误。

系统应按照永久基本农田数据更新机制的要求，实现每年各地更新数据的快速入库，并保证数据质量的统一。系统应提供完善的更新数据入库的流程，支持海量数据下的增量更新管理。

（三）强大的数据查询统计分析能力

省级永久基本农田数据成果信息管理系统不仅要满足省自然资源厅各部门日常管理的要求，而且承担着为省级自然资源管理各类业务提供永久基本农田基础数据的任务。因此，数据库的查询、统计、分析等功能应满足不同的业务应用需求。系统应按照永久基本农田划定工作的要求，输出符合规程规范要求的各类汇总表格和图件；系统应具有数据分析功能，为自然资源管理提供决策支持；系统还应支持各类统计图表、专题图件的制作与生成。

（四）全方位数据安全保障以及快速数据分发与服务

作为省级永久基本农田数据成果信息管理系统，数据安全保障至关重要。系统应提供完善的数据安全保障机制，并且具有强大的海量数据备份与恢复的能力。针对系统服务的不同部门，应有严格的用户权限管理机制，确保数据能够在合理范围内使用；永久基本农田管理系统定位为涉密系统，为了保证数据的安全，也应支持数据的离线分发模式。

二、总体技术方案

省级永久基本农田信息化管理建设，首先依据项目总体建设目标与内容要求，整理系统数据标准体系与建设规范，如数据分类、编码标准、元数据标准、质量控制和评价标准等，调研归纳项目建设的详细需求，对系统软件产品提出的需求进行分析并给出详细的定义，编写系统需求规格说明书。

其次，进行系统总体设计，将各项需求转换成为由意义明确的各个模块组成的体系结构。省级永久基本农田数据成果信息管理系统总体设计包括数据组织设计、数据库架构设计、系统功能设计三部分，由于地理空间信息的特殊性，数据库的设计应从要素分层、图形要素编码、符号、系统表四个方面进行设计。数据组织设计主要是针对基础数据进行分层、编码以及符号库的设计；数据库架构设计即对空间与非空间一体化数据库结构进行设计；系统功能设计与一般软件设计方法相同。

再次，进行系统详细设计，对总体设计每个模块要完成的工作进行具体描述，从而为源程序的编写打下基础。数据成果信息管理系统详细设计包括建库流程设计、功能详细设计、界面设计。

然后进入项目的具体实施阶段，包括数据的建库和程序的编码。数据建库是为程序的开发提供数据支持，是程序正常运转的前提。程序编码是将系统设计转换成计算机可接受的程序代码的一个过程。

　　系统的集成是针对数据和系统的集成，是将各个子系统统一的过程。系统测试是项目的检查阶段，是保证软件产品质量的重要手段和步骤，主要方式是在设计测试案例的基础上检验系统的各个组成部分的合格情况。系统测试在步骤上包括 α 测试(内部测试)和 β 测试(用户测试)两个子阶段，内容分为功能测试和单元测试，方法分为黑盒法和白盒法。

　　系统运行与维护，已交付的系统软件产品正式投入使用后，便进入运行维护阶段。运行阶段是软件产品真正产生价值的阶段。由于各种不同的因素，软件的运行可能会出现一些问题，应该及时反映给软件开发组进行修改。系统的运行维护是一个漫长的过程，这个阶段直到软件寿命的终止。项目建设的总体过程如图 5-4 所示。

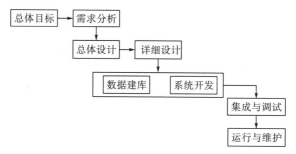

图 5-4　项目实施技术路线图

　　根据软件工程的指导思想和对省级永久基本农田数据成果信息管理系统项目的分析，项目建设过程中应注意以下方面的问题。

　　(1)必须建立合理的数据整合、建库、管理、应用、发布流程和系统框架，构建先进实用的管理系统和查询系统，以满足数据整合集中、各个应用系统运行、信息发布和省厅各处室之间数据共享传输、访问与联动操作的要求。

　　(2)必须采用先进的大型商用数据库系统、GIS 技术、网络技术和其他信息技术进行系统整体结构、软件体系和系统功能设计，软件采用三层结构。系统数据库管理平台建议采用 Oracle 管理空间数据、属性数据和综合专题数据；GIS 平台采用 ESRI 的 ArcGIS 系列产品；数据管理、应用和发布则采用中间件技术进行深入的二次开发。

　　(3)必须根据永久基本农田地理空间信息特点和土地利用管理的实际要求，划分不同用户角色和应用层次，并依此对信息进行安全和保密管理，按角色不同分配相应的操作和访问权限。

　　(4)系统建设应严格按照软件工程的要求和软件开发相关规程进行项目管理和实施，保证项目的质量、技术和维护得到持续长久的、及时的支持服务。

（5）系统构建以先进的主流技术和被广泛应用的信息化建设模式为基础，保证系统的先进性、主流性、可扩展性、系统生命周期的健壮性。

三、系统总体结构

省级永久基本农田数据成果信息管理系统可划分为三个层次（图 5-5），县级永久基本农田数据库通过县级系统接口导出增量更新包或者全库数据上报到市；市级永久基本农田数据库接收县级数据，并在集中接收本市数据完成后上报省自然资源厅；省级永久基本农田数据管理系统接收到市级上报的数据后通过质量检查、数据转换，之后再进入省级永久基本农田数据库并把之前已经入库的数据转移到历史库，基于省级永久基本农田数据库实现数据管理、数据上报下发、综合查询等相关应用；县级永久基本农田数据库的更新维护主要由各个县级部门完成，省自然资源厅把各县更新完成的数据按版本进行管理，支撑自然资源厅各项永久基本农田相关业务应用，省级数据库同时可以向国家级数据库提供更新数据包，支持国家级永久基本农田数据库的更新。市级数据库不属于本项目的建设范围，数据上报通过市级数据库进行上报，本系统建设也考虑了由县级直接上报到省厅的方式。

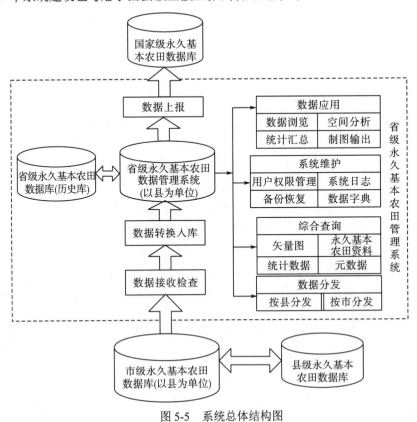

图 5-5　系统总体结构图

建立数据交换体系,使市级自然资源局可以通过网络上报永久基本农田数据,实现与省自然资源厅的信息交换。在数据交换体系应用初期,以静态数据复制、报送方式实现数据的整合。后期采用动态的数据交换机制报送省自然资源厅。

通过数据的整合,实现省自然资源厅综合查询系统建设,并为省厅领导及内部相关处室提供永久基本农田信息服务。

四、总体开发模式

省级永久基本农田数据成果信息管理系统采用 C/S 开发模式,主要开发后台数据管理系统,实现海量数据的存储与管理、专题图件制作、数据上报、数据下发等功能。

系统开发模式如图 5-6 所示。

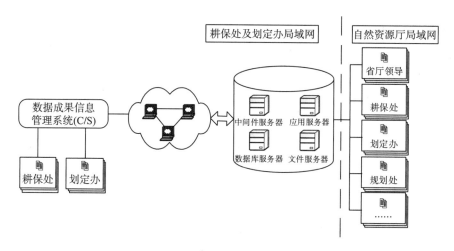

图 5-6　系统开发模式示意图

数据成果信息管理系统用户为省厅耕保处和省永久基本农田划定办公室内部人员,进行数据管理、数据分析、出图打印等对系统响应要求较高的复杂应用。

下面分三个层面描述系统开发的实现过程。

(1)从数据流转的过程看,各个县提供整理后的数据,通过永久基本农田建设的数据共享与上报机制,上报到划定办,由划定办工作人员对数据进行审核,通过审核的数据进入后台数据库,当更新入库完毕,即可发布到综合查询系统提供省厅领导和各相关处室应用。

(2)从技术实现看,首先在后台部分根据需要提供功能比较强大的三层或者多层结构的应用系统。经过对比分析采用最新的分布式技术框架 Web Service 为基础的系统模式,实现数据处理、管理、传输、汇总、查询分析、上报更新、增、删、查、改等功能。而前台实现地图浏览、信息查询、信息分析功能，拟采用基于目前比较成熟的 ASP.net 框架构建，用户通过网页浏览器即可访问。

（3）从网络结构看，前台系统面向省厅局域网，而核心数据和数据成果信息管理系统仅涉及划定办局域网，对两个网络进行隔离。通过数据成果信息管理系统实现对基础空间数据和专题数据维护，再通过综合查询系统对其他用户进行发布。采用此结构有利于安全保密，非授权人员不能通过局域网直接访问数据。

关于图 5-6 中的服务器，只是根据用途对重要服务器进行描述，并不是对应硬件设备，一般来讲如果访问压力比较大，应提供多台服务器，并进行服务器负载均衡设置。

五、软件体系结构

系统在体系架构上采用三层体系设计思想，即数据访问层（DAL）、业务逻辑层（BLL）、用户界面表示层（USL）。USL 主要是实现与系统用户交互界面；BLL 封装了业务逻辑，负责沟通界面层和数据层；DAL 主要是存放空间地理数据、各类专题属性数据、系统基础管理数据等，向 BLL 提供数据。三层体系架构与面向对象开发技术的结合，提高了系统的可维护性、可扩展性和可重用性。软件体系结构如图 5-7 所示。

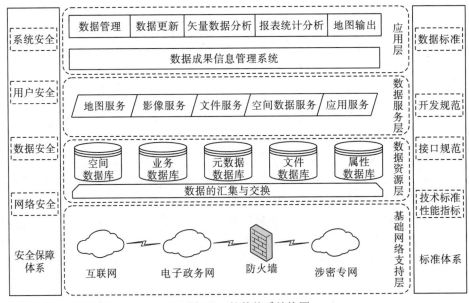

图 5-7　软件体系结构图

DAL：主要是对原始数据（数据库或者文本文件等存放数据的形式）进行操作的操作层，而不是指原始数据，也就是说，是对数据的操作，而不是数据库，具体为 BLL 或表示层提供数据服务。

BLL：主要是针对具体问题的操作，也可以理解成对 DAL 的操作，对数据业务逻辑处理，如果说 DAL 是积木，那 BLL 就是对这些积木的搭建。

USL：主要表示 WINFORM 方式或者 WEB 方式，如果 BLL 相当强大和完善，无论 USL 如何定义和更改，BLL 都能完善地提供服务。

三层（或多层）结构的特点是在两层结构的基础上加入一个（或多个）中间件层。它将 C/S 体系结构中原本运行于客户端的应用程序移到了中间件层，客户端只负责显示与用户交互的界面及少量的数据处理（如数据合法性检验）工作。客户端将收集到的信息（请求）提交给中间件服务器，中间件服务器进行相应的业务处理（包括对数据库的操作），再将处理结果反馈给客户机。

与传统的 C/S 体系结构相比，三层体系结构存在如下优点。

（1）应用系统的可扩展性好。好的应用系统应能方便地实现一定程度上业务的变化和业务单元的增加。三层体系结构采用面向对象的分析和设计模式，将业务模块都封装到了业务类和服务类中，所以如果一个业务流程变了，或需要增加一个新的业务模块，只需替换或增加新的业务类和服务类即可。

（2）业务逻辑与用户界面及数据库分离，使得当用户业务逻辑发生变化时只需更改对应层次的组件即可。

（3）便于数据库移植。由于客户端不直接访问数据库，而是通过一个中间层进行访问，所以在改变数据库、驱动程序或存储方式时无须改变客户端配置，只要集中改变中间件上持久层的数据库连接部分即可。

六、数据库设计

（一）数据库内容

省级永久基本农田数据成果具有数据量大、数据类型复杂、数据格式多样、安全管理要求高等特点。省级数据库主要包含以下数据内容。

省级永久基本农田数据成果信息管理系统主要存储省级永久基本农田数据以及相关影像数据，同时也可以包含以后每年度更新的土地调查矢量数据和影像数据等更新数据。

根据国家《永久基本农田数据库标准》（2017 版），结合省级实际做出调整，形成省级《云南省永久基本农田数据库标准》（2017 版），主要包含境界与行政区要素、地理名称注记要素及地貌要素等基础地理信息要素，还有土地利用要素、栅格要素、基本农田要素、城镇周边范围要素、坝区范围要素、农用地分等要素等土地信息要素。要素的类别、名称和几何类型如图 5-8 所示。

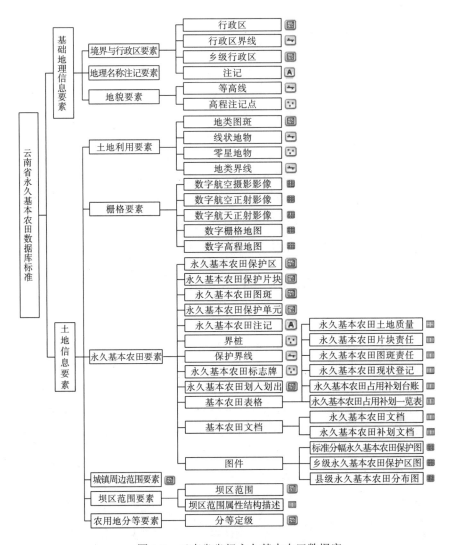

图 5-8　云南省省级永久基本农田数据库

（1）矢量数据，包括：地貌要素（等高线、高程注记点）、永久基本农田要素（永久基本农田保护片块、永久基本农田保护图斑、界桩等）、境界与行政区要素（行政区、行政区界线）、土地利用要素（地类图斑、线状地物、地类界线）等，现有数据以 1：10000 比例尺为主，系统建设时应考虑能够容纳多比例尺数据的存储，使系统具有更强的扩展性。

（2）数字正射影像图，如 0.6 米 QuickBird 数据、航飞数据等。

（3）业务数据，主要是永久基本农田调查数据（永久基本农田保护责任书等）。

（4）元数据，是各种数据自身的描述数据，包括矢量元数据、栅格元数据等，数据格式为 XML 组织的文本数据。

(5)其他相关数据，包括各地建库相关文档、验收报告、调查报告、核查报告、数据汇总表格、扫描件等。

(二)数据格式

(1)省级永久基本农田数据库数据主要包括图形、表格、文档、图片等格式，其中图形数据分层及其属性描述按《省级永久基本农田数据库标准》，格式为 ESRI MDB，扩展属性表以 Access 的*.mdb 格式保存，文档以 Word 的*.doc 格式保存，图片以*.pdf 格式保存；另外，影像数据以*.img、*.tif 格式保存。

(2)数据成果按县级行政区划为单位提交，成果命名及目录按《省级永久基本农田数据库标准》要求，各县上报的数据通过质量检查软件检查后统一放入省级永久基本农田数据库。

(三)数据库层次结构

省级永久基本农田数据库包含所辖各市、县的永久基本农田调查形成的栅格、矢量等空间数据，以及扫描文件、统计报表等文件数据。

其中，矢量数据子库中存储了全省各县永久基本农田调查所形成的矢量数据，以通过 ArcSDE 中间件存储到 Oracle 数据库中，考虑到数据量较大的现实和方便日常管理的需要，矢量数据库按市为单位在数据库中建立数据集，在市数据库中以县为单位存储矢量数据。

影像数据子库存储了全省各县的影像数据资料，以文件的形式进行存储，以县为单位，存储经过配准以后的影像数据文件，并保存其元数据和配置信息生成的影像发布文件，方便系统调用。

文件数据子库以市为单位，存储市级附件文件夹，市级文件夹下为县级附件文件夹，在县文件夹内以国家标准数据成果目录存放。

管理数据子库中以数据库方式保存了全省各级单位的各类统一报表信息。此外，还记录了与省级永久基本农田调查管理系统运行相关的表格、表单和数据索引文件等中间数据，是系统正常运行的保证。

(四)数据库逻辑结构

省级永久基本农田数据成果信息管理系统的实施必须依靠自然资源基础数据库的支撑。特别是永久基本农田调查已经积累了完整的各类矢量、影像数据和附件资料，可以充分应用于永久基本农田数据管理工作，发挥数据应有的效应。省级永久基本农田数据库以自然资源数据库为基础，包含了系统管理数据库和空间数据库，前者包含了空间数据管理、统计报表、业务数据、系统权限和系统管理等。空间数据库按行政区划分数据集，包含了现状数据、属性表和历史数据。数据库逻辑结构如图 5-9 所示。

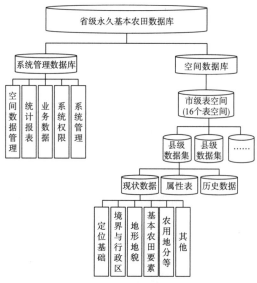

图 5-9　数据库逻辑结构图

（五）数据入库与存储方式

省级永久基本农田数据库采用 Oracle + ArcGIS 平台软件，数据库数据量大，数据应用的要求高，应考虑使用多台服务器构成服务器集群来进行数据存储并提供数据服务。

1. 空间数据入库与存储方式

省级数据库空间数据采取 Oracle + ArcGIS 的方式存储，采用 ArcSDE 中间件为应用提供服务。在导入数据时，数据将转换为地理坐标系和投影坐标系两种坐标系统，以方便日后的数据管理。

2. 影像数据入库与存储方式

影像数据也以文件的方式存储于磁盘和磁盘阵列中，根据影像成图时间、影像分辨率、行政区划分目录存放，在对应数据库中建立目录索引。文件存放较数据库存放有速度快、占用空间小等特点，缺点是安全性差。视具体用户要求，确定是否采用无损压缩的方式存储。按照数据存储环境要求，影像数据采取分级存储方式，随着数据的不断更新，为了保证数据服务的快捷有效，较早的在线影像数据将从当前存储中逐步转入后台备份 NAS 存储网络，建立影像历史档案；当用户访问较早影像时，只需将其从档案库中调取出来。

3. 文档资料入库与存储方式

文档资料也以文件的方式存储于磁盘和磁盘阵列中，根据文件的编写、制作时间、行政区划分目录存放，在对应数据库中建立目录索引。按照数据存储环境要求，文档资料数据采取分级存储方式。

七、系统技术实现

　　系统使用 Oracle 作为数据库基础平台，形成系统的数据存储层，通过 ArcSDE 空间数据引擎提供空间数据访问服务，通过.NET Remoting 提供关系数据库访问服务，以 ArcGIS Server 的基础平台提供 WebGIS 地图服务，构建数据库服务层；在数据库服务层之上，利用 ArcObject、ArcGIS Engine 和.NET Framework 组件开发业务逻辑中间件，为上层的应用系统提供服务。实现后的系统技术结构如图 5-10 所示。

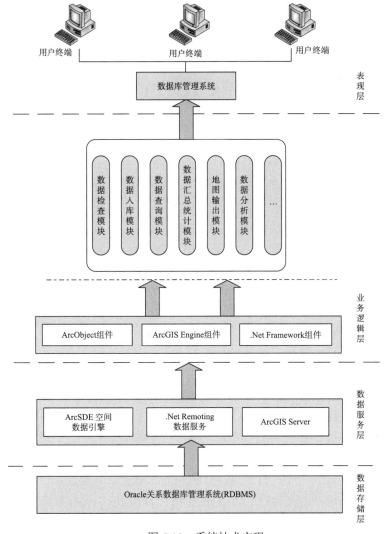

图 5-10　系统技术实现

八、系统功能结构

省级永久基本农田数据库管理系统主要完成数据的建库(数据检查、数据入库、数据出库等)和数据的管理(数据浏览、制图与输出、统计分析及数据更新等),以及数据查询分析等,为日常数据管理工作和综合查询系统做好数据基础。系统功能结构如图 5-11 所示。

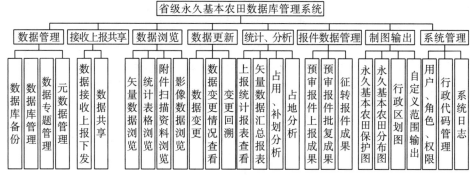

图 5-11　省级永久基本农田数据库管理系统功能结构图

随着 GIS 技术日新月异的发展,仅靠传统的开发技术来处理纷繁复杂的地图数据,已不能满足各种需求。在本项目中,依据省级单位对永久基本农田成果数据管理的需求,依托相关单位的软硬件环境进行系统功能和运行环境的设计。

通过配置合理的硬件设备和建立先进实用的网络系统,以满足市级或县级自然资源管理部门及下属处室、二级机构的日常办公业务管理的工作要求。应用系统开发建设采用先进的大型商用数据库系统、GIS 技术、OA 与 MIS 技术和其他信息技术进行系统整体结构、软件体系和系统功能设计。

系统建设按照信息共享、业务主导、知识化管理和面向决策支持的要求对现有分布在局机关内部的所有信息资源进行整合、标准化处理和建库,通过建立统一的数据库,为局信息化提供基础数据、业务管理数据和综合数据,从而支撑信息系统的正常运行。

按照市级和县级自然资源局信息化的整体要求,考虑最大限度地节省系统建设费用,充分利用已经拥有的数字化测量成果,对已完成的数字化测量成果采取如下处理方法:按数据转换接口要求,进行必要的检查和处理后,进行数据格式转换和整理并导入系统数据库,最终整合到统一的信息系统数据库中。

信息管理模式采用不同角色(权限)和业务的概念,分层次、分流程对信息进行管理,实现系统功能结构统一,按角色不同分配相应的操作权限。

(一)数据管理

出于数据安全方面的考虑，系统中应包含数据库备份机制。对于数据库的管理、数据库标准、数据渲染的管理，都应以界面方式，为用户提供人性化、便捷的操作。

支持元数据的入库；维护元数据与数据的关联；可对元数据进行浏览；可对元数据进行查询和统计汇总；在数据经历重要处理时追加或更新相关元数据信息；可实现元数据的输出与打印。

(二)数据接收上报共享

将全省数据以现状数据全库或数据更新包方式打包为省级数据包上报至国家数据库。也可以将各县级数据从省级数据库中导出，转换为上报自然资源部数据库统一格式。

(三)数据浏览

系统支持不同层级的快速检索机制，自动按照浏览的级别确定显示相应的内容；实现对海量空间数据的快速无缝浏览；支持空间数据的动态投影；支持鹰眼图功能；支持基本的放大、缩小、平移、全图；支持比例尺控制；支持对影像数据的无缝快速浏览。

系统有数据图层管理功能，可添加或移除图层，可改变图层显示顺序；可选择图层是否显示，可定义图层显示的比例尺范围；支持图层的标注字段选择和动态标注；支持图层的符号选择和应用，包括：放大、缩小、漫游、查看整个图层等工具；每一次改变地图视野，系统都自动记录下来，通过上一视图、下一视图可以查询历史地图视野矩形范围；地图视野变化时能够随时反映当前比例尺，通过改变当前比例尺改变地图视野范围，为在一定比例尺下编辑地图提供了便利。

能够精确地捕捉图形要素几何特征点坐标(如界址点)；量算图形要素的几何特征(如长度、周长、面积)。

(四)数据更新

省级自然资源管理部门使用数据库管理系统将通过审批的项目地块占用、补划永久基本农田情况实时保存至省级永久基本农田数据库中，保证数据现势性，方便管理部门对数据的应用。

(五)查询统计

数据查询统计是本系统的重要组成部分，系统支持多种查询方式，包括通过点查询、行政区查询、拉框查询、缓冲区查询、多边形查询等多种空间查询方式及通过任意属性字段查询，组合查询等实现对多粒度、跨存储单元数据的查询和图斑历史变更情况追溯查询；支持用户进行特殊查询条件自定义；支持对查询结果多方式保存和输出。

提供叠加分析、缓冲区分析、对比分析、卷帘分析等功能。例如，利用缓冲区分析，可对规划新修道路进行统计分析，统计新规划道路占地类型和面积。又比如，利用叠加分析，统计汇总拆迁区域内各种用地情况等。

（六）报件数据管理

记录建设用地项目报件过程数据，预审报件上报成果、预审报件批复成果以及征转报件成果，以方便永久基本农田管理人员对项目报件数据进行全面的把控。

（七）制图与输出

系统提供制作永久基本农田保护图、分幅图和切割等功能，可任意指定要显示在打印地图中的图层，并能进行图形整饰。例如在生成永久基本农田保护图时，按指定缓冲值裁剪四邻图形，并经整饰后，自动生成相应的图形要素，可以在图上进行注记、画点、线、面等操作，并提供将生成的地图成果保存到系统库中的功能，方便后期的利用，达到了一次生成、反复利用的目标。系统提供永久基本农田调查要求的全套标准制图模板，包括图名、接图表、内外图廓、经纬网、四角坐标、比例尺、指北针、图例、制作单位等信息；用户可以对模板进行修改并对模板进行保存。

（八）系统管理

对系统进行基础设置，如对数据字典表、行政代码、用户、角色、权限的管理。

第五节　永久基本农田保护信息化建设趋势

一、技术创新

省级永久基本农田数据成果信息管理系统是基于大数据、云平台的新一代永久基本农田信息化建设、管理工具，向决策支持平台的转变。

建设省级永久基本农田数据库管理系统，能够实现省对永久基本农田数据成果的集中管理，借助自然资源主干网和金土工程及"一张图"工程，保证调查成果充分应用于自然资源管理日常业务，为土地资源宏观规划和管理决策提供快速、准确、翔实的基础数据，满足国家对县级土地调查数据管理和应用的迫切需求。建成长效的数据上报和快速更新机制，保持土地调查数据库的现势性，实现国家、省、市、县四级土地调查数据库的互联互通和同步更新，满足国民经济与社会发展对自然资源基础数据的广泛需求。

数据库建成以后，工作的重点是建设省级永久基本农田数据库管理系统和数据成果信息管理系统，它将实现省厅对永久基本农田数据成果集中管理，保证调查成果充分应用于自然资源管理日常业务，为土地资源宏观规划和管理决策提供快速、准确、翔实的基础数据，建成长效的数据上报和更新机制，保持土地调查数据库的现势性，实现国家、省、市、县四级土地调查数据库的互联互通和同步更新。

软件采用 C/S 结构开发。系统数据库管理平台采用 Oracle；GIS 平台采用 ESRI 系列产品；应用服务平台实现数据管理和传输、系统集成等功能。

（一）视图的高效显示技术

视图的客户端显示，是通过网络和 ArcSDE 从服务器端的 OraCLE 数据库中调取数据后在客户端显示的，因此视图的显示速度首先与服务器端调用速度、网速、客户端运行速度以及客户端显卡的性能等有密切的关系。在这些硬软件条件一定的前提下，提高客户端的显示效率这个重担，自然就落到客户端应用软件的身上。

用户在进行编辑、查询、浏览等操作时，视图的显示速度直接影响操作效率，因此视图的高效显示显得尤其重要。

（二）符号的定比例与变比例显示

符号的定比例显示指的是符号的大小以及相互间的比例关系，在显示时，不管当前的视图比例尺是多大，始终按固定比例尺显示；符号的变比例显示指的是符号的大小以及相互间的比例关系，在显示时随着当前视图比例尺的改变而改变。符号的定比例与变比例显示方式是通过对系统环境变量的设置来完成的。符号的定比例显示速度要优于变比例显示速度。采用何种显示方式，这要看用户的需要，在通常情况下建议用户采用定比例显示，在打印输出时可采用变比例显示。

（三）图层和图层组的显示设置

客户端视图中的图层与服务器端数据库中的特征类一一对应，图层组与服务器端数据库中的特征类集一一对应。图层与图层组的逻辑关系为图层是图层组的下一级，图层组包含其下一级图层。图层组的可见性控制下一级图层的可见性，换句话说，只有当图层组被设为可见时，其下一级图层被设为可见，该图层才可见，当图层组被设为不可见时，其下一级图层无论被设为可见还是不可见，该图层组下面的所有图层均为不可见。

图层的可见性设置有总是显示与按比例显示两种方式。图层总是显示不受当前视图比例尺的限制，在任何比例尺下都是可见的；图层的按比例显示指的是当视图比例在图层的最大比例与最小比例之间时，该图层才可见，否则该图层为不可见。

系统通过对图层的按比例显示的控制，可以使得显示内容随着视图比例尺的变化而变化，这样一方面增加了视图的可读性，另一方面也提高了视图的显示效率。至于有些用户非常关心的图层是否应该被设为总是可见，建议对于高程点所在的图层以及用户不关心的图层，用户可将其设为总是不可见，当然这些都要看用户的需要。

(四)用辅助成果库显示

仅通过上述技术，还不能满足省级永久基本农田海量数据高效显示的要求，为了解决省级范围内对海量数据调用的需求，提高显示及检索效率，加强土地利用图的可读性，需要建立中间辅助成果库，在不同尺度上显示相应的图件或影像，当调整到其他尺度时，自动切换到相应尺度的图件或视图。

(五)栅格数据金字塔结构

为了加强视图的可读性，将矢量数据与栅格数据融合在一起是最好的选择方式。但由于栅格数据量庞大，栅格数据的存储、栅格数据的无缝高效显示等问题都需要解决。在 ArcSDE 数据引擎的基础上，实现基于金字塔结构的大批量影像存储、影像快速检索和调度技术，实现影像库的快速实时漫游，快速实时放大、缩小等操作。

在客户端采用栅格目录(raster catalog)的方式存储数据。将具有相同的坐标系统和相同的光谱特性的多个栅格的集合作为一个单一图层显示。存储时需将栅格数据分片、建立空间索引和影像金字塔。

分片大小直接关系用户要在每个 BLOD 字段中存储的像素，通过 X 和 Y 来指定。最佳的分片大小设置依赖很多因素，如数据类型、数据库设置和网络等。较小的分片大小会导致栅格表中更多的记录数，从而减缓查询速度；较大的分片大小尽管会创建较少的栅格块记录，但会要求更多的内存来处理。通过反复实验后，分片大小采用 256×256。

建立影像金字塔的原则，是通过只取得满足显示要求的相应分辨率的数据来提高栅格显示效率。建立金字塔时，更多的栅格会被持续创建直到达到顶点或者层数上限。当应用程序缩小视图范围或栅格方格小于分辨率阈值时，选择金字塔中的一个更高的层次。建立金字塔的目的就在于优化显示性能，提高显示效率。

建立金字塔时从底层开始，底层包含影像的原始像素。从底层依次向顶点，将前一层中的 4 个像素结合为当前层中的 1 个像素。这个过程一直持续创建，直到达到顶点或者层数上限。

(六)矢量数据空间索引技术

矢量数据空间索引：在关系数据库中，建立属性项的索引可加快属性数据的查询、浏览、输出等速度。同样，ArcSDE 通过建立要素类的空间索引，可以避免检索整个表，减少检索的数据记录数量，从而减少磁盘输入/输出的操作，加快对空间数据的查询速度。常用的空间索引有格网索引、R 树索引、四叉树索引等。

ArcSDE 采用格网索引方式。格网索引是将空间区域划分成合适大小的正方形格网，记录每一个格网内所包含的空间实体(对象)以及每一个实体的封装边界范围，即包围空间实体的左下角和右上角坐标。当用户进行空间查询时，首先计算出用户查询对象所在的格网，然后通过格网号，就可以快速检索到所需的空间实体。

确定合适的格网级数、单元大小是建立空间索引的关键。格网越大，则格网的数量就越少，但在一个格网中的实体数就越多。因在第二阶段比较时增加了处理时间。反之，格网越小，则格网的数量就越多，要素可能跨越很多格网，这也会使处理过程减慢。

考虑到基础地理数据的特点，经过大量试验和研究，采用如下方案建立空间索引：

①所有要素类格网级数均设 1 级；

②按要素类特点的不同，格网间距分别设为 0.06 度、0.05 度、0.03 度。

(七)数据库增量更新与历史回溯技术

根据变更工作要求，各县每年的更新数据都需汇总到市级、省级直至国家级数据库。因此，保持增量数据的快速更新，保持更新前后数据质量的统一和一致，是保证系统长效运行的关键。省级永久基本农田数据库更新的难点在于数据更新面广，数据内容复杂，因此，在现有成熟的空间数据增量更新技术的基础上，应针对云南省成果数据特点进行专门研究，定制专门的空间数据更新方法与模式。

随着国家基础建设的投入，永久基本农田数据也在发生变化。对永久基本农田信息的查询，不光是着眼于对现实数据的查询，往往还要追溯历史。因此，保存好历史数据，也是本系统需要解决的重要问题之一。

对历史数据的管理，采用的是对数据进行阶段性版本化的方式来处理的。父版本与子版本之间，采用一父多子的形式。虽然这种父子版本之间，一父多子的形式对于使用者来讲，比较灵活；但对版本管理来讲，容易造成版本混乱，不便于版本管理。

基于上述原因，本系统对版本的管理，采用一父一子的形式。这种形式，从结构上来说，就是一条单一的链状结构，比较简单，便于维护和管理。

(八)数据生命周期管理技术

数据生命周期管理是一种保证数据发挥长效作用的管理模式。数据生命周期管理可以有效降低存储管理成本、提高成果管理系统的管理效率。土地调查数据的长期有效和长期管理，离不开数据生命周期管理。永久基本农田数据内容复杂，数据存储压力巨大。因此，必须对数据成果进行科学分类、有效组织，制定数据生命周期管理策略。

通过对数据的版本化管理可实现对数据生命周期的管理。通过数据版本的创建，对创建版本的数据添加，数据版本的合并与压缩，完成数据生命周期的过程。

二、应用效果

(一)创新了永久基本农田管理的思路

开展省级永久基本农田数据成果管理系统建设工作，是永久基本农田管理工作的一种科技创新，对管理工作具有十分重要的意义。由于技术所限，云南省永久基本农田管理工作一直缺乏一个全省统一的数据库，对发展状况缺乏系统全面、客观公正的评价。开展省级永久基本农田数据成果管理系统建设工作以后，政府主管部门对云南省永久基本农田划定工作有了一个系统全面的了解，可以根据各地永久基本农田管理工作的实际情况实行分类指导、分类管理，以提高永久基本农田管理质量和服务水平。

(二)丰富了永久基本农田管理的手段

随着我国社会主义市场经济体制的逐步建立和完善，社会的飞速发展，各地建设用地占用耕地甚至是永久基本农田的情况日趋增多。如何合理地配置土地资源，确保永久基本农田数量和质量，是亟待解决的问题。传统的图纸管理已经不能满足当前永久基本农田管理的需要，随着信息技术、GIS 技术的飞速发展，建设一套适合于永久基本农田的管理系统，不仅可以用信息化手段满足自然资源管理部门对永久基本农田的查询，还可以实现对其基本统计、分析、永久基本农田数量变化控制以及监管等需求，实现永久基本农田的动态化管理，提高土地资源的管理水平，解决传统管理方式中易出现的图、数不一致和效率低下等问题。

(三)提高了社会影响，彰显了社会价值

省级永久基本农田数据库和管理系统建立以后，云南省永久基本农田管理工作透明度增强，社会影响力提高，促进了政府部门的阳光行政，促进了自然资源管理部门与社会间的交流与合作，进一步提高了永久基本农田保护在云南省社会经济生活中的影响力。而且，在此次项目建设过程中，自然资源管理部门向社会各方面进行了永久基本农田管理工作的宣传，促进了相关单位和社会公众对永久基本农田保护和调查工作的了解。

第六章 永久基本农田管理动态监测与更新体系

随着时代发展和技术升级，经济社会发展和农业产业结构调整、重大基础设施建设、生态建设、土地整治、违法建设用地等活动，使得永久基本农田状况会发生变化，需及时对永久基本农田变化情况进行监测，并实时更新永久基本农田现状成果资料。

第一节 永久基本农田动态监测体系建设

一、永久基本农田保护中存在的主要问题分析

我国实施最严格的耕地和基本农田保护制度，是基于国家粮食安全，社会稳定，人口基数大、人均耕地少等方面的现实情况，为促使土地资源的节约集约、保护优质耕地、规范有序控制建设用地扩张、促进存量建设用地挖潜等，为自然资源的可持续发展起到了不可替代的作用。而由于目前我国处在工业化、城镇化快速发展，城镇和工业以及基础设施用地需求量大，粮食需求呈刚性持续增长趋势的大背景下，永久基本农田保护的形势比较严峻，如果不加大力度保护，现状将不容乐观。实际上，永久基本农田保护工作也存在一些问题和困难。

（一）永久基本农田保护的有关制度不够健全

虽然我国已经建立了一些永久基本农田保护的制度，但是具体的操作细则在实际应用中不易实施。耕地和永久基本农田保护目标责任制对各级地方政府领导的约束力不够，没有完善的考核指标；永久基本农田公示制度中，虽然大部分地块已设立了保护标志牌，一定程度上方便了社会监督，但渠道单一，宣传力度不够，导致公众对永久基本农田保护的意识淡薄；占补平衡、异地代保制度没有详细的指标对补划永久基本农田进行质量评价，一些地方因此突破了土地利用总体规划。

（二）永久基本农田保护成本分摊不合理

永久基本农田保护即国家基于战略考虑，为了全社会的长远利益，将优质农田作为特定保护对象限制其利用类型，只允许进行粮食等社会需要的农产品生产，

而不允许进行非农利用。国家强制性地做出了制度安排，实质上是国家控制了永久基本农田的发展方向权，但却没有给基本农田的使用者因为保护工作而失去的利益进行补偿。在目前的市场经济背景下，无论是地方政府还是农民，追求的均是土地效益的最大化。而永久基本农田保护的具体操作者，恰恰是地方政府与农民。地方政府担负着发展本地区社会经济的责任，拥有行政资源，处于强势地位。农民需要富裕自己，追求自身利益最大化。这二者的利益并不总是保持一致，但同样会导致永久基本农田的违法占用。比较而言，尤其是近郊的土地，作为农田的产出与作为建设用地或者发展经济作物的收益相比显然要小得多。在这种情况下，就需要出台相应的永久基本农田保护制度的配套制度，平衡利益格局。

(三)永久基本农田保护概念模糊

《基本农田保护条例》中界定的永久基本农田、占补平衡内容笼统，缺乏操作性。与保护相关的农田评价、定位、监测、管理也没有明确解释。例如在对永久基本农田界定方面，着重强调永久基本农田保护目标，对永久基本农田自身的地貌、坡度、灌溉条件、土地适宜性、耕地投入水平、粮食产量等最能代表耕地生成能力的特征没有描述。这样就导致占优补劣、偏重数量现象的发生。划定时，由于没有具体的指标约束，地方政府出于自身经济发展的考虑，往往将城镇周边的优质农田不划入永久基本农田，而是将远离城镇的劣质农田拿来凑数。《基本农田保护条例》中规定占用的，要补划同质同量的农田，但对如何实现补划"质量相当"的永久基本农田没有做进一步的说明，结果造成数量相同即完成任务，而不管划入的农田生产力如何。这样就导致永久基本农田整体质量不高，且有生产力逐年下降的可能。根据《基本农田保护条例》，从生态角度讲，大于 25°的耕地应进行生态退耕，加强生态环境保护，不应划入永久基本农田。

(四)违法占用成本低

地方政府政绩考核制度存在缺陷，对省级党政领导的考核中没有体现法律规定的由省级人民政府承担耕地总量平衡责任的相关内容。考核指标体系也偏重任期内经济增长率、财政收入增长率等近期目标，对耕地保护仅有总量这一项指标，缺乏具体指标。发生违法占用后，对有关地方人民政府主要领导人员和其他负有责任的领导人员，一般只给予警告或者记过处分；情节较重的，才给予记大过或者降级处分。对单位、个人占用永久基本农田的，一般采取罚款、限期恢复等措施。保护永久基本农田的关键就在于政府能否认真落实永久基本农田保护的各项制度，如果不在政府领导的考核指标中进行一定的具体约束，很难想象作为永久基本农田保护主角的地方政府能把各项政策措施落实到位。

(五)监测巡查手段落后

现行监测巡查手段主要是以人员实地观测为主，无论时效性还是准确性都是较低的。采用 PC 机、数字化仪、绘图仪和打印机等硬件和外设以及数据库、灰色预测、动态监测等软件组成的永久基本农田动态监测及预警系统对江阴市璜塘乡进行的研究，能对永久基本农田质量达到较理想的监测，但不能及时预警违法占地。浙江省临海市研发的基本农田基础数据库管理信息系统能实现对基本农田的信息化管理，但没有监测预警功能。成都市郫都区古城镇利用高分辨率遥感影像对基本农田进行监测，能够准确获取基本农田内土地利用变化信息，但遥感影像受制于天气、地貌、成本等因素，效果并不理想。全国土地调查中的永久基本农田调查专项，必将有力促进永久基本农田的保护，但对于在此基础上的进一步的管理保护手段尚无研究。

（六）永久基本农田保护的责任主体难于落实

划定并守住永久基本农田是各级人民政府的法定责任，层层签订保护责任书，明确由地方各级政府对永久基本农田的保护面积和质量负责，将永久基本农田保护责任纳入政府领导任期目标考核的内容，但永久基本农田的直接使用者——土地使用者身上并未体现出相应的直接责任，造成责任主体虚设。

二、永久基本农田监测内容

（一）永久基本农田的数量与质量的动态监测

主要以两个（或多个）时相为基础，对辖区下列土地数量和质量变化进行动态监测。①土地数量变化动态监测包括土地利用结构、耕地面积、人地关系等方面的变化。②土地质量变化动态监测包括：土地肥力动态监测（指土壤中的有机质、全氮、全磷、全钾、碱解氮、速效磷、速效钾、pH 的时间变异性）；农田环境污染动态监测，指土壤中有机物（COD、BOD、化学有机物）和无机物（指 As、Pb、Cd、Cr、Cu 等重金属）污染状况的时间变异性监测；地表水资源有机物污染监测，具体内容有 COD、BOD、总氮、总磷的时间变异性监测。

（二）日常动态监测防止永久基本农田被违法占用

永久基本农田的违法占用有一定的偶然性和突发性，而且永久基本农田一旦被破坏，恢复的难度就很高，即使恢复了，永久基本农田的质量也会较以前有很大的下降。因此，及时发现永久基本农田占用，及早对占用活动进行干预非常有必要。而永久基本农田保护范围大、面积广，缺乏行之有效的动态监测预警方法。一些学者的研究利用遥感卫星进行动态监测的方法，成本高、周期长、效率低，难以起到及时预警的作用。

（三）自然因素导致永久基本农田质量、数量变化的监测

云南省地处云贵高原及构造地震带上，云南地震活动主要分布在八大地震带

上。云南省全年雨水多而集中，全省大部分地区年降水量约为 1100mm，南部部分地区可达 1600mm 以上，降水量最多的是 6～8 月，约占全年降水量的六成。由于地震频发与雨水集中、山坡高陡等原因，地震、滑坡、泥石流等自然灾害较多，耕地和永久基本农田受自然灾害影响较多，导致永久基本农田数量和质量下降。

三、永久基本农田监测方法

(一)传统土地调查技术手段和方法

根据《土地调查条例实施办法》和《土地利用现状调查技术规程》及相关要求，土地调查需要按照一定的流程和要求，收集相关的基础图件和资料，开展调查人员应参加相应的业务培训并通过考核，领取土地调查员工作证，承担土地调查任务的单位应当符合相关规定，然后按实施方案和相关流程开展土地调查工作。调查工作按以下步骤进行：

(1)调查的准备工作；

(2)外业调绘；

(3)航片转绘；

(4)土地面积量算；

(5)编制土地利用现状图和基本农田占用补划图件；

(6)编写土地利用现状调查报告和基本农田占用补划报告；

(7)调查成果的检查验收；

(8)成果资料上交归档。

开展土地调查，时间周期长、技术要求高、业务流程多，对永久基本农田动态监测的实际需求响应不够迅速，调查时间和成本较高，不易作为固定、长期的永久基本农田动态监测工作方法。永久基本农田动态监测技术方法如图 6-1 所示。

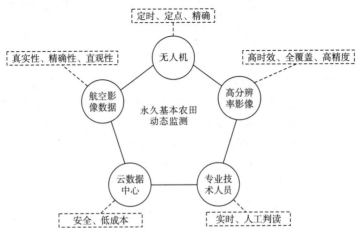

图 6-1　永久基本农田动态监测技术方法示意图

（二）卫星遥感监测技术方法

遥感技术经过 50 多年的发展应用，已经形成了一个多层次、立体型、多角度、全方位和全天候的地球信息获取技术系统，并由此带来了海量的多传感器、多时相、多分辨率的遥感数据。因此如何处理这些海量数据和如何有效地判读和提取信息，使其能在永久基本农田动态监测中充分发挥作用就成为关键。充分利用以卫星遥感为主，航空遥感、无人机低空遥感等为辅的数据获取手段，加快推进建设遥感监测执法体系，通过高频率数据采集监测分析为违建执法、永久基本农田保护动态监测工作提供法律依据。

（三）无人机监测

快速、实时地掌握永久基本农田信息是动态监测的基础。以无人机为平台的低空遥感探测技术，具有空间分辨率高、时效性强和成本低等特点，可填补地面监测和高空遥感间的测量尺度空缺，因此在永久基本农田实时精准监测领域具有广泛的应用前景。近年来，随着无人机飞行平台稳定性增强、操作难度降低，机载遥感设备的轻量化和多样化，以及遥感数据处理技术的进步，无人机遥感技术在永久基本农田信息监测领域得到了快速发展。无人机遥感获取的农田信息主要包括作物空间分布信息（农田定位、作物种类识别、面积估算及变化动态监测、田间基础设施提取）以及作物生长信息等。通过无人机飞行平台、机载多源信息采集技术、数据挖掘和建模技术、决策支持技术平台等方面的发展完善，无人机遥感技术在永久基本农田监测中将得到更深入的应用。

（四）视频监控

为实现永久基本农田保护无缝隙全覆盖，加大土地利用日常动态巡查力度，根据"基本农田标准化、基础工作规范化、保护责任社会化、监督管理信息化"的要求，可以通过视频监控创新智能化监测手段，将"互联网+"理念运用到永久基本农田保护工作中，建立永久基本农田高清智能监控视频防范系统。通过构建视频信息采集（摄像探头）、信号传输、信号处理、显示（监控）设备信息存储的综合系统，可对永久基本农田保护区进行 24 小时全天候视频监控，对辖区内所有点位进行巡查，发现疑似违法用地情况能及时进行核实并依法处置。

第二节　永久基本农田动态监测实施

永久基本农田动态监测主要有两个方面：一是永久基本农田变化的监测；二是违法占用永久基本农田的查处。实施永久基本农田动态监测，是建立健全永久基本农田"划、建、管、补、护"长效机制，全面落实特殊保护制度的重要措施和保障手段之一。

一、永久基本农田的变化监测

与传统的实地调查方法相比，采用遥感变化监测技术进行建设用地动态监测具有速度快、覆盖范围广、效率高的优势。利用卫星遥感影像监测特定地区建设用地变化信息时，往往受卫星影像的时间分辨率、空间分辨率以及天气等因素的限制。与卫星遥感平台相比，航空、低空遥感平台(无人机、飞艇等)具有机动、灵活、周期短的特点，获取的低空遥感影像具有更高空间分辨率，地物的识别能力更强，可为重点区域土地执法监察提供良好的数据源。永久基本农田遥感监测主要方法步骤简述如下。

(一)建立永久基本农田数据库

首先利用现有土地利用现状库和总体规划图建立永久基本农田数据库，同时采用目前分辨率最高的卫星影像为空间数据源，辅以地面调查的方式，通过叠加解译提取研究区域永久基本农田变化信息，以变化流向和数量的方式反映变化情况，从而达到对永久基本农田的监测。

先进行图形数据库的建立，将覆盖整个永久基本农田保护区的图形数据分图层、分类别地入库，形成一个完整的图形和属性数据库文件。具体方法是：①土地利用现状图和规划图中的各种耕地类型合并为两类，即永久基本农田和一般农田，并保留农村居民地、建设用地和未利用地；②根据研究内容建立数据字典，将永久基本农田保护区涉及的相关属性要素，如永久基本农田的权属性质、耕地面积、保护期限、责任人等属性要素值赋予相对应的基本农田图斑，形成一套图数结合的永久基本农田数据库。

(二)土地利用现状遥感解译

为了与永久基本农田数据库严格匹配，从 1∶10000 土地利用现状图中选取控制点，控制点要求均匀解译需求，采用 Brovey 变换、加权融合，以便得到纹理规则、色调均一的农用地及结构明显、边缘清晰、层次感强的建设用地。

在解译时可将土地利用类型分为八类，即耕地、园地、林地、草地、建设用地、交通运输用地、水域及水利设施用地和其他土地，并针对不同用地类型建立影像的判读标志，根据影像色调(颜色)、阴影、大小、形状、纹理、图案、位置等特征，采用人工目视解译，形成监测年适合永久基本农田监测的土地利用图。

(三)永久基本农田变化信息提取及分析

永久基本农田变化信息是指在确定的时间段内，永久基本农田区域内土地利用发生变化的位置、范围、大小和类型。变化类型具体包括：新增建设用地(城镇、农村居民点及独立工矿用地)占用耕地；新增交通用地(铁路、公路及民用机场)占用耕地、耕地转变为坑塘水面以及其他非建设用地；新增建设用地(城镇、农村居民点及独立工矿用地)占用非耕地；新增交通用地(铁路、公路及民用机场)占用非耕地。

从永久基本农田数据库中提取与高分辨卫星影像具有相同坐标的永久基本农田数据图，与目视解译结果相叠加就可以获得永久基本农田区内的农田变化情况。通过调查发现该区域内耕地图斑用地类型发生变化，变化流向用地类型，以及其中涉及永久基本农田区域主要变化流向类型等情况。需要说明一点，由于原有土地利用现状图的比例尺为 1∶10000，因此这个数据库无法划分出大比例尺的细小地物，而高分辨率的 QuickBird 卫星影像则完全能够弥补由此而造成的对小面积地物的监测遗漏，特别是对永久基本农田保护责任人田块的监测。

(四)监测结果分析

可以发现，利用高分辨率的遥感卫星影像能够及时、准确且不定期地获取永久基本农田保护区的土地利用变化信息，能够为政府和自然资源行政主管部门准确掌握和分析永久基本农田利用和变化情况提供科学的依据，是进行永久基本农田保护行之有效的监测方法。

云南省天气多变、地貌复杂，对于大范围的永久基本农田监测采用单一的方法在经济上和可操作性上都有局限，因此还需要根据实际情况，选择不同的监测方法。

由于目前的土地利用现状图比例尺较小，无法精确获得永久基本农田保护田块的基础信息，因此在采用高分辨率卫星影像获取实时土地信息的同时，辅以 GNSS 实地调查，将使监测准确性提高。

耕地容易发生变化的区域一般在城镇附近，可对这一区域采用高分辨率卫星影像进行重点监测，而对于城镇以外较偏远地区可采用中等分辨率卫星影像进行监测，从而节约经费。

由于云南省天气多变，很难获得大范围高分辨率的永久基本农田卫星影像，建议采用中等分辨率卫星遥感数据与地面调查相结合的方式进行大范围情况下永久基本农田的监测方法研究，形成适合云南省的永久基本农田监测方法体系。

二、违法占用永久基本农田的查处

(一)查处程序

1.违法线索发现

(1)举报发现。通过 12336 举报电话、举报信件、网络举报等发现的自然资源违法线索。

(2)巡查发现。按照巡查工作计划确定的时间、路线、频率,巡查发现的自然资源违法线索。

(3)卫片执法监督检查发现。利用卫星遥感监测或者土地变更调查成果发现的自然资源违法线索。

(4)媒体反映。通过报刊、广播电视、网络等媒体发现的自然资源违法线索。

(5)上级交办、国家土地督察机构督办或者其他部门移送、转办的自然资源违法线索。

(6)其他渠道发现的自然资源违法线索。

2.线索核查与违法行为制止

对于有明确的违法行为发生地和基本违法事实的自然资源违法线索,应当填写《违法线索登记表》,载明线索来源、联系人基本情况、线索内容等,并提出初步处置建议,报执法监察工作机构负责人签批。核查过程中,可以采取拍照、询问、复印资料等方式收集相关证据。

3.立案

批准立案后,执法监察工作机构应当确定案件承办人员,承办人员不得少于2人。承办人员具体组织实施案件调查取证,起草相关法律文书,提出处理建议,撰写案件调查报告等。

4.调查取证

办案人员应当对违法事实进行调查,并收集相关证据。调查取证时,应当不少于2人,并应当向被调查人出示执法证件。

5.案情分析与调查报告起草

在调查取证的基础上,办案人员应当对收集的证据、案件事实进行认定,确定违法的性质和法律适用,研究提出处理建议,并起草调查报告。

6.案件审理

承办人员提交《自然资源违法案件调查报告》后,执法监察工作机构或者自然资源主管部门应当组织审理人员对案件调查报告和证据等相关材料进行审理。

7.做出处理决定(行政处罚决定或者行政处理决定)

案件经审理通过的,承办人员应当填写《违法案件处理决定呈批表》,附具《自然资源违法案件调查报告》和案件审理意见,报自然资源主管部门负责人审查,根据不同情况,分别做出相应的处理决定。对情节复杂或者重大违法行为给予较重的行政处罚的，自然资源主管部门的负责人应当集体讨论决定。

8.执行

行政处罚决定、行政处理决定生效后，除涉及国家秘密的内容以外，自然资源主管部门可以将其内容在门户网站公开，督促违法当事人自觉履行，接受社会监督。

9.结案

符合结案条件的，填写《结案呈批表》，报自然资源主管部门负责人批准后结案。《结案呈批表》载明案由、立案时间、立案编号、调查时间、当事人、主要违法事实、执行情况、相关建议等内容。对终止调查或者终结执行但地上违法新建建筑物或者其他设施尚未处置的，结案呈批时，可以建议将有关情况报告或者函告地上违法新建建筑物或者其他设施所在地政府，由其依法妥善处置。

10.立卷归档

将办案过程中形成的全部材料，及时整理装订成卷，并按照规定归档。

涉及需要移送公安、检察、监察、任免机关追究刑事责任、行政纪律责任的，应当依照有关规定移送。

（二）占用永久基本农田的认定

判定违法用地是否占用永久基本农田，应当将违法用地的界址范围(或者界址坐标)与永久基本农田保护数据库矢量数据或者永久基本农田保护图件进行套合比对，对照所标示的永久基本农田保护地块范围进行判定。违法用地位于永久基本农田保护数据库中标示的永久基本农田保护地块范围的，应当判定为占用永久基本农田。

（三）数据更新

根据违法占用永久基本农田处理结果、按照永久基本农田保护数据库的数据更新要求和步骤，逐步更新永久基本农田保护数据相关信息。

三、动态监测实施步骤

动态监测是永久基本农田保护常用的技术手段。首先利用动态差分 GNSS 技术对永久基本农田保护区范围进行实地测量，获取区域内土地利用现状图；其次，按照《土地利用现状分类》为各图斑添加用地类型，拓扑构面；然后，在 GIS 软件支持下建立属性库，并对不同时期永久基本农田土地利用现状数据进行空间分析，获取不同时期间土地利用变化数量关系；最后，在此基础上运用相关模型对永久基本农田保护区范围内土地利用流向、土地利用程度和各土地利用类型变化率等进行分析。具体实施步骤简述如下。

(1)利用 GNSS 接收机，按照永久基本农田土地利用调查相关要求对地类图斑、线状地物、零星地物等目标特征点坐标和高程进行采集，并绘制草图，记录图斑的用地类型。

(2)采集数据内业成图与实地核查。外业实测数据使用数据线导入计算机内，结合草图利用专业测绘成图软件，并依据相应地形图图式规范，制作永久基本农田土地利用现状图。根据现状图野外实地检查测量成果，发现问题现场进行补测，依据补测数据修正内业制作的土地利用现状图。

(3)建立土地利用数据库。删除土地利用现状图中不参与地类图斑构面的零星地物和不必要的线状地物，将土地利用现状图转入地理信息系统软件，建立空间拓扑关系，拓扑检查地物图斑间是否存在重叠和缝隙等拓扑错误，添加必要属性字段(图斑面积、地类代码、坐落权属等)，利用基于 ArcGIS Engine 开发的程序工具实现属性字段的赋值。

(4)空间分析与统计计算。利用 GIS 软件平台空间分析的融合工具，进行二类图斑融合为一类，并统计面积。将不同时期数据在 GIS 软件中进行空间叠加分析追踪不同时期图斑转换情况。统计计算生成两时期土地利用结构变化表，利用相关模型对永久基本农田土地利用结构动态变化过程进行分析。

第三节　无人机技术在永久基本农田动态监测中的应用

永久基本农田保护对国家的粮食安全和社会稳定具有特殊意义，及时准确地获取永久基本农田的动态变化信息是永久基本农田保护的重要环节。无人机具有机动快速、使用成本低、风险小等技术特点，无人机技术的应用保证了永久基本农田动态监测的精准性、高效性和实时性。

一、无人机永久基本农田动态监测技术步骤

永久基本农田划定工作完成后，其日常管护进入常态化，首先必须做好永久基本农田图斑的日常监测工作，对发生变化的永久基本农田图斑进行调查、核实取证工作。核定所监测永久基本农田图斑的土地权属、范围界线、面积和实际土地利用状况，必须具有实时、详细、真实、准确的基础数据，并可以进行材料整理举证等。

过去这项任务，需由测量人员肩扛三脚架、架设测量设备，一点一点实地测量才能完成，会耗费大量人力、物力和时间。运用无人机技术后，只要少数测量人员就可以快速完成。凡是地面上的物体，大到山岭沟壑，小到树丛灌木，都可以被无人机清楚地"看见"，并将它们"捕捉"到一张张图片中。

（一）无人机航测四大优势

费用低，航测费用约为人测费用的 1/10。

工期短，若同样人数，航测工期是人测工期的 1/10。实际项目中人测投入是航测投入的 5 倍，工期也是航测的两倍。

省人力，无人机航测所需作业人员数量是人测人员数量的 1/10，如 4 人即可完成约 40 人的工作量。

精度高，由于项目中制图精度受人为因素影响非常大，特别在 1：2000 及 1：1000 的项目中，机测质量可以优于人测质量，达到或超越标准。

（二）无人机航测主要技术步骤

航飞设置：根据永久基本农田保护任务区域的设置划分，快捷实现任务的规划，进入任务监控界面，实现航拍任务的快速自动归档，各功能划分开来，实现软件运行的专一而稳定。

航前检查：为保证任务的安全进行，起飞前结合飞行控制软件进行自动检测，确保飞机的 GNSS、罗盘、空速管及其俯仰翻滚等状态良好，避免在航拍中危险情况的发生。

飞行任务规划：在永久基本农田保护监测范围内区域空照、导航、混合三种模式下进行飞行任务的规划。

航飞监控：实时掌握飞机的姿态、方位、空速、位置、电池电压、即时风速风向、任务时间等重要状态，便于操作人员实时判断任务的可执行性，进一步保证任务的安全。

影像拼接：航拍任务完成后，导出航拍影像进行研究区域的影像拼接。

数据整理：根据监测到的永久基本农田保护范围内影像资料，与永久基本农田划定数据库永久基本农田保护图斑进行重叠套合，分析比较监测图斑实际用途是否改变及改变的范围、界线，如变为建设用地、非耕地图斑等。

核实处理：如发生永久基本农田保护图斑占用（减少）等情况，进行永久基本农田占用（减少）材料举证整理，进入相应的核实和处理、永久基本农田补划等相关工作。

数据更新维护：根据上一步的处理结果，对永久基本农田数据库信息进行更新，如对永久基本农田图斑占用和补划情况，在数据库矢量图的基本农田保护图斑、基本农田保护片（块）等层，进行相应图斑边界范围的切割、调整，对应补划的永久基本农田图斑信息进行补充更新，完成永久基本农田数据更新工作。

二、无人机永久基本农田动态监测应用系统

无人机技术为自然资源监管带来了空前的发展机遇，使永久基本农田动态监

管的方式与技术手段发生了质的飞跃。将无人机技术有效地应用于永久基本农田动态监测中，保障了永久基本农田动态监测成果的现势性和准确性，极大地丰富了永久基本农田动态监测的技术手段，构建无人机监测系统应用于永久基本农田保护是一项重大变革。无人机监测系统组成如图6-2所示。

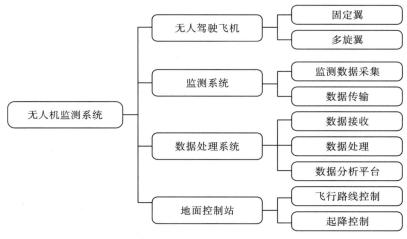

图 6-2　无人机监测系统组成图

（一）系统特点

系统特点如下：

①系统具有严格的权限管理功能，需要登录系统才能查看数据和系统管理；

②实时显示监测数据，并生成对应的趋势曲线；

③可查看历史实时数据，1分钟、5分钟、1小时报表数据，并同时生成监测数据曲线分析图；

④以列表和图表样式显示历史数据，方便对比查看；

⑤数据导出功能，数据可以导出到Excel中，便于离线分析；

⑥系统带自供电系统，不需要单独供电，可连续工作10个小时；

⑦实时无线传输数据到地面端，也可以通过GPRS（general packet radio service，通用无线分组任务）实时传输到指挥中心。

（二）监测内容

无人机监测系统为现场快速处理永久基本农田占用（减少）提供线索，对航拍图像进行解读，利用光谱遥测监测技术提取图斑利用现状的变化特征，并进行解读，提供高分辨率相片和解读数据，捕捉其他耕地占用行为并及时取证。

完成现场检查后提供完整、规范的无人机协助检查的航拍相片和数据档案，采用国家规定的相关技术规范，对航拍数据进行多幅影像数据畸变纠正和几何校正以及大数据量遥感影像拼接，提供完整规范的永久基本农田占用(减少)、土地利用类型变更的遥感数据。

航拍数据与永久基本农田保护管理平台对接，无人机在巡查任务过程中，将拍摄到的数字正射影像以及无人机 GNSS 位置信息以 4G 或其他方式传送回地面，同时在电子地图上以分屏或窗口方式显示无人机实时位置和对应的实时图像。

无人机图像远程实时数据采集，图像以 720P 标清格式实时传输。

将航拍数据与永久基本农田保护数据进行重叠套合对比，提取土地利用类型变化或永久基本农田保护图斑占用(减少)的相关信息，进行后续的核实、补划等相关工作。

(三)工作指标

单台固定翼无人机日巡查、监测能力不低于 80 平方公里/天，最高可达 200 平方公里/天。固定翼或旋翼机载荷能力不低于 3 公斤，固定翼续航力不低于 2 小时，旋翼续航力不低于 40 分钟。

无人机能针对永久基本农田占用(减少)、变化图斑等连续进行数据采集，并将高清图像及视频信息同步传回地面数据接收系统。

无人机能搭载多光谱相机、三维激光扫描系统等监测设备，相关改装由供应商承担。

影像地面分辨率：影像地面分辨率优于 0.2 米，可满足 1∶2000 数字地形图成图要求。

影像质量要求：影像清晰、层次丰富、反差适中、彩色色调柔和鲜艳、色调均匀，相同地物的色彩基调基本一致。精度满足规范要求。

影像质量，有较丰富的层次、能辨别与地面分辨率相适应的细小地物影像，满足外业全要素精确调绘和室内判读的要求。

(四)产品组成

无人机监测系统主要包含：采样单元、数据传输单元、数据分析单元等。采样单元监测的数据通过数传或 GPRS 传输单元传送至地面显示平台进行实时控制、数据管理及图表生成。

(五)地面接收数据软件

地面接收数据软件是可用于上述监测数据接收、解码、显示、处理、报告并向云端上传的专用软件，在获取飞行路径规划及飞行器飞行姿态数据的基础上进行数据分析融合，并支持多探测器同步数据回传和处理功能。

数据分析平台，主要功能应包括实时数据展示、历史数据查询以及将区域的 GNSS 经纬度、时间等信息同步传回地面接收系统。

实时数据展示平台可对永久基本农田保护各类监测数据进行实时展示。将监测数据汇入统一平台，进行统一管理，综合展示。

历史数据查询将各点位的历史监测数据进行简单的统计分析，如日变化分析、时间序列分析等。

第四节　基于自然资源执法监察系统的永久基本农田保护

根据《国土资源部关于全面实行永久基本农田特殊保护的通知》（国土资规〔2018〕1号）要求，永久基本农田划定成果作为土地利用总体规划的重要内容，纳入国土资源遥感监测"一张图"和综合监管平台，作为土地审批、卫片执法、土地督察的重要依据。自然资源执法监察系统运用现代化的科学技术，采用 C/S 和 B/S 混合开发模式，C/S 模式主要开发数据管理系统，实现遥感影像数据或航空相片数据与监测采集数据的叠加，实现采集数据与其他专题数据的空间分析与快速处理，实现信息提取、数据入库等管理功能；B/S 模式主要实现巡查工作管理、信息查询、数据统计与分析、成果展现等，通过两种系统开发模式的组合，满足项目不同应用需求，两者之间依靠数据作为纽带，实现关联。以 B/S 模式开发的网站将面向巡查管理人员和决策领导；C/S 模式又分为桌面开发和手持设备开发，桌面开发的应用系统用户为数据中心的数据处理人员及内部系统管理人员，手持设备开发的应用系统用户为外业巡查人员。通过执法监察系统的投入使用，以及日常执法监察工作的深入推广，围绕国土资源"天上看、地上查、网上管、群众报"的总体指导思想，充分利用 GIS、GNSS、RS 等先进手段，加强永久基本农田保护日常监管工作，增加巡查强度与执法力度，及时发现和制止违法行为，有力地支持永久基本农田保护执法监察工作走"预防为主、事前防范和事后查处相结合"的新路子，探索出新的工作方式和方法，使得永久基本农田保护工作形成多部门"齐抓共管"的良好局面。

一、建设目标

依托省级自然资源执法监察监管平台，结合市级自然资源管理和执法监察工作的实际需求，利用先进的现代化信息技术、3S 技术和移动通信技术，通过整合全市自然资源"一张图"核心数据库、综合监管平台建设所取得的成果数据和执法监察业务专项数据等数据资源，结合标准规范制度，建立覆盖全市的信息化系统，形成"天上看，地上查，网上管"的全方位自然资源执法监察管理运行模式，实现自然资源执法监察工作的信息化、规范化、精细化、高效化和科学化，为有效参与领导决策和宏观调控提供支持。主要目标如下。

（1）建立一套完整的自然资源违法案件快速反应机制。按照省级自然资源主管部门的统一要求，建立覆盖市—县—乡的信息化自然资源执法监察监管平台，实现自然资源执法业务的快速反应和多级联动处理，形成业务全过程监管机制。

(2)建立自然资源执法监察指挥中心，基于巡查指挥车、大屏幕等硬件设施，运用现代通信、网络、自动化、电子监控等先进技术，构建以数据传输网络为纽带，以计算机信息系统为支撑，以视频会议和卫星定位为辅助手段，集语音、视频会议、计算机网络、图像监控、实时定位等多种功能于一体的现代化、网络化、智能化指挥决策中枢。

(3)建立自然资源执法监察数据库，构建自然资源执法数据更新机制。以自然资源"一张图"数据库和综合监管平台建设数据成果为基础，整合利用现有数据资源，丰富和完善含元数据、地理空间数据、业务属性数据等内容的自然资源执法监察数据库，并通过移动终端设备不断采集和更新实时的基层执法监察数据，支撑自然资源执法监察监管信息化应用。

(4)实现国土执法数据的关联共享，提升执法数据应用价值。通过建立系统与自然资源数据中心关联交换平台的标准化数据交换接口，从而实现系统与自然资源"一张图"核心数据库及其他与交换平台相连的业务系统以及综合监管平台的数据关联交换和共享；同时建立系统与省级自然资源执法监察监管平台的数据交换接口和机制，实现市级向省级的数据上报和接收。

(5)建立健全包括执法数据库建设标准、执法监察信息化建设标准、移动终端及无线网络使用管理规范等在内的自然资源执法监察工作标准制度，规范自然资源执法监察工作流程，实现自然资源执法监管无缝对接和全区域覆盖，及时发现和处置各类自然资源违法行为。

二、建设任务

(一)建立移动执法巡查子系统

利用卫星定位技术、GIS 技术和 VPDN(virtual private dial network，虚拟专有拨号网络)通信技术，在设计开发地块信息查询、用地位置定位和现场执法取证等功能的基础之上，进行网络功能扩展，实现人员实时定位、轨迹跟踪记录、分析占用指标、违法案情报告等功能，为基层执法巡查工作管理提供便捷、高效的操作平台。

(二)建立多级联网的执法监察监管子系统

建设自然资源执法监察的一体化信息化系统，实现自然资源执法监察"全业务、全流程"的多级联网协同办公新模式，支持案件查处、信访督办、12336 督办、卫片核查等执法监察业务的多级联动办理，为自然资源执法监管平台提供综合的数据支撑，为其他业务系统提供业务数据及档案支撑服务。开发数据汇总统计功能，生成各种统计汇总报表，向省级执法监察综合统计系统上报数据成果。

（三）建设执法监察指挥调度子系统

应用电子、信息、指挥、控制、通信等技术，结合执法监察巡查工作实际情况及其管理需求，将执法监管平台、案件查处系统和移动巡查管理系统的各项信息流、业务流和控制流有机地融合成为一个整体，直观地把巡查人员工作状态和违法案件查处进度等信息标示出来，对巡查工作进行考核检查，确保巡查制度得到有效执行；对案件办理工作进行监督审察，及时掌握违法案件信息和执法巡查工作情况，指挥调配执法巡查工作资源。

（四）建设公众举报子系统

通过互联网技术、移动通信技术等手段，以网站电子地图定位服务等方式，方便社会公众迅速及时地检举揭发各种违法犯罪活动，执法部门可以通过与网民网络互动，拓展新的案件线索来源，发现违法案件案情；让社会公众了解自然资源执法监察工作，对违法案件的查处进行监督。

（五）数据关联交换模式

自然资源执法监察需要最新、最现势的数据作为工作开展的依据和基础，数据整合利用作为自然资源执法监察监管平台的最基本和最核心工作，其重点是对来自自然资源管理各部门的多源空间数据、业务数据的集成与交换。通过建立系统与"一张图"核心数据库的共享交换接口，除了可满足空间数据信息最基础的共享交换与整合处理要求，还可以利用"一张图"核心数据库提供的各类地理空间分析、查询服务，及时获取各类行政办公信息，准确分析各项执法指标，从而更好地支撑系统上层的各种应用；同时，执法监察数据也是"一张图"核心数据库的重要组成内容，系统将在数据交换、数据采集与处理的基础上，通过开发地理空间服务，实时动态提供各类自然资源执法监察信息，统计分析各类执法信息指标，并进行成果输出，满足各级土地管理部门的各类业务系统对执法信息"实时、完整、准确"需求，从而保障"一张图"核心数据库和综合监管平台对执法监察工作的有效监管，完整覆盖自然资源管理全过程。

三、软件体系结构

硬件设备层：系统的主要硬件是采用传统 X86 架构的运行 Windows 操作系统的服务器和采用 ARM 架构的运行 Android 操作系统的平板电脑。

数据库软件层：依据软件运行环境的不同，采用了三种主流数据库软件，其中，自然资源执法部门日常办公使用的是商业的 MS SQLServer 数据库软件；对于公众举报网站，使用的是目前主流的网站开发 MySQL 数据库软件；对于 ARM 平板电脑来说，因为本身 CPU 计算能力的限制和单机的运行条件，使用的是 SQLite 数据库软件。

数据访问层：对于公众举报网站等 B/S 架构的软件，采用.net 平台下的
ADO.net 数据库访问中间件进行数据库访问；对于地理空间数据的访问使用的是
ArcSDE 组件来进行；而对于 ARM 平板上使用的 SQLite 数据库，则使用 Android
系统提供的数据访问 API 来实现。

业务逻辑层：业务逻辑层涉及多种应用系统的综合和多种数据的集成，因此
采用 SOA 框架和 WebService 技术作为底层，支持其上的各种服务集成；对于 B/S
框架的网站来说，使用 ASP.net 进行系统的开发；对于使用公众地图服务的举报
网站来说，需要使用公众地图服务接口进行构建；而 C/S 型的软件，主要是基于
ArcObject 技术开发的 GIS 应用系统，采用 ArcGIS Server 和 ArcGIS Engine 组件
分别进行服务器和客户端的编程，以上几种基于 X86 框架的应用软件开发，采用
目前主流的 C#进行开发，而对于 ARM 框架的 Android 平板，则以 ArcGIS for
Android 作为 GIS 平台，使用 Java 进行开发。

应用系统层：根据用户功能和使用环境的不同，可分为公众举报网站、执法监
察系统、执法监管系统、执法指挥调度系统、远程会商系统和移动执法巡查系统等。

用户操作端：系统用户使用的操作端按照计算机类型和网络环境的不同，可
分为：公众电脑，指连接在 Internet 上的、主要运行 Windows 操作系统的、社会
公众使用的普通电脑；办公电脑，指自然资源执法系统工作使用的办公电脑，运
行 Windows 操作系统，可以在电子政务外网内实现互联互通；专业 GNSS，指执
法巡查人员使用的便携式 GNSS 设备，运行 Android 操作系统，除使用 USB 接口
与办公电脑连接，与内外网络都没有直接连接。

软件体系结构图如图 6-3 所示。

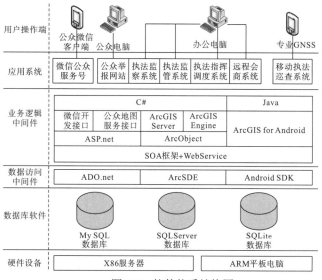

图 6-3　软件体系结构图

四、系统建设关键技术

建设自然资源执法监察监管平台项目，需要应用多项关键技术以及新发展的技术。关键技术实现内容包括：项目开发过程管理与控制、数据的采集与获取、数据的处理与管理、数据的转换与更新、数据的输出与传输、数据的分析及应用等。关键技术主要有：组件式 GIS 系统开发技术、位置服务、GNSS 技术、互联网地图服务、空间数据存储和管理技术等。

（一）组件式 GIS 系统开发技术

GIS 软件体系结构主要是指 GIS 软件的组织方式，依赖一定的软件技术基础，并由此决定了 GIS 系统软件的应用方式、集成效率和软件开发的难易程度等。从 GIS 系统的发展历程看，GIS 系统应用软件技术体系可以划分为 GIS 模块、集成式 GIS、模块化 GIS、核心式 GIS、组件式 GIS 和 Web GIS 六个阶段。随着计算机和互联网技术的发展，应用领域也在不断地扩展和延伸，GIS 的应用软件系统发展很快，从而构建了各种不同用途和功能的行业 GIS 应用。

随着计算机技术和全球信息网络技术的飞速发展，组件式软件技术已经成为当今软件技术的潮流之一，对 GIS 软件也产生了巨大的影响，组件式 GIS 应运而生。采用组件式 GIS 结构的地理信息系统，与传统的开发方式相比，可以降低开发难度，提高开发效率，增强系统的灵活性和开放性。组件式软件的可编程和可重用特点为系统软件开发商提供了方便的二次开发手段，这将在很大程度上推动 GIS 软件的系统集成化和应用大众化，同时组件式 GIS 也很好地适应了网络技术的发展，可以提供基于 Web 的 GIS 解决方案。组件软件开发可以分成标准组件的开发和利用标准组件进行系统组件的二次开发，组件的接口标准是各组件之间协同工作的基础，也是组件软件开发的基石，如图 6-4 所示。组件式 GIS 的基本思想是依据 GIS 项目的功能点划分出不同的功能，为完成不同的功能而定义出不同的功能接口，再由具体的功能组件实现在功能接口中定义的各种功能。各个 GIS 组件之间，以及 GIS 组件与其他非 GIS 组件之间，都可以方便地通过可视化的软件开发工具，如.NET、Java、VB、VC 和 PB 等集成起来，形成最终的 GIS 基础平台以及行业应用系统。ESRI 公司最新推出的基于 COM（通用组件对象模型）技术的对象库 ArcGIS Engine9.1 为 GIS 开发商提供了前所未有的灵活性，开辟了以提供专业化组件的方式来进行地理信息系统开发的新途径。同时，ArcGIS Engine 强大的图形处理和方便的扩展功能，使得在此基础上构建组件式 GIS 产品变得越来越容易。在此基础上，构建具有系统互操作、系统模块化、系统多维化、系统智能化、平台网络化和应用社会化的大型应用系统变得更方便快捷。

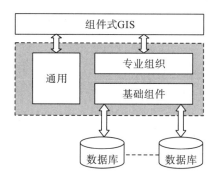

图 6-4　组件式 GIS 应用系统层次图

采用 GIS 技术表现事物最大的优势是把各种信息和地理位置结合，可同时显示其时间性、空间性、动态性特征。GIS 技术在综合地理空间信息服务网站中的作用主要是强大的信息"双向"查询、统计和分析功能，同时结合多媒体技术、Internet 技术建立各专题信息主页，对外提供多种信息查询，发布各种专题地图信息，辅助决策和各种事物的处理。

(二) 位置服务

位置服务 (location based service，LBS) 又称定位服务，LBS 是由移动通信网络和卫星定位系统结合在一起提供的一种增值业务，通过一组定位技术获得移动终端的位置信息 (如经纬度坐标数据)，提供给移动用户本人或他人以及通信系统，实现各种与位置相关的业务。LBS 实质上是一种概念较为宽泛的与空间位置有关的新型服务业务。LBS 可以被应用于不同的领域，如健康、工作、个人生活等。此服务可以用来辨认一个人或物的位置，如发现最近的取款机或朋友、同事当前的位置，也能根据客户所在的位置提供直接的手机广告，包括提供个人化的天气信息，甚至本地化的游戏。

当前，基于个人消费者需求的智能化，位置信息服务将伴随 GNSS 和无线上网技术的发展，需求呈大幅度增长趋势。位置服务不但可以提升企业运营与服务水平，也能为车载 GNSS 的用户提供更多样化的便捷服务。从地址点导航到兴趣点服务，再到实时路况技术的应用，不仅可引导 GNSS 用户找到附近的产品和服务，还可获得更高的便捷性和安全性。通过定位技术，也可以为个人用户或集团用户提供特殊信息报警服务。本系统中，将利用位置服务向社会公众提供举报位置标注的功能。

(三) GNSS 技术

GNSS 技术的基本原理是基于传统的多点定位法，通过计算已知位置的卫星到用户接收机之间的距离，然后综合多颗卫星的数据，从而测知接收机的具体位置。目前，国内使用的卫星定位系统主要有美国的 GPS 系统和国内自主研发的北斗导航卫星系统（BeiDou navigation satellite system，BDS）。北斗导航卫星系统是中国自行研发的全球卫星定位与通信系统，是继美国 GPS 系统和俄罗斯 GLONASS 系统之后第三个成熟的卫星导航系统。系统由空间端、地面端和用户端组成，可在全球范围内全天候、全天时为各类用户提供高精度、高可靠定位、导航、授时服务，并具短报文通信能力，已经初步具备区域导航、定位和授时能力，定位精度优于 20m，授时精度优于 100ns。2012 年 12 月 27 日，BDS 空间信号接口控制文件正式版公布，BDS 导航业务正式向亚太地区提供无源定位、导航、授时服务。

利用卫星定位系统和 GIS 可以实时显示固定或移动物体的实际位置，并任意放大、缩小、还原、换图；可以随目标移动，使目标始终保持在屏幕上；还可实现多窗口、多移动物体、多屏幕同时跟踪。在本项目之中，可以实现对巡查员、指挥车辆随时、准确的空间定位。

（四）互联网地图服务

一直以来，地理信息系统应用都面临着基础平台费用昂贵，数据采集、更新成本高的问题，近年来，随着我国 GIS 产业的发展，以天地图、百度地图、地图吧、MapABC 等为代表的国内地图服务提供商推出了一系列基于互联网的开放式地图引擎，提供全面的基于地图和位置的服务，开放了包括数据显示、地图服务、客户端导航等开发接口，实现了制图、专题图打印、地图展现、搜索、定位、地理编码、逆地理编码、驾车导航、公交换乘、路网分析、实时交通等功能，覆盖了从应用服务器、桌面 PC 到移动手持客户端三种平台，可以满足全方位的地图应用需求。本系统中，使用天地图平台进行公众服务网站的开发，实现电子地图功能，供社会公众进行案件举报标识。

（五）空间数据存储和管理技术

到目前为止，大容量、高安全性的存储设备（如光盘、硬盘、磁盘阵列等）完全可以将海量的城市空间基础地理信息进行安全、统一集中的存储和管理。彻底改变了信息保存在纸介质上的种种不利因素，在安全性、时间长久性方面也得到了保障。

传统的小型数据库对于小数据量还能够应付，一旦遇到海量数据，其性能就会迅速下降，而且不能有效地存放空间数据。而大型数据库面对海量数据，存取检索速度受影响不大，在安全性、稳定性方面也更加完善。同时现有的分布式数据库技术的功能，可以很好地解决数据分散存储的问题。空间数据组织由最初的文件与关系数据库混合管理向全关系型空间数据组织模式、对象-关系数据库组织模式、面向对象空间数据组织模式发展，实现了面向对象的"矢-栅一体化"空间数据组织。数据表达方式能够更加准确地表达空间对象要素之间的关系和联系,实现地理实体的智能化管理。新一代的空间数据库引擎(如 Spatial Ware、ArcSDE 等)管理技术,以及支持空间数据的大型商业数据库(如 Oracle 等)可以同时直接把空间(图形)数据和属性数据存放在一起。数据库的这些特点,对于建立一个以空间(图形)数据管理和分析、决策支持为基础的城市基础地理信息系统是非常重要的。

五、系统主要功能

(一)移动执法巡查系统

移动执法巡查系统主要是针对车载 GNSS 或手持移动设备开发的应用系统,该系统通过专用的通信协议访问安装有数据处理软件的电脑,从土地执法监察系统服务器中获取任务文件,完成软件和数据的更新;辅助操作员在现场完成数据的采集和填报工作;将已采集的照片和文字等信息通过专用的通信协议上传到安装数据处理软件的电脑,最终上传到土地执法监察系统服务器。移动 GIS 终端具有多种通信模式,包括 GPRS、Wi-Fi 和蓝牙,为数据传输提供了多种手段;机身内置摄像头、闪光灯和麦克风,为国土执法行业数据采集的多媒体化创造了充分的条件。

同时,通过车载 GNSS 或手持移动设备的 GNSS 功能,可以定位显示本地的图形和属性数据。通过当前信息功能,上传 GNSS 的坐标,完成该坐标位置一定范围内相关土地权属和建设用地的图形信息,并叠加到地图上进行展示。

在客户端,通过短信平台,可以在第一时间将 PDA(personal digital assistant,手持移动设备)在现场获取的坐标信息传输至后台系统服务器中进行数据分析,分析的结果又通过短信系统回传到野外的巡查设备上,为土地执法工作中的信息管理、问题处理起到桥梁作用,同时保证了数据的实时性和安全性,如图 6-5 所示。

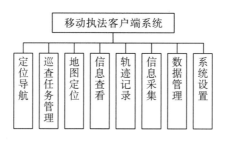

图 6-5 移动执法客户端系统功能结构图

1. 巡查区域选取与巡查路径规划

车载土地巡查系统是移动执法巡查系统的一种,即通过叠加各类空间图层(如近期遥感影像、卫片监测图斑、土地利用现状、土地规划、建设用地审批、供地、永久基本农田等数据），分析遥感监测影像及变化图斑，结合所掌握的各县(市、区)新增建设用地报批、新开工专项自查清理情况等相关信息，从而判断建设热点和违法用地集中区域，确定具体巡查区片，并进行巡查路径规划。

2. 巡查目标导航定位

巡查区域和路线确定后，利用基于土地利用基础数据的车载导航系统，可实现详细地块的导航定位，快速到达巡查地区，并按照规划好的路径，逐一核查预定巡查的目标。

3. 巡查过程中任务目标核查

根据事先计划巡查的核查目标，如监测图斑、新开工项目、信访举报等，利用车载导航系统快速逐一到达目的地，开展核查工作。系统利用高精度 GNSS 模块，实时采集地块的位置信息，并与建设用地审批、供地、土地利用现状、规划、永久基本农田、年度卫片执法、不同时期遥感影像等进行叠加查看，以达到快速判断该用地是否涉嫌违法的目的。

4. 巡查过程中临时发现目标核查

巡查过程中临时发现的疑似违法项目，利用车载土地巡查系统，首先根据巡查车实时位置，自动调出相关用地数据，并叠加相关业务图层进行初判。对于经过初判，已获取合法用地手续的项目，则不需要进行登记；对于未获取用地手续而动工的项目，需进行用地情况登记、坐标采集、拍照取证工作，并通过车载系统初步判断用地的合法性。

5. 巡查核查成果管理

通过车载系统可以对土地巡查工作过程中的工作成果实现管理，并可导出成果包，导入局内系统，实现数据的更新。同时车载系统能够自动统计汇总巡查核查地块个数、巡查公里数等，并提供车辆行驶历史轨迹回放等功能。

(二)执法监察系统

数据管理软件在涉密网中运行，由执法支队的数据维护人员使用，进行数据库的更新维护工作，提供如下功能。

1.数据共享与交换

系统建设涉及自然资源综合电子政务平台和多个专业系统，通过数据共享与交换模块的开发，可以使分散在各个系统中的管理信息得到利用，实现多个业务处室之间工作的横向联系，实现省、市、县三级自然资源部门联网联动，为执法监察工作打下良好的数据基础。

数据建库是指将分布在各业务科室的各类自然资源管理专题数据，以及省厅执法监察数据库、"一张图"核心数据库提供的数据资源，入库到自然资源执法监察数据库中的过程。建库的数据资源需要经过数据检查后才可以入库，对于地理空间信息，系统提供两种入库方式：按标准图幅批量入库和按任意区域入库。标准图幅数据入库是指将按分幅标准划分后的图幅数据入库；按任意区域入库主要用于日后的数据更新。对于属性、专题综合信息则按关系数据库方式进行入库。主要包括：①与省厅执法总队的数据交换；②与市自然资源局核心数据库的数据交换；③上下级数据交换；④移动设备数据下发和接收。

2.数据管理

自然资源管理数据具有多格式、多时态、多尺度、存储格式多源性、获取手段多源性等特点，数据管理功能主要包括空间数据、DEM数据、栅格数据、遥感影像数据的管理，以及数据安全、数据备份管理等。

3.数据分析

利用不同图层的地理空间数据进行叠加，进行空间逻辑运算，可以得到许多有用的数据，用不同时期的土地利用现状、土地征转供等专题数据与影像数据进行图形叠加，可以获取一段时间之内地理要素的变化情况，动态地反映自然资源管理的工作成果。例如，把不同时间的建设用地范围与影像图进行叠加，反映乡村建设在范围、位置方面的变化情况。

对于采集到的图斑，系统可以自动与设备上存储的土地利用规划、耕地和永久基本农田保护、用地审批等地理空间数据进行叠加分析，对图斑范围、占用地类情况、符合规划情况、符合审批情况、耕地占用情况等进行分析，生成专业的分析报告，供操作员对图斑的违法情况进行判断。分析结果也可以保存到巡查数据库之中。

针对野外巡查采集到的数据，系统提供基于红线分析的选址功能，综合考虑其他相关图层的属性，提取所需图层及业务属性表。对图斑范围进行综合评价，分析各类违法事件的各项数据指标，这样不仅解决了违法用地项目指标计算准确性和及时性问题，而且提高了执法工作的科学性与合理性。为执法决策者提供很大的参考价值，使执法监察工作更加科学、直观、可预见，同时也能提高领导决策效率，降低决策风险。

4.案件查处

执法数据库管理与分析系统，可以集成遥感监测、12336、信访、网上举报等途径收集到的违法线索信息，调取现场巡查数据，进行分析判断，实现对违法案情的定性处理，通过自然资源遥感监测"一张图"和综合监管平台进行比对核查，并将项目管理信息上图入库，实现"看得见、摸得着、管得住"的常态化监管，以综合监管平台为支撑的发现、反馈、处置机制，进一步扩大执法监管视野。建立综合监管平台的日常运行机制，逐步形成定期报告和异常报告制度。

从整个平台业务处理流程上来说，系统通过电子政务平台收到信息后，可以根据录入的信息对图形范围进行综合叠加分析，得出地类、权属、规划、区片价等信息，并自动生成土地征收转用项目。对一些辅助性基本信息根据不同乡(镇)、当前时间、默认值、历史数据等客观条件自动生成，尽量做到项目内容的自动生成。对于巡查采集到的现场照片、影像等数据，可以一同打包，形成案件电子卷宗。最终，将案件电子卷宗上传到办公系统或上报上级主管，利用数据交换系统实现与市级数据中心的远程数据交换，实现数据的同步更新，依托市级与县(区)级自然资源部门使用自然资源执法监察平台应用系统，在自然资源政务专网建成条件下，采用 B/S 和 C/S 相结合的方式，实现各市局与下属县(市、区)局联网办公。

(三)执法监管系统

以自然资源执法监察工作需求为出发点，把涉及自然资源管理的批、供、用、补、查等行政事项作为监控的重点，把便民、实效作为衡量系统成效的重要指标，充分利用网络资源和信息技术，加强政府部门的协同办公，保障群众利益，实现自然资源的有效利用和监管。通过对政务服务的监管以及服务场景的实时监控，使自然资源管理部门的工作情况展示在法律法规的监督下，在有效监督下按照法律法规切实为公众提供可靠服务，进而为打造阳光政务提供坚实有力的保障。

1. 工作展示

展示系统的数据质量和使用价值，展现执法工作状态；通过协调统一数据标准，展示包括规划成果、土地利用现状成果在内的空间基础数据、执法工作数据、执法管理数据和电子档案数据等四类内容，使领导对执法工作的现势性、准确性、规范性、时效性和标准执行等情况有直观的认识，为进一步加强执法监察工作的全面运行奠定基础，为提高自然资源管理水平和决策水平提供准确、科学的数据和服务。

2. 工作督办

按照上级管理机关的要求有计划地开展政务办理工作；抓好上级、本级领导机关的批示、交办事项的督促落实；为上级管理机关进行政务督促检查做好服务和组织协调工作。政务督办的实施，一方面要采取行政管理办法，另一方面要利用技术手段来实施。系统实现的督办事项按照管理功能，拟办、立项、交办、催办、办结五项程序建立了运行机制，为行政政务督查工作的高效、有序开展搭建了科学的工作平台，形成了程序化、制度化、信息化的督查模式和方法，督查工作质量和效率明显提高，可以有力地促进各项执法监察工作的贯彻落实。

3. 统计汇总

统计汇总包括综合统计、比对核查、通用查询。综合统计能对自然资源执法监察工作相关的业务指标信息进行统计分析，从各个角度掌握案情信息，把握执法工作全局。从自然资源管理部门审批业务入手，依据批、供、用、补、查业务的关联关系对土地业务环节进行跟踪和追溯，对每一宗供应土地的整个征转、供应、开发等生命周期进行全面掌控，将自然资源管理各业务的地理空间信息进行叠加比对和综合分析，及时发现业务执行过程中的违规违法行为。

(四)执法指挥调度系统

执法指挥调度系统最主要的特征就是系统的高度集成化，利用先进的通信、计算机、自动控制、视频监控技术，按照系统工程的原理进行系统集成，使得执法监察工作现状、执法监察指挥、执法巡查、违法案件查处等信息有机地结合起来，通过计算机网络系统，实现对执法监察工作的实时控制与指挥管理。执法指挥调度系统另一特征是信息高速集中与信息快速处理，执法指挥调度系统运用先进的网络技术，获取信息快速、实时、准确，提高了执法监管的实时性，缩短了违法线索的处理时间和违法案件的查处时间，使自然资源执法监察工作变得更加有序。

执法指挥调度系统的主要应用领域就是执法指挥中心，改变传统指挥中指挥系统与现实情况脱节的问题，使人员调度、视频会商、信息发布、执法管理、举报电话接处管理、通信指挥调度等各个孤立的子系统在计算机网络的基础上有机地连接在一起，各个信息资源在网络上按照权限共享，管理者可以在任何时候对执法监察工作进行监视、指挥和控制。

执法指挥调度系统是一套用于指挥中心及相关管理人员桌面上的Windows应用程序，是自然资源执法监察指挥中心的核心应用软件，也是巡查指挥调度行为的主要技术载体。执法指挥调度系统以自然资源执法监察数据库为支撑，对执法监察工作的各类信息进行集成，将指挥中心所有能为指挥调度系统提供服务的业务子系统的上端应用通过强大的软件操控界面有机结合起来，为用户提供各种实时准确的执法监察工作信息，提供快速反应和处理各种违法案件的操作机制，提高指挥调度效率。通过执法指挥调度系统，指挥人员可以随时掌握各执法巡查单位(人员或车辆)的工作状况，实现对执法人员的合理调度，通过有线、无线、计算机网络等通信手段进行调度协调。同时，通过此指挥平台可以对远程会商系统、实现对讲系统、短信通知系统和大屏显示系统等子系统进行控制，执行指挥员发出的操作指令。

1.实时定位

在电子地图上及时展示案情信息，从展现内容上分为三类：①举报信息显示；②巡查人员显示；③巡查发现案情显示。

2.任务下达

指挥人员依据受理案件线索，按照案情调查需要，在指挥中心大屏幕的电子地图上标示案件发生位置，并查看附近巡查人员/车辆情况，选择安排合适的巡查人员后，将坐标位置和案情信息作为巡查工作任务发送给巡查人员，巡查人员通过移动巡查设备接收巡查工作任务，到达现场进行调查取证。

3.轨迹回放

网络结构设计系统服务器可实时在地图上显示所有客户端的工作运动轨迹，客户端 GNSS 在定位后，可按照预设的时间间隔将位置信息发送至管理系统，记录为客户端的轨迹文件。可选定项目、用户，按时间段进行工作轨迹查询和回放，系统具备设置轨迹回放速度、后退轨迹、轨迹居中、全屏显示、轨迹按时间串联等功能。

(五)公众举报子系统

科技的迅猛发展，为计算机、通信、信息等技术的发展带来了生产力的革命性进步，计算机已融入人们生活、工作的方方面面，家庭、办公场所的计算机和网络空前普及，互联网已成为覆盖面广、效率高、成本低的现代通信工具和媒体。利用互联网，尤其是移动互联网等网络技术作为举报途径，将极大方便群众迅速及时地检举揭发各种侵害自然资源的违法活动，同时也因为电子媒体手段使得这些举报信息非常便于与执法部门使用的各种办公办案软件紧密集成，实现快速录入、汇总、整理，这必将极大地降低成本，提高发现违法案情的效率。

第五节　永久基本农田数据库更新与维护

一、数据更新基本原则

永久基本农田数据更新遵循占用与补划"数量相等、质量相当"的原则。具体要求为：

(1)经依法批准建设占用的永久基本农田，补划面积应不低于建设占用的面积，质量等级不低于占用土地的质量等级；

(2)违法占用或因各种原因造成损毁的永久基本农田应当依法复垦，复垦后不能作为永久基本农田的，补划的面积应不低于减少部分的永久基本农田面积，质量等级不低于减少部分的永久基本农田质量等级；

(3)因其他原因造成永久基本农田减少的，本行政区域内现状永久基本农田面积已低于县级土地利用总体规划(2010~2020 年)确定的基本农田面积指标的，应当按照县级土地利用总体规划(2010～2020年)确定的指标补划相应的面积，补划的质量等级不低于减少部分的基本农田质量等级。

补划的基本农田土地利用现状是耕地。

二、相关要求

按照国家和省对永久基本农田划入和划出的有关要求，编制永久基本农田补划方案；补划永久基本农田应与永久基本农田划定相关要求一致，严禁将不符合永久基本农田标准的图斑划为永久基本农田。

依据补划的技术方法与要求，在永久基本农田划定成果基础上，及时更新永久基本农田相关成果。

三、技术方法

以永久基本农田划定成果为基础，叠加依法审批或认定的占用(减少)永久基本农田和拟补划永久基本农田的范围，确定占用(减少)永久基本农田的空间位置、数量、质量等级、地类等信息；按照补划永久基本农田的要求，依据土地利用现状调查成果、土地利用总体规划(2010～2020年)成果及农用地分等成果，综合选取补划为永久基本农田的耕地地块；依规范要求录入永久基本农田保护片(块)与永久基本农田图斑属性，建立、更新永久基本农田数据库；落实保护责任，设立、更新保护标志；编制永久基本农田补划成果。

建设占用永久基本农田的批准文件或违法用地的认定文件，以及灾毁认定和生态退耕批准文件采用的数据格式、数学基础与永久基本农田划定成果不一致时，应进行相应的转换、纠正。

四、数据更新技术工作流程

数据更新主要可划分为永久基本农田补划方案编制和论证、占用(减少)和补划基本农田的核实确认、成果编制、验收与报备等几个步骤和阶段，流程具体见第四章相关章节，在此不再赘述。

五、占用与补划永久基本农田的核实确认

(一)依法批准建设占用的永久基本农田

按照拟定的永久基本农田补划方案，依据已有永久基本农田划定成果与农用地分等成果，进行实地勘察，核实占用永久基本农田的地块。

依法批准占用永久基本农田后，应依据批准文件复核确认占用永久基本农田

地块的空间位置、数量、质量等级、地类。

（二）其他原因减少的永久基本农田

1. 依法认定其他原因减少的永久基本农田

因依法批准或认定的生态退耕、灾毁等其他原因导致永久基本农田面积减少需补划时，依据依法认定文件确定的范围，结合永久基本农田数据库与农用地分等成果，进行实地勘察，核实占用（减少）永久基本农田的空间位置、数量、质量等级、地类等信息。

2. 非法占用的永久基本农田

应依据立案查处有关文件复核确认占用的永久基本农田地块信息。

（三）补划耕地地块的确认

依据核实确认占用（减少）永久基本农田的数量、质量等级，按照数量不减少、质量不降低的要求，依据最新的土地利用数据库与农用地分等成果，进行实地勘察，综合确定补划的耕地地块。

补划耕地各图斑的平均等指数应大于占用（减少）永久基本农田各图斑的平均等指数［式(4-1)］。

根据平均等指数，按照农用地分等确定的等级划分标准，确定占用、补划永久基本农田的平均质量等级。

六、成果编制与上报

按照永久基本农田占用与补划的技术要求，落实补划耕地的保护责任，及时设立、更新永久基本农田保护标志，更新永久基本农田数据库、图件、表册等永久基本农田相关资料，填写永久基本农田占用（减少）补划台账、永久基本农田占用（减少）补划一览表、年度永久基本农田占用（减少）汇总表等。

基本农田补划成果以年度为单位，由各级自然资源管理部门逐级上报。上报成果包括当年占用补划后的永久基本农田数据库、图件、表册等。省级自然资源管理部门负责资料的审核和监督。

七、数据库更新维护

永久基本农田数据库更新，涉及永久基本农田保护的矢量数据及相关信息更新维护，主要包括基本农田保护片块、基本农田图斑及其相关属性信息更新等。基本农田数据年度变更工作的处理思路简单、过程复杂、方法多样，而基于不同的 GIS 平台软件，永久基本农田图斑与保护片块的变更操作实现途径会有差异，其中会涉及图斑净面积计算、椭球面积计算、片(块)编号等相关关键技术实现方法等。

　　永久基本农田数据更新的主要任务是对基本农田保护图斑(图层名为JBNTBHTB)计算椭球面积，之后减去其中的各类扣除面积，得到净面积。将JBNTBHTB 按照同一坐落单位代码(字段名为 ZLDWDM)融合成基本农田保护片块(图层名为 JBNTBHPK)，对 JBNTBHPK 层中的保护片(块)按照 ZLDWDM 进行编号，JBNTBHTB 层中的基本农田图斑按照所在保护片(块)进行编号，更新基本农田图斑和基本农田保护区片(块)的保护责任信息等，并从 JBNTBHTB 层中统计生成永久基本农田情况统计表、永久基本农田调查汇总表等。主要步骤如下所述。

（一）提取 JBNTBHTB

在永久基本农田范围内，从本年度地类图斑层中提取地类变更为非耕地的地块，用于擦除基本农田保护图斑要素得到 JBNTBHTB 变更基础数据。

（二）JBNTBHTB 净面积计算

JBNTBHTB 净面积计算包括提取出与该图斑相关联的线状地物、零星地物的面积，即 XZDWMJ 和 LXDWMJ，再计算图斑地类面积。整个计算过程为：利用JBNTBHTB 层分割 XZDW 层、LXDW 层，得到 JBNTBHTB 范围内的 XZDW、LXDW，处理分割后的 XZDW 的扣除比例(KCBL)。利用空间分析建立分割后的XZDW 与 JBNTBHTB 的对应关系，计算 JBNTBHTB 中的 XZDWMJ、TKMJ(田坎面积)、LXDWMJ，然后使用 JBNTBHTB 的椭球面积减去这些扣除面积，即得到 JBNTBHTB 净面积。

（三）补划 JBNTBHTB

按照"占一补一、占水田补水田"的数量和质量要求，针对占用的永久基本农田规模和地类信息，以及外业实地调绘的耕地图斑界线，从本年度地类图斑层中提取地类类型属于耕地的地类图斑，作为补划的基本农田图斑，并保证补划面积和地类、补划的耕地质量等级符合相关要求。

（四）生成 JBNTBHPK

JBNTBHTB 编号以坐落在同一单位内的图斑为组合，从上到下、从左到右进行编码，JBNTBHPK 编号以坐落在同一单位内的片(块)为组合，从上到下、从左到右进行编码。

（五）JBNTBHTB 编号、JBNTBHPK 编号

JBNTBHTB 编号以坐落在同一单位内的图斑为组合，从上到下、从左到右进行编码，JBNTBHPK 编号以坐落在同一单位内的片(块)为组合，从上到下、从左

到右进行编码。

（六）更新 JBNTBHTB、JBNTBHPK 保护责任信息

针对 **JBNTBHTB** 和 **JBNTBHPK** 的保护责任信息变更情况，更新相关的属性信息，包括土地承保责任人永久基本农田保护面积、规模布局变化、占用与补划地类调整后相应的保护责任和保护标识更新等。

（七）统计汇总

JBNTBHTB 中净面积计算好后，生成永久基本农田占用（减少）与补划台账、年度永久基本农田占用（减少）补划一览表、年度永久基本农田占用（减少）补划汇总表等。

第七章 云南省耕地与永久基本农田现状分析

第一节 云南省自然地理概况

一、地理环境概况

（一）地理位置

云南省地处中国西南边陲，位于北纬 21°8′32″～29°15′8″和东经 97°31′39″～106°11′47″，北回归线横贯云南省南部。全境东西最大横距为 864.9 公里，南北最大纵距为 990 公里，总面积为 39.4 万平方公里，占全国陆地总面积的 4.1%，居全国第 8 位。东部与贵州省、广西壮族自治区为邻，北部同四川省相连，西北隅紧倚西藏自治区，西部同缅甸接壤，南部与老挝、越南毗连。

（二）地形地貌

云南是一个多山的省份，属青藏高原南延部分，是典型的山地高原地形，全境94%为山区，仅 6%为坝区。地形一般以元江谷地和云岭山脉南段的宽谷为界，分为东西两大地形区。东部为滇东、滇中高原，称为云南高原，系云贵高原的组成部分，平均海拔 2000 米左右，地形表现为波状起伏和缓的低山和浑圆丘陵，发育着各种类型的岩溶地形；西部为横断山脉纵谷区，高山深谷相间，相对高差较大，地势险峻。全省整个地势从西北向东南倾斜，江河顺着地势，呈扇形分别向东部、东南部、南部流去。全省海拔相差很大，最高点为滇藏交界的德钦县怒山山脉梅里雪山主峰卡格博峰，海拔 6740 米；最低点在与越南交界的河口县境内南溪河与元江汇合处，海拔 76.4 米，两地直线距离约为 900 公里，高低相差达 6000 多米[51]。

云南属青藏高原南延部分，地形以元江谷地和云岭山脉南段宽谷为界，分为东西两部。东部为滇东、滇中高原，地形呈小波状起伏；西部为横断山脉纵谷区，高山深谷相间，相对高差较大，地势险峻，西南部海拔一般在 1500～2200 米，西北部一般在 3000～4000 米。西南部到了边境地区，地势才渐趋和缓，这里河谷开阔，一般海拔在 800～1000 米，个别地区下降至 500 米以下。

云南地貌有五个特征。①高原波状起伏。相对平缓的山区面积只占云南省总面积的 10%，大面积土地高低参差，纵横起伏，一定范围又有和缓的高原面。②高山峡谷相间。怒江峡谷、澜沧江峡谷和金沙江峡谷，气势磅礴，山岭和峡谷相对高差超过 1000 米。③地势阶梯递降。④断陷盆地错落。盆地和高原台地，西南地区俗称"坝子"①，这种地貌在云南随处可见。云南有面积在 1 平方公里以上的大小坝子 1699 个，面积在 100 平方公里以上的坝子 52 个，最大的坝子是陆良坝子，其次是昆明坝子。⑤江河纵横、湖泊棋布。云南不仅山多，河流湖泊也多，构成了山岭纵横、水系交织、湖泊棋布的特色，山系主要有乌蒙山、横断山、哀牢山、无量山等。云南有大小河流 600 多条，这些河流分别注入南海和印度洋，多数具有落差大、水流急的特点，水能资源极其丰富。其中，伊洛瓦底江、怒江、澜沧江、元江为国际河流。

云南北依广袤的亚洲大陆，南邻辽阔的印度洋及太平洋，正好处在东南季风和西南季风控制之下，又受西藏高原区的影响，气候兼具低纬气候、季风气候、山原气候特点。由于地处低纬高原，空气干燥且比较稀薄。夏季，最热天平均温度为 19～22℃；冬季，最冷月平均温度在 8℃以上。年温差一般为 10～15℃，但阴雨天气温较低。一天的温度变化是早凉、午热，尤其是冬春两季，日温差可达 12～20℃。

云南地处低纬高原，冬季受干燥的大陆季风控制，夏季盛行湿润的海洋季风，气候主要属低纬高原季风气候。全省气候类型丰富多样，有北热带、南亚热带、中亚热带、北亚热带、南温带、中温带和高原气候区共七种气候类型。由于地形复杂和垂直高差大等原因，立体气候特点显著。最突出的特点是年温差小，日温差大；降水充沛，干湿分明，分布不均；气候垂直变化差异明显。全省大部分地区降水量在 1000 毫米以上，但降水量在季节上和地域上分配极不均匀。85%的雨量集中在 5～10 月的雨季，尤其以 6～8 月最多。由于水平方向纬度增加与海拔增加相吻合，全省 8 个纬度间呈现出寒、温、热三带气候。一般来说，高度每上升100 米，温度即降低 0.6℃左右。因此，"一山分四季，十里不同天"就成为云南气候多样性的生动写照。全省大部分地区年降水量在 1100 毫米，南部部分地区可达 1600 毫米以上。但由于冬夏两季受不同大气环流的控制和影响，降水量在季节上和地域上的分配是极不均匀的。冬季位于"昆明准静止锋"的西侧，受单一暖气团控制，降水稀少。夏季受西南季风影响，潮湿闷热，降水充沛。降水量最多的是 6～8 月，约占全年降水量的 60%。11 月至次年 4 月的冬春季为旱季，降水量只占全年降水量的 10%～20%。

二、社会经济概况

云南省辖 16 个州(市)(8 个民族自治州、8 个地级市)，129 个县(市、区)(其中 29 个民族自治县)，截至 2016 年末，全省总人口为 4770.5 万人，人口密度约为 121 人/平方公里，年末就业人员为 2998.89 万人。2016 年，全省 GDP 达 14719.95亿元，同比增长 8.08%。其中，农业总产值为 3633.12 亿元，工业总产值为 12823.21

---

① 坝子定义：坡度≤8°，连片面积≥1 平方公里的局部平原区域，对于坝子范围内局部坡度>8°，且面积>0.25 平方公里的区域从坝子中移除。

亿元(轻工业总产值为 4650.60 亿元，重工业总产值为 8172.61 亿元)。主要农产品中，粮食产量为 1991.92 万吨、油料产量为 68.50 万吨、甘蔗产量为 1738.40 万吨、烤烟产量为 87.89 万吨、水果产量为 759.11 万吨、茶叶产量为 38.45 万吨、猪牛羊肉产量为 622.66 万吨、水产品产量为 100.05 万吨[①]。

三、土地资源状况

全省土地面积中，山地面积约占 84%，高原、丘陵面积约占 10%，坝区(盆地、河谷)面积约占 6%[52, 53]。根据 2014 年度土地变更调查数据统计，全省土地总面积为 57478.35 万亩。农用地总面积为 49425.83 万亩，占全省土地总面积的 85.99%。其中，耕地面积为 9311.17 万亩，占农用地总面积的 18.84%，占全省土地总面积的 16.20%；建设用地总面积为 1572.00 万亩，占全省土地总面积的 2.73%；未利用土地面积为 6480.52 万亩，占全省土地总面积的 11.27%。

在云南辽阔的山地和高原上，镶嵌着大小不一、形态各异的山间盆地，俗称"坝子"，有的成群成带分布，有的孤立分散，有的呈一定方向排列，成为城镇所在地及农业生产的主要基地。根据作者 2011~2012 年主持完成的云南省 1 平方公里以上坝子界线划定和坝区面积核查，得出了全省坝区的准确数据，核定 1 平方公里以上的坝子有 1699 个[②]，全省坝区土地面积为 24534.81 平方公里，占省域土地总面积的 6.4%。其中海拔 2500 米以下的坝子有 1594 个，面积为 23847 平方公里，100 平方公里以上的坝子有 52 个，面积最大的为陆良坝子，面积达 771.99 平方公里。

第二节　云南省耕地特征

根据云南省土地利用年度变更调查数据，截至 2014 年末，全省耕地总面积为 9311.17 万亩，其中：水田 2138 万亩，占 22.96%；水浇地 95 万亩，占 1.02%；旱地 7078 万亩，占 76.02%。2009 年末全省耕地面积为 9365.84 万亩，至 2014 年末，全省比上年共减少耕地 54.67 万亩，耕地减少的主要原因是农业结构调整和退耕还林、灾毁等。

全省耕地特征主要包括四个方面。

一、总量较大，分布零散

全省 2014 年末耕地总量为 9311.17 万亩，占全省土地总面积的 16.20%，开垦程度相对较高，但全省 25°以上的陡坡耕地面积占全省耕地面积的 14.58%，坝区

---

① 数据来源：2016 年的《云南省统计年鉴》。
② 注释：自然坝子因县级行政界线分割成不同的坝子，可称为"管理坝子"，仍简称为"坝子"。

耕地面积约为1987.83万亩,其他耕地呈零散状态分布在8°～25°的山区和半山区,农田水利配套设施缺乏。

二、质量总体较差

按耕地坡度级分,坡度大于25°的耕地为1358万亩,占耕地总量的14.58%;坡度在15°～25°的耕地为2842万亩,占30.52%。不稳定耕地为2475万亩,占全省耕地的26.58%,至2020年全省拟生态退耕1300万亩。同时,地震、泥石流等造成的灾毁耕地难以复垦利用,重金属污染耕地恢复难度大,土壤环境状况日趋严重,使得云南省耕地保护面临巨大压力。

三、耕地石漠化形势严峻

云南省有115个岩溶分布县,总岩溶面积将近11万平方公里,约占全省土地面积的30%,其中有63个县均有石漠化分布,石漠化总面积为2.149万平方公里,约占全省总面积的12%,其中有将近60万公顷的土地岩石裸露率超过70%,有将近41万公顷的土地岩石裸露率为30%～70%,另外,农耕地石漠化面积高达25.5公顷,工矿型石漠化土地面积同样高达22.3万公顷,还有66.5万公顷的坡耕地有向石漠化发展的趋势。在云南省石漠化比较严重的区域,森林植被受到严重破坏,有大量的岩石裸露在外,截留降水能力尽失,更别提涵养水源了,降雨过后水分很快就流失掉。特别是在晴朗的天气,会加速地面水分蒸发,造成地表缺水,导致旱情出现。在石漠化严重地区,绝大多数农户都将雨水储存起来做饮用水源,水资源的稀缺也是导致这些地方贫困的重要原因。其次,石漠化地区植被稀少,雨水导致土壤表层丧失,水土流失现象严重,大量泥沙流入金沙江、怒江等重点流域,进而对流域内水利工程设施功效发挥产生不利影响。再次,石漠化地区容易发生旱涝灾害,经济发展落后,扶贫脱贫存在较大难度。全省72个贫困县就有32个县分布在石漠化地区,如罗平县部分地区,很多肥沃的土壤都发生了流失,导致耕地无法耕种,人均耕地也逐渐减少,人们迫于生计不得不向其他地区迁徙。所有石漠化地区环境污染严重,温室效应加剧,每年会下多次酸雨,对居民正常生产生活造成极其不利的影响。全省部分县市由于受酸雨影响,粮食产量降低。

四、耕地保护压力大

《全国土地利用总体规划纲要(2006—2020)》确定了云南省耕地保有量为8970万亩、基本农田保护面积为7431万亩的目标。2015年全省实际划定保护的基本农田面积为7875.89万亩,划定坝区基本农田面积为1669.23万亩,坝区基本农田保护率达到 80.99%，耕地与基本农田保护目标均高于规划目标。

第三节 云南省永久基本农田划定的历史沿革

一、起步阶段（1994～1996 年）

1994 年《基本农田保护条例》颁布实施，1996 年国家制定了《划定基本农田保护区技术规程(试行)》(〔1996〕国土(规)字第 46 号)和《基本农田保护区环境保护规程(试行)》，在全国范围开展了大规模的基本农田保护区规划编制和基本农田保护区划定工作。这个时期云南省划定基本农田保护区，主要是编制基本农田保护区规划，划区定界，制定基本农田保护管理措施，以及检查验收。

但是由于缺乏准确的土地利用现状数据，当时的基本农田划定工作存在问题较多。有些地方仅仅是在土地利用现状更新图上简单地标绘出基本农田保护区域，而没有进行实地调查，造成图与实地不一致；保护面积则是以现状图为基础，在土地登记表中查阅统计而来，由于现状图和登记表数据不是统一管理，容易产生两者不匹配的情况，造成基本农田与现状图中落实面积不一致。

二、初步划定阶段（1997～2005 年）

1998 年修订的《中华人民共和国土地管理法》明确"各省、自治区、直辖市划定的基本农田应当占本行政区域内耕地的百分之八十以上"。1997 年云南省开展第二轮土地利用总体规划修编，全省规划基本农田保护面积 7705 万亩。

这一时期云南省基本农田划定工作得到了进一步完善，全省基本农田划定以乡(镇)为单位，采用第一次全国土地利用调查 1∶10000 现状图为工作底图，制作了基本农田保护规划图，基本农田落实到了图斑，全省划定基本农田比例达到了全省 1996 年耕地面积(9632 万亩)的 80%。

三、全面划定阶段（2006～2012 年）

第三轮土地利用总体规划修编确定全省基本农田保护面积 7431 万亩，2011 年全省开展县乡级土地利用总体规划完善，规划基本农田保护面积 7894 万亩。

为贯彻落实中共十七届三中全会《中共中央关于推进农村改革发展若干重大问题的决定》中关于"划定永久基本农田"的要求，认真执行国土资源部、农业部《关于划定基本农田永久保护的通知》(国土资发〔2009〕167 号)、《关于加强和完善永久基本农田划定有关工作的通知》(国土资发〔2010〕218 号)规定，2012 年云南省全面开展基本农田划定工作，全省划定基本农田保护面积 7893 万亩，其中耕地面积为 7445 万亩，占基本农田保护面积的 94.32%，园地为 319 万亩，占 4.04%，林地面积为 129 万亩，占基本农田保护面积的 1.63%。

全省坝区划定基本农田约 1678 万亩，其中坝区耕地划为基本农田的约 1657 万亩，坝区耕地划入基本农田的达到 81.55%。

全省基本农田划定共埋设 822417 棵界桩，其中保护标识牌 2483 块，标准界桩 261525 棵，简易界桩 558409 棵；共签署保护责任书 188837 份，其中县对乡(镇)1374 份，乡(镇)对村 13489 份，村对组 173974 份。

这一时期云南省基本农田划定工作主要有以下特点。①以第二次全国土地调查及年度土地利用变更调查成果为基础，综合运用农用地分等成果资料，将县乡级土地利用总体规划(2010～2020 年)确定的基本农田逐图斑落实到了地块，明确了基本农田的地块边界、地类、面积、质量等信息和编号。②健全了相关档案资料。编制了标准分幅基本农田保护图、乡级基本农田保护图、县级基本农田保护分布图、基本农田调整划定分析图；填写了基本农田调整划定平衡表、现状登记表、保护责任一览表等，并形成了相应统计汇总表。③设立了统一规范的基本农田保护牌和标识。④层层落实了保护责任，明确了集体经济组织和农户的保护责任，签订和更新了基本农田保护责任书。⑤建立了基本农田数据库。

该时期的基本农田划定以第二次全国土地调查成果作为基础，数据较为详实准确，但是划定的基本农田中存在可调整地类和部分非可调整的园地；利用坝区认定成果，严格了坝区耕地的保护，划定了坝区基本农田，全省坝区耕地划为基本农田的比例达到 80% 以上；在土地利用总体规划数据库中划定了基本农田保护图斑和基本农田保护区，制作了永久基本农田保护规划图和有关表册；部分地方设置了基本农田保护标志牌，约定了乡(镇)基本农田保护面积、片块、位置，以及基本农田管护措施。

四、永久基本农田划定阶段(2015～2017 年)

为贯彻落实国土资源部、农业部做出的进一步做好永久基本农田划定工作的决策部署，2015 年云南省开展了全省城镇周边永久基本农田划定工作，2016～2017 年完成全域永久基本农田划定。

(一)城镇周边永久基本农田划定

全省 129 个县(市、区)城镇周边共新划入永久基本农田 80.11 万亩，加上已有基本农田 213.85 万亩，划定后共有永久基本农田 293.96 万亩，城镇周边永久基本农田保护率由 46.54% 提高到 63.98%。通过开展城镇周边永久基本农田划定工作，城镇周边永久基本农田与河流、湖泊、山体、绿化带等生态屏障共同形成了城市开发的实体边界，发挥了优化城市空间格局、促进土地集约节约利用、控制城市扩张蔓延的作用。

(二)全域永久基本农田划定

根据《国土资源部 农业部关于全面划定永久基本农田实行特殊保护的通知》(国土资规〔2016〕10号),以及《全国土地利用总体规划纲要(2006—2020年)调整方案》下达的7341万亩永久基本农田保护目标任务,云南省2016年启动了全域永久基本农田划定工作,2017年6月全面完成了划定方案编制和论证审核,全面落实了永久基本农田划定"落地块、明责任、设标志、建表册、入图库"五项任务。全省划定永久基本农田7348.26万亩,其中城镇周边划定永久基本农田284.30万亩,坝区划定永久基本农田1602.51万亩;全省埋设基本农田保护标志710068棵,其中保护标志牌2400块,界桩707668棵,简易界桩558409棵;全省签订责任书158677份,其中县对乡(镇)1385份,乡(镇)对村13751份,村对组143541份。

1. 永久基本农田数量有增加、质量有提高、布局更优化

这一时期永久基本农田划定强调最大限度保护城镇周边良田沃土和绿色田园,引导城市串联式、组团式、卫星城式发展,防止城市无序蔓延,推进耕地保护和土地节约集约利用,要求划定后永久基本农田数量有增加、质量有提高、布局更优化。具体体现在以下几方面。

(1)科学下达初步任务。以2014年度土地利用现状变更调查成果数据为基础,依据土地利用总体规划(2010~2020年)成果,结合大于1平方公里坝子范围界线核定成果、永久基本农田划定成果、最新的农用地分等定级补充完善成果和最新的遥感影像图等,采取内业分析和外业调查的方式,将城镇周边未划为永久基本农田的现有耕地分布、数量、质量和集中连片度进行摸底调查、查清潜力,制定各县(市、区)城镇周边永久基本农田划定范围,下达城镇周边永久基本农田划定的初步任务。

(2)核实举证必须符合相关要求。县(市、区)根据下达初步任务,组织开展城镇范围内现有耕地的调查核实,提出可划定永久基本农田任务。对不能划定为永久基本农田的耕地,必须说明原因,列出满足相关要求的核实举证材料,否则必须划定为永久基本农田。

(3)严格论证核定。城镇周边永久基本农田划定后,新划入的基本农田面积与已有基本农田面积之和达到下发初步任务范围内总耕地面积的60%以上;限制建设区和禁止建设区拟划入面积达到该范围内下发初步任务的80%以上,或者加上已有永久基本农田达到该范围内耕地总面积的90%以上。

(4)严格组织实施。县(市、区)将永久基本农田落到具体地块,落实保护责任,设立统一规范的基本农田保护标志,形成数据库、编制图、表、册等永久基本农

田划定相关成果资料。

2. 调整完善

这一时期的永久基本农田划定主要是在 2012 年永久基本农田划定和城镇周边永久基本农田划定的基础上的调整完善，不是"另起炉灶、再搞一套"，主要体现在以下方面。

(1)明确了全域永久基本农田划入划出的要求。在落实全域永久基本农田及城镇周边永久基本农田保护任务和保持现有基本农田布局总体稳定的前提下，严格按照优进劣出的原则对永久基本农田布局做适当调整。

①可以继续保留的基本农田。经核实确认，符合土地利用总体规划基本农田布局要求的现状基本农田，继续保留划定为基本农田；可以保留的基本农田地类有耕地、可调整地类、确定为名优特新农产品生产基地的其他农用地；对于规划调整后 2020 年耕地保有量低于现行土地利用总体规划安排的，除纳入国家安排生态退耕范围、实施国家重大发展战略、"十三五"重点建设项目难以避让的以外，符合永久基本农田布局要求的现状基本农田，一律继续保留划定为永久基本农田。

②不得保留的基本农田。现状基本农田中依法批准的(无论是否实际占用)、符合占用基本农田条件正在报批的、规划预留的(如采矿用地)、违法查处后不能复垦的建设用地、未利用地，以及质量不符合要求的其他农用地，不得保留划定为基本农田。

③新划入永久基本农田的要求。新划入的永久基本农田土地利用现状应当为耕地，为确保永久基本农田划定后质量提高，下列类型的耕地应当优先划定为永久基本农田：城镇周边、交通沿线和坝区尚未划为永久基本农田，质量达到所在县(市、区)域平均水平以上的耕地；已建成的高标准农田、正在实施改造的中低产田；与已有划定基本农田集中连片，质量达到所在县(市、区)域平均水平以上的耕地；自身聚集度高、规模较大，有良好的水利与水土保持设施的耕地；农业科研、教学试验田。

④禁止新划入永久基本农田的要求。为了确保划定的永久基本农田质量不降低，下列类型的耕地禁止新划定为永久基本农田：已纳入国务院批准的新一轮退耕还林还草总体方案中的耕地；坡度大于 25°且未采取水土保持措施的耕地；遭受严重污染且无法治理的严格控制类耕地；经自然灾害和生产建设活动严重损毁无法复垦的耕地；位于垃圾堆放场、化工企业、矿山等污染源周边且符合国家标准或行业标准防治范围内的耕地；河流湖泊、水库及水电站最高洪水位控制线范围内不适宜稳定利用的耕地；未纳入基本农田整备区或者改造整治的零星分散、规模过小、不易耕作、质量较差的耕地；其他确因社会经济发展需要不宜作为永久基本农田保护的耕地；各类生态用地。

(2)坝区永久基本农田划定要求。要求各县(市、区)坝区永久基本农田保护比例原则上不低于 80%，部分县(市、区)确实无法达到的，其所在州(市)不得低于80%。

(3)划定方案编制要求。要求要在已有基本农田划定和城镇周边永久基本农田经过核定后划定的成果的基础上编制永久基本农田划定方案。划定方案内容中要包含已有基本农田划定和保护成果情况、基本农田划入划出情况；城镇周边永久基本农田划定任务核定下达和落实情况，涉及城镇周边划定任务布局调整的，应说明调入和调出数量、质量、布局变化情况及调整原因，提供核实举证材料。

(4)五项任务的要求。落地块、明责任、设标志、建表册、入图库五项任务要充分利用 2012 年基本农田划定成果，在 2012 年基本农田划定成果基础上进行更新完善。

①基本农田保护片块编号。新划入永久基本农田图斑与已有保护片(块)相连(相近)的，可合并为同一片(块)；新增的保护片(块)在本行政村已有保护片(块)最大编号的基础上按顺序增加片(块)编号；已有保护片(块)中局部划出的，保护片(块)编号不变；已有保护片(块)全部划出的，删除保护片(块)相关信息。

基本农田调查表，已有基本农田保护片(块)范围界线未发生变化的，延用上一轮基本农田划定成果，不再填写调查表。已有基本农田保护片(块)范围界线发生变化或新增保护片(块)的，重新填写调查表；已有保护片(块)全部划出的，删除相关信息。

②基本农田保护责任书。基本农田保护任务未发生变化的，不论保护责任人是否发生变化，原签订的基本农田保护责任书可继续使用，不需再重新签订基本农田保护责任书。

基本农田保护任务发生变化的，不论保护责任人是否发生变化，原签订的基本农田保护责任书不得继续使用，需重新签订基本农田保护责任书(村委会与村民小组签订基本农田保护责任书时，涉及农户变化的，应重新提供所有基本农田保护责任人名单)。

实际行政区划界线与变更调查数据库行政区界线不一致的，应按实际行政区划重新签订基本农田保护责任书，并在数据库建设时加以说明。

③永久基本农田保护标志。要求充分利用已有基本农田保护标志，适时更新和设立保护标志。永久基本农田保护标志应埋设在铁路、公路等交通沿线和城镇、村庄周边的显著位置，有效界定永久基本农田区块的范围，区分基本农田保护区和非基本农田保护区，起到宣传与警示作用。保护标志的埋设应遵循以下原则。

永久基本农田调整造成永久基本农田保护范围与保护标志位置和内容不一致的，保护标志应结合实际情况进行移栽或更新。

城镇周边和交通沿线新划入的永久基本农田应适量设置保护标志牌和界桩，新设保护标志应在"基本农田"前增加"永久"二字。

严禁将永久基本农田保护界桩设置在非基本农田、特别是非耕地周边。

保护标志发生变化的，应做好数据库信息更新工作。

④永久基本农田表册。永久基本农田表册与 2012 年基本农田划定表册基本一致，包括划定平衡表、保护责任一览表、现状登记表、现状汇总表、县级保护面积汇总表、乡级保护面积汇总表、村委会保护片块面积汇总表、基本农田占用（减少）补划台账，仅仅增加了坝区耕地划为基本农田情况表。

⑤数据库标准。在 2012 年《云南省基本农田划定数据库标准》（试行）的基础上，增加和调整部分要素内容，形成《云南省永久基本农田数据库标准》（2017版），数据库整体要素基本维持不变。

五、核实整改阶段（2019～2020 年）

自然资源部、农业农村部《关于加强和改进永久基本农田保护工作的通知》（自然资规〔2019〕1 号）要求对永久基本农田划定不实、非法占用等情况进行核实，并开展整改划补。此工作目前正有序进行，预计 2020 年完成。

第四节　云南省基本农田现状

一、基本农田划定成果总体情况

将 2012 年全面划定基本农田作为 2015～2017 年永久基本农田划定的现状基础。2012 年云南省最终划定基本农田面积为 5261691.45 公顷，其中耕地面积为4963103.64 公顷，占基本农田面积的 94.33%，园地面积为 212491.41 公顷，占基本农田面积的 4.04%，林地面积为 86019.27 公顷，占基本农田面积的 1.63%，其他地类面积共约 77.13 公顷。

如图 7-1 所示，全省划定基本农田地类主要是耕地，其余有少量园林和林地为上轮规划保留基本农田，具体情况如表 7-1 所示。

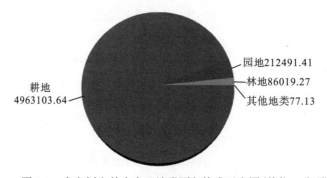

图 7-1　全省划定基本农田地类面积构成示意图（单位：公顷）

表 7-1 云南省划定基本农田地类面积汇总表[①]

地类名称		划定基本农田(2011年变更调查)地类面积/公顷	占划定基本农田总面积百分比/%
耕地	小计	4963103.64	94.33
	水田	1194475.06	22.70
	水浇地	34603.86	0.66
	旱地	3734024.72	70.97
园地	小计	212491.41	4.04
	可调整园地	193903.35	3.69
	非可调整园地	18588.06	0.35
林地	可调整林地	86019.27	1.63
其他地类		77.13	—
合计		5261691.45	—

划定的基本农田中,耕地面积为 4963103.64 公顷,其中水田 1194475.06 公顷,水浇地 34603.86 公顷,旱地 3734024.72 公顷;园地面积为 212491.41 公顷,其中可调整园地 193903.35 公顷,非可调整园地为 18588.06 公顷;林地面积为 86019.27 公顷,均为可调整林地;其他类型用地面积共约 77.13 公顷(其中:交通运输用地即农村道路面积为 26.32 公顷,水域及水利设施用地面积为 37.13 公顷,其他土地即设施农用地面积为 13.68 公顷)。

(一)划定基本农田质量情况

按照划定基本农田与农用地分等成果叠加分析,全省耕地被分成 1～15 等,其中质量较好的优质耕地(1～5 等)面积为 55449.64 公顷,占总面积的 1.05%,6～9 等的农用地面积为 827456.62 公顷,占总面积的 15.72%,质量等为 10 等的面积为 1070083.37 公顷,占总面积的 20.35%;质量等为 11 等的面积为 1977811.0 公顷,占总面积的 37.59%;质量较差的 12～15 等共 1329512.84 公顷,占总面积的 25.26%,如表 7-2 所示。

表 7-2 云南省划定基本农田等级面积汇总表

序号	农用地等级	面积/公顷	占总面积百分比/%
1	1 等	45.93	0.00
2	2 等	0	0.00
3	3 等	10229.64	0.19
4	4 等	21615.36	0.41

① 数据来源:2012 年云南省基本农田划定成果。

序号	农用地等级	面积/公顷	占总面积百分比/%
5	5 等	23558.71	0.45
6	6 等	101033.9	1.92
7	7 等	130556.32	2.48
8	8 等	203847.09	3.87
9	9 等	392019.31	7.45
10	10 等	1070083.37	20.35
11	11 等	1977811.0	37.59
12	12 等	1279205.27	24.31
13	13 等	32243.62	0.61
14	14 等	0	0.00
15	15 等	18063.95	0.34
16	非耕地	1377.93	0.03
17	合计	5261691.45	100.00

云南省耕地等级不高，主要等级是 10 等、11 等和 12 等，这三个等级的耕地面积占基本农田保护面积的 82.24%；其中，11 等耕地面积最多，占基本农田保护面积的 37.59%。

（二）划定基本农田坡度分级情况

划定基本农田中坡度小于等于 6°的基本农田面积共 1272601.85 公顷，占总面积的 24.18%；坡度在 6°～15°的基本农田面积为 1468092.75 公顷，占总面积的 27.90%；15°～25°的基本农田面积共有 1574640.25 公顷，占总面积的 29.93%；大于 25°的基本农田面积共 647768.78 公顷，占总面积的 12.31%。详细情况如表 7-3 所示。

表 7-3　云南省划定基本农田坡度面积汇总表

坡度级别	坡度	面积/公顷	占总面积百分比/%
1	≤2°	708834.41	13.47
2	(2°,6°]	563767.44	10.71
3	(6°,15°]	1468092.75	27.90
4	(15°,25°]	1574640.25	29.93
5	>25°	647768.78	12.31
	非耕地	298587.81	5.68
	合计	5261691.44	100.00

（三）划入划出基本农田情况

根据基本农田划入划出的有关文件和技术规程的要求，在第三轮土地利用总体规划的基本农田基础上，划出基本农田面积为 3549.44 公顷，其中划出耕地面积为 808.38 公顷，园地面积为 89.16 公顷，林地面积为 189.83 公顷，城镇村及工矿用地面积为 888.62 公顷，交通运输用地面积为 895.88 公顷，其他土地面积为 614.4 公顷；划入基本农田面积为 3019.73 公顷，全部为耕地，见表 7-4。

表 7-4　云南省基本农田划入划出面积汇总表

类型	面积	耕地	其他地类
划出基本农田面积	3549.44	808.38	2741.06
划入基本农田面积	3019.73	3019.73	0.00
划定基本农田面积	5261691.45	4963103.64	298587.81

在全省土地利用总体规划确定的基本农田保护面积、规模和布局中，本次基本农田划定工作，仅仅有少量规划基本农田按基本农田划定规程要求进行划出并补划了耕地，最终划定基本农田面积达到规划下达基本农田保护指标要求。

（四）坝区基本农田划定情况

按照《云南省人民政府关于加强耕地保护促进城镇化科学发展的意见（云政发〔2011〕185 号）》等有关文件的要求，根据《云南省土地利用总体规划（2010—2020 年）成果》和坝区认定结果，云南省平均海拔在 2500 米以下、面积大于 1 平方公里的坝区总面积为 2384680 公顷，其中耕地面积为 1354905.56 公顷，占坝区总面积的 56.82%，约占全省耕地面积的 27.30%。全省规划坝区基本农田 1115822.5 公顷，坝区耕地划入基本农田 1109435.39 公顷[①]。

云南省划定坝区基本农田面积为 1118899.17 公顷，其中坝区耕地划入基本农田面积为 1104953.17 公顷，坝区耕地划入基本农田比例达到 98.75%（图 7-2）。

划定全省坝区基本农田地类主要是耕地，其余有少量园地和林地为可调整地类，具体情况如表 7-5 所示。

---

① 2011 年土地利用变更成果数据。

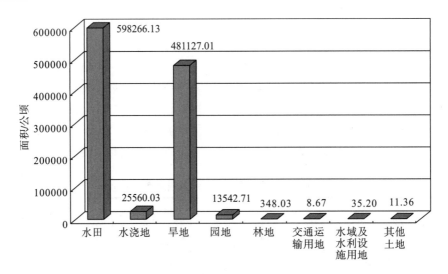

图 7-2　全省划定坝区基本农田地类构成面积图

表 7-5　云南省划定坝区基本农田地类面积汇总表

地类名称		面积/公顷	占坝区基本农田面积百分比/%
耕地	小计	1104953.17	98.754
	水田	598266.13	53.469
	水浇地	25560.03	2.284
	旱地	481127.01	43.000
园地	小计	13542.71	1.210
	非可调整园地	9166.18	0.819
	可调整园地	4376.53	0.391
林地	小计	348.03	0.031
	可调整林地	348.03	0.031
交通运输用地		8.67	0.001
水域及水利设施用地		35.20	0.003
其他土地		11.39	0.001
合计		1118899.17	100.000

(五)设立保护标识及签订保护责任

　　根据全省基本农田划定工作部署及安排，截至 2014 年上半年，全省基本农田划定共埋设 822417 棵界桩，其中保护标识牌 2483 块，标准界桩 261525 棵，简易界桩 558409 棵(图 7-3，图 7-4)；共签署基本农田保护责任书 188837 份，其中县对乡(镇)1374 份，乡(镇)对村 13489 份，村对组 173974 份。

图 7-3　保护标识牌

图 7-4　标准界桩

二、基本农田划定成果分析

(一)基本农田划定前后对比分析

《云南省土地利用总体规划(2006—2020)》确定的基本农田(简称规划基本农田)保护面积为 5262690.84 公顷(其中坝区基本农田面积为 1109433.47 公顷,占基本农田保护总面积的 21.08%)。经过划定工作,全省基本农田保护面积为 5261691.45公顷(其中坝区基本农田面积为 1118899.17 公顷,占基本农田保护总面积的21.27%)。

国家下达云南省基本农田保护面积指标为 4954251.52 公顷,划定基本农田保护面积比国家下达保护指标多 307439.93 公顷。全省土地利用总体规划与基本农田划定保护面积的具体对比情况如表 7-6 所示。

表 7-6　规划基本农田与划定基本农田现状地类面积对比表[①]　　　(单位:公顷)

地类名称		规划基本农田(2009 年土地利用现状地类面积)	划定基本农田(2011 年变更调查面积)	变化量
耕地	小计	4960932.09	4963103.64	2171.55
	水田	1193018.87	1194475.06	1456.19
	水浇地	34532.36	34603.86	71.50
	旱地	3733380.86	3734024.72	643.86
园地	小计	213076.81	212491.41	-585.40
	可调整园地	194413.08	193903.35	-509.73
	非可调整园地	18663.73	18588.06	-75.67
林地	小计	86209.10	86019.27	-189.83
	非可调整林地	186.37	0	-186.37
	可调整林地	86022.73	86019.27	-3.46
其他		2472.84	77.13	-2395.71
合计		5262690.84	5261691.45	-999.39

全省基本农田划定工作按照有关规程,依据各县级土地利用总体规划确定的基本农田规模和布局进行划定,保证了划定的基本农田保护面积达到土地利用总体规划确定的基本农田保护面积,如图 7-5 及表 7-7 所示。

---

① 注:变化量=划定基本农田保护面积-规划基本农田保护面积。

表7-7 云南省基本农田指标对比表

序号	行政区	规划基本农田面积					划定基本农田面积				
		基本农田面积/公顷	坝区基本农田面积/公顷	坝区耕地划入基本农田面积/公顷	坝区耕地面积/公顷	坝区耕地划入基本农田比例/%	基本农田面积/公顷	坝区基本农田面积/公顷	坝区耕地划入基本农田面积/公顷	坝区耕地面积/公顷	坝区耕地划入基本农田比例/%
1	昆明市	341773.87	122561.33	119842.74	153035.17	78.31	341133.63	122850.69	120220.51	153035.17	78.56
2	曲靖市	635904.58	229545.74	229332.17	281214.83	81.55	635789.38	229701.13	229488.63	281214.83	81.61
3	玉溪市	188561.40	42466.74	42466.74	52746.22	80.51	188363.33	42580.52	42488.21	52746.22	80.55
4	保山市	287288.17	59125.04	59125.04	69632.26	84.91	287709.65	59274.62	59190.00	69632.26	85.00
5	昭通市	514500.48	28661.29	28661.29	35354.85	81.07	514223.26	28733.04	28725.65	35354.85	81.25
6	丽江市	178573.54	28531.11	28531.11	35299.97	80.82	178523.84	28904.14	28536.73	35299.97	80.84
7	普洱市	627289.76	32309.97	31831.26	39249.13	81.10	627218.82	32558.06	31875.39	39249.13	81.21
8	临沧市	445538.37	26491.52	26491.52	32444.71	81.65	445541.04	26521.90	26499.10	32444.71	81.67
9	楚雄州	257681.61	80990.80	80962.06	97453.60	83.08	257554.71	81105.52	81081.47	97453.60	83.20
10	红河州	537293.18	113153.10	113153.10	140757.24	80.39	537616.40	113385.58	107299.80	140757.24	76.23
11	文山州	539784.85	110164.30	110164.30	134739.60	81.76	538562.17	110300.14	110273.21	134739.60	81.84
12	版纳州	169604.15	55680.10	52691.31	60690.89	86.82	169620.68	55753.89	52695.34	60690.89	86.83
13	大理州	274707.05	107035.51	107075.10	128303.48	83.45	274455.71	107240.64	107240.64	128303.48	83.58
14	德宏州	171020.13	74860.40	74860.18	89060.90	84.06	172296.82	75522.31	74871.50	89060.90	84.07
15	怒江州	48457.52	1376.41	1376.41	1888.29	72.89	48383.68	1376.87	1376.87	1888.29	72.92
16	迪庆州	44712.18	2869.14	2869.14	3034.42	94.55	44698.33	3090.12	3034.42	3034.42	100.0

注：若坝区基本农田面积大于坝区耕地面积时，说明基本农田中含有可调整园地等其他类型地类

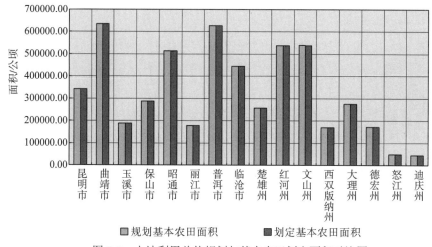

图 7-5 土地利用总体规划与基本农田划定面积对比图

（二）基本农田地类构成分析

云南省划定基本农田数量为 5261691.45 公顷，分布在 16 个州（市）129 个县（市、区）。基本农田数量超 50 万公顷的州（市）分别是曲靖市（635789.38 公顷）、普洱市（627218.82 公顷）、文山州（538562.17 公顷）、红河州（537616.40 公顷）、昭通市（514223.26 公顷），基本农田数量最少的是迪庆州（44698.33 公顷），具体各州（市）情况如图 7-6 及表 7-8 所示。

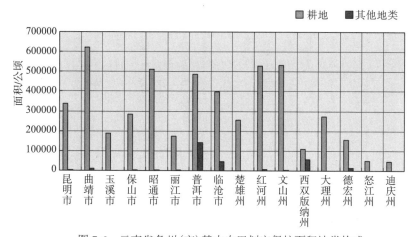

图 7-6 云南省各州（市）基本农田划定保护面积地类构成

（三）基本农田质量分析

依据 2012 年云南省分等定级成果，划定的基本农田没有 2 等与 14 等，其中，1～5 等耕地面积为 55449.6 公顷，占总面积的 1.05%，集中在西双版纳州、德宏

表7-8　云南省基本农田地类面积汇总表

（单位：公顷）

序号	行政区	合计	水田	水浇地	旱地	园地		可调整林地	城镇村及工矿用地	交通运输用地	水域及水利设施用地	其他土地
						小计	可调整园地					
1	昆明市	341133.63	70153.14	6263.54	261425.71	3277.57	260.91	—	—	—	—	13.68
2	曲靖市	635789.38	74618.23	4508.32	544358.40	842.35	718.53	11462.07	—	—	—	—
3	玉溪市	188363.33	62666.18	2159.83	122843.39	693.93	693.93	—	—	—	—	—
4	保山市	287709.65	99755.39	397.39	184503.39	3053.47	3053.47	2162.23	—	—	—	—
5	昭通市	514223.26	25930.95	970.47	484823.12	336.49	336.49	—	—	—	—	—
6	丽江市	178523.84	33067.43	4593.9	136847.21	4015.32	1747.27	—	—	—	—	—
7	普洱市	627218.82	127833.99	997.42	357353.39	82379.59	82370.21	58645.25	—	2.92	6.24	—
8	临沧市	445541.04	75308.18	334.88	323460.93	36961.94	36961.94	9475.12	—	—	—	—
9	楚雄州	257554.71	100205.73	2693.16	154619.67	0.77	—	—	—	11.30	24.08	—
10	红河州	537616.4	151541.09	4155.91	375052.62	6851.59	—	—	—	8.38	6.81	—
11	文山州	538562.17	104168.96	1990.68	427466.36	2133.49	2133.49	2802.68	—	—	—	—
12	西双版纳州	169620.68	69050.85	1579.05	41193.73	57793.33	57783.40	—	—	3.72	—	—
13	大理州	274455.71	99803.43	1998.39	171348.98	1304.91	1304.91	—	—	—	—	—
14	德宏州	172296.82	89349.32	499.50	68129.42	12846.66	6538.80	1471.92	—	—	—	—
15	怒江州	48383.68	5758.56	1093.83	41531.29	—	—	—	—	—	—	—
16	迪庆州	44698.33	5263.63	367.59	39067.11	—	—	—	—	—	—	—
	合计	5261691.45	1194475.06	34603.86	3734024.72	212491.41	193903.35	86019.27	—	26.32	37.13	13.68

注：此表由计算机自动生成，因"四舍五入"取位，尾数存在微小差异，后同。

州、大理州、楚雄州、玉溪市；6~9 等耕地面积为 827456.6 公顷，占总面积的 15.73%,除怒江州和迪庆州外各州(市)均有分布；10~13等耕地面积为4359342.62 公顷，占总面积的 82.85%；15 等面积为 18063.95 公顷，均为园地，具体各州(市) 情况如表 7-9 及图 7-7 所示。

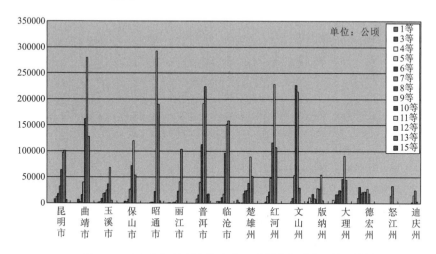

图 7-7　云南省各州(市)基本农田质量等级分级面积分析图

(四)基本农田划出与划入分析

全省共划出基本农田面积为 3549.44 公顷，其中昆明市划出面积为 461.75 公顷,昭通市划出面积为 413.90 公顷,大理州划出面积为 357.06 公顷,上述三州(市) 划出面积最多，共划出 1232.71 公顷，占划出基本农田面积的 34.73%；而怒江州、迪庆州和西双版纳州划出面积均没有超过 65 公顷，三州共划出 159.74 公顷，占划出基本农田面积的 4.5%；划入基本农田面积为 3019.73 公顷，各州(市)均进行了基本农田补划，全部为耕地(表 7-10、图 7-8)。

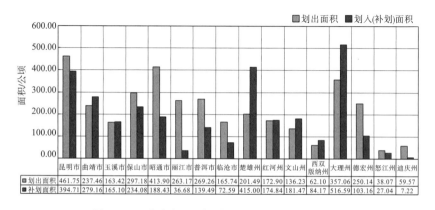

图 7-8　云南省各州(市)基本农田划入划出面积分析图

表 7-9　云南省基本农田质量等级面积汇总表

（单位：公顷）

序号	行政区	1等	3等	4等	5等	6等	7等	8等	9等	10等	11等	12等	13等	15等
1	昆明市	—	—	—	92.49	7953.81	12881.5	18144.11	32684.29	64132	97469.42	101057.61	6718.34	—
2	曲靖市	—	—	—	—	6854.72	2816.95	16113.67	40168.2	162368.31	279769.01	127698.55	—	—
3	玉溪市	—	—	2231.63	2987.29	9017.3	18647.44	20120.08	25253.6	36786.63	68248.09	5071.26	—	—
4	保山市	—	—	—	—	3894.49	2995.75	7495.87	27390.3	72335	119713.53	53884.68	—	—
5	昭通市	—	—	—	—	285.64	625.31	1936.82	1654.07	22414.43	292556.93	189827.05	4850.07	—
6	丽江市	—	50.09	787.69	1139.35	59.43	1562.57	2058.69	4758.77	23266.73	41108.47	103561.24	170.83	—
7	普洱市	—	—	—	—	—	7799.78	16376.22	40594.33	112569.72	191416.16	223772.82	16625.82	18063.95
8	临沧市	—	—	—	3371.73	3495.41	3041.6	11171.05	17630.05	96451.3	152268.8	158111.09	—	—
9	楚雄州	—	6597.68	1581.47	—	983.02	19089.64	24490.74	25414.09	38647.88	88942.87	51807.32	—	—
10	红河州	—	—	6.58	—	2331.92	13315.04	22369.31	48452.78	115654.55	228573.79	106912.41	—	—
11	文山州	—	—	—	—	0	3758.47	9929.23	53635.57	226887.96	214238.95	30111.98	—	—
12	西双版纳州	45.93	3581.87	10410.32	4581.21	18166.01	8752.5	6949.71	28793.49	28284.27	55028.47	5026.9	—	—
13	大理州	—	—	6547.53	1516.39	16751.98	17346.41	25327.68	23118.44	46365.65	90709.38	45092.63	374.73	—
14	德宏州	—	—	50.14	9870.25	31240.19	17923.36	21363.91	22471.33	22568.05	27943.5	18866.1	—	—
15	怒江州	—	—	—	—	—	—	—	—	—	14666.41	33643.34	73.92	—
16	迪庆州	—	—	—	—	—	—	—	—	1350.89	15157.22	24760.29	3429.91	—
	合计	45.93	10229.64	21615.36	23558.71	101033.92	130556.32	203847.09	392019.31	1070083.37	1977811	1279205.27	32243.62	18063.95

表 7-10　云南省基本农田划入划出面积汇总表

（单位：公顷）

序号	行政区	划出基本农田			划入基本农田			年末基本农田		
		面积	地类构成		面积	地类构成		面积	地类构成	
			耕地	其他地类		耕地	其他地类		耕地	其他地类
1	昆明市	461.75	32.38	429.37	394.71	394.71	—	341133.63	337842.39	3291.25
2	曲靖市	237.46	19.25	218.21	279.16	279.16	—	635789.38	623484.95	12304.43
3	玉溪市	163.42	0.00	163.42	165.10	165.10	—	188363.33	187669.40	693.93
4	保山市	297.18	150.94	146.25	234.08	234.08	—	287709.65	284656.17	3053.47
5	昭通市	413.90	311.00	102.90	188.43	188.43	—	514223.26	511724.54	2498.71
6	丽江市	263.17	0.00	263.17	36.68	36.68	—	178523.84	174508.54	4015.32
7	普洱市	269.26	117.25	152.01	139.49	139.49	—	627218.82	486184.8	141034
8	临沧市	165.74	15.58	150.16	72.59	72.59	—	445541.04	399103.99	46437.06
9	楚雄州	201.49	0.92	200.57	415.00	415.00	—	257554.71	257518.56	36.15
10	红河州	172.90	0.00	172.90	174.84	174.84	—	537616.4	530749.62	6866.78
11	文山州	136.23	3.00	133.23	181.47	181.47	—	538562.17	533626.00	4936.17
12	西双版纳州	62.10	5.48	56.62	84.17	84.17	—	169620.68	111823.63	57797.05
13	大理州	357.06	145.32	211.75	516.59	516.59	—	274455.71	273150.80	1304.91
14	德宏州	250.14	0.00	250.14	103.16	103.16	—	172296.82	157978.24	14318.58
15	怒江州	38.07	0.00	38.07	27.04	27.04	—	48383.68	48383.68	0.00
16	迪庆州	59.57	7.26	52.30	7.22	7.22	—	44698.33	44698.33	0.00
	合计	3549.44	808.38	2741.07	3019.73	3019.73	—	5261691.45	4963103.64	298587.81

从云南省各州(市)土地利用总体规划布局与基本农田划定保护面积重叠情况对比表(表7-11)可以看出,全省划定的基本农田与土地利用总体规划确定的基本农田布局重叠情况达到99.93%,各州(市)基本农田划定成果与土地利用总体规划确定的基本农田布局重叠情况均在 99.85%以上,说明在全省基本农田划定工作中,严格按照基本农田划定的技术规程和要求,规范进行划出划入,充分依据土地利用总体规划确定的基本农田规模和布局进行了划定。

表 7-11 云南省各州(市)土地利用总体规划布局与基本农田划定保护面积重叠情况对比表

行政区代码	行政区	划出基本农田面积/公顷	划入基本农田面积/公顷	划定基本农田面积/公顷	划定与规划基本农田布局重叠情况/%
1	昆明市	461.75	394.71	341133.63	99.86
2	曲靖市	237.46	279.16	635789.38	99.96
3	玉溪市	163.42	165.1	188363.33	99.91
4	保山市	297.18	234.08	287709.65	99.90
5	昭通市	413.9	188.43	514223.26	99.92
6	丽江市	263.17	36.68	178523.84	99.85
7	普洱市	269.26	139.49	627218.82	99.96
8	临沧市	165.74	72.59	445541.04	99.96
9	楚雄州	201.49	415	257554.71	99.92
10	红河州	172.9	174.84	537616.40	99.97
11	文山州	136.23	181.47	538562.17	99.97
12	西双版纳州	62.1	84.17	169620.68	99.96
13	大理州	357.06	516.59	274455.71	99.87
14	德宏州	250.14	103.16	172296.82	99.86
15	怒江州	38.07	27.04	48383.68	99.92
16	迪庆州	59.57	7.22	44698.33	99.87
	合计	3549.44	3019.73	5261691.45	99.93

(五)基本农田耕地坡度分级面积统计

从图 7-9 中可以看出,曲靖市、红河州、昆明市和大理州小于等于2°的基本农田面积较大,共362135.53 公顷,占全省小于等于2°基本农田面积的51.03%;保山市、昆明市和文山州2°～6°基本农田的面积较大,共有173665.9 公顷,占全省 2°～6°度基本农田面积的 30.72%;全省 6°及以下优质基本农田面积仅1274852.09 公顷,占基本农田保护面积的24.23%,主要分布在昆明市、红河州和曲靖市,怒江州和迪庆州面积最少。全省6°～25°基本农田的面积较大,各州(市)均有分布,且占总面积比例较大;25°以上基本农田主要分布在昭通市和红河州,共284997.61 公顷,占25°以上基本农田的43.88%,具体情况如表 7-12 所示。

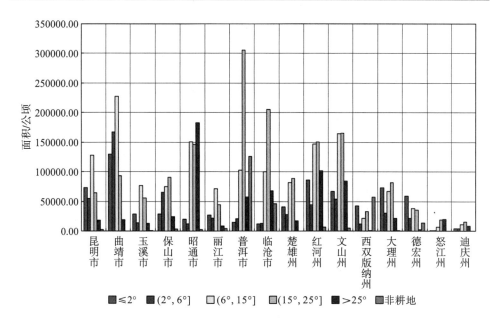

图7-9　云南省各州(市)基本农田中耕地坡度面积汇总分析图

表7-12　云南省基本农田中耕地坡度面积汇总表　　（单位：公顷）

序号	行政区名称	≤2°	(2°，6°]	(6°，15°]	(15°，25°]	>25°	非耕地
1	昆明市	73315.96	54783.97	127679.05	64326.11	18535.11	2493.43
2	曲靖市	129315.18	167309.00	227238.47	92810.84	19115.90	0.00
3	玉溪市	28682.07	14133.67	76665.35	55443.28	12745.08	693.93
4	保山市	29015.88	65328.62	75295.43	90397.36	24619.11	3053.47
5	昭通市	19750.84	12000.52	150539.21	146245.60	183188.37	2498.72
6	丽江市	27327.17	22194.56	71675.98	44708.14	8602.68	4015.31
7	普洱市	15077.73	21135.20	102369.96	305265.77	57239.13	126131.01
8	临沧市	12391.74	12984.06	100478.19	205585.95	67676.64	46423.77
9	楚雄州	41336.04	27584.27	82188.81	88987.95	17445.58	12.07
10	红河州	86554.67	44715.90	147364.09	150310.74	101809.24	6862.02
11	文山州	66781.83	53553.31	164180.16	165065.38	84045.46	4936.17
12	西双版纳州	42736.95	12593.01	22038.79	33434.21	1020.66	57797.05
13	大理州	72949.72	30085.10	66945.41	81551.22	21619.37	1304.91
14	德宏州	59417.99	21841.21	38654.82	35348.76	2731.85	14302.19
15	怒江州	1003.44	662.07	7265.55	19305.82	20146.79	0.00
16	迪庆州	3946.24	4344.17	11600.15	15819.31	8988.46	0.00
	合计	709603.45	565248.64	1472179.42	1594606.45	649529.44	270524.05
	占总面积比例	13.49%	10.74%	27.98%	30.31%	12.34%	5.14%

(六)坝区基本农田面积情况

全省坝区基本农田主要分布在曲靖市、昆明市、文山州和红河州四州(市)，这四州(市)坝区基本农田均超过 10 万公顷(图 7-10)，共有 576237.54 公顷，约占坝区基本农田面积的 51.50%；其中曲靖市坝区基本农田最多，达到 229701.13 公顷。怒江州和迪庆州坝区基本农田最少，均未超过 3100 公顷，如表 7-13 所示。

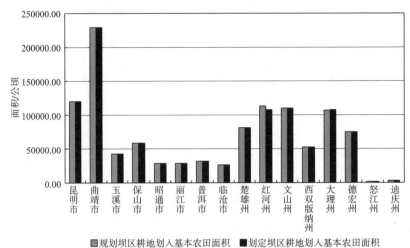

图 7-10　云南省各州(市)基本农田坝区面积分析图

经过基本农田划定，坝区基本农田面积达到 1118899.17 万公顷，占坝区耕地面积的 81.55%。

除昆明市、红河州和怒江州，其余各州(市)坝区耕地划入基本农田面积的百分比均在 80%以上，具体情况如图 7-11 所示。

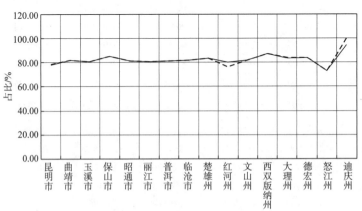

图 7-11　云南省各州(市)基本农田坝区面积分析图

表7-13 云南省各州(市)坝区基本农田面积汇总表

行政区名称	基本农田面积/公顷	坝区基本农田面积/公顷	坝区耕地划入基本农田面积/公顷	坝区耕地面积/公顷	坝区耕地划入基本农田比例/%
昆明市	341133.63	122850.69	120220.51	153035.17	78.56
曲靖市	635789.38	229701.13	229488.63	281214.83	81.61
玉溪市	188363.33	42580.52	42488.21	52746.22	80.55
保山市	287709.65	59274.62	59190	69632.26	85.00
昭通市	514223.26	28733.04	28725.65	35354.85	81.25
丽江市	178523.84	28904.14	28536.73	35299.97	80.84
普洱市	627218.82	32558.06	31875.39	39249.13	81.21
临沧市	445541.04	26521.90	26499.10	32444.71	81.67
楚雄州	257554.71	81105.52	81081.47	97453.60	83.20
红河州	537616.40	113385.58	107299.80	140757.24	76.23
文山州	538562.17	110300.14	110273.21	134739.60	81.84
西双版纳州	169620.68	55753.89	52695.34	60690.89	86.83
大理州	274455.71	107240.64	107240.64	128303.48	83.58
德宏州	172296.82	75522.31	74871.5	89060.90	84.07
怒江州	48383.68	1376.87	1376.87	1888.29	72.92
迪庆州	44698.33	3090.12	3090.12	3034.42	100.00
合计	5261691.45	1118899.17	1104953.17	1104897.47	81.55

注：坝区耕地划入基本农田的比例＝基本农田面积/2011年耕地面积×100%。

综上所述，全省基本农田划定面积为5261691.45公顷，比国家下达全省基本农田保护面积指标4954251.52公顷多了307439.93公顷。与规划基本农田面积相比，水田面积增加了1456.19公顷，旱地面积增加了643.86公顷，达到了面积不减少、质量不降低的划定要求，满足了基本农田划定工作技术规程和有关文件要求。

第八章　云南省永久基本农田划定成果分析

第一节　云南省永久基本农田划定工作基本情况

云南省永久基本农田划定工作内容包括城镇周边永久基本农田划定和全域永久基本农田划定。

一、技术要求

(一)土地利用分类体系

根据国家颁布的《土地利用现状分类》(GB/T 21010—2007)标准,其中一级类 12 个,二级类 57 个,进行地类划分。

(二)数学基础

平面坐标系统:采用 1980 西安坐标系。
高程系统:采用 1985 国家高程基准。
投影:采用高斯-克吕格投影,数据按 3°分带。

(三)计量单位

长度单位用米,保留 2 位小数;数据库面积采用平方米,保留 2 位小数;文本及表格数据面积采用亩,保留 2 位小数。
取位精度不包括过程数据的处理精度,仅针对最终的结果数据。
主要基础资料包括:
①2014 年及最新土地利用变更调查相关成果资料;
②县、乡级土地利用总体规划(2010~2020 年)成果;
③县级永久基本农田划定相关的图件、表册、数据库及文字成果资料;
④耕地质量等别调查与评价等成果(最新年度农用地分等定级补充完善成果资料);
⑤县域耕地地力调查与质量评价成果,包括报告、各类报表、图件及数据库;
⑥最新的遥感影像图;
⑦建设用地批而未用资料,包括批准文件及用地范围;
⑧退耕还林还草项目批准文件、文字报告、说明图件及范围界线等。

二、城镇周边永久基本农田划定

(一)工作内容及要求

在已有基本农田划定工作的基础上，依据县、乡级土地利用总体规划(2010～2020 年)、2014 年度土地利用现状变更调查、最新农用地分等定级数据等成果，将城镇周边现有易被占用且未划入基本农田的优质耕地优先划为永久基本农田。

根据上级下达的永久基本农田划定初步任务，通过城镇周边永久基本农田划定，确保划定后永久基本农田面积有所增加，其中，拟划入城镇周边永久基本农田面积达到下发初步任务范围内总耕地面积的 60%以上；限制建设区和禁止建设区拟划入比例达到城镇范围内下发初步任务的 80%以上；集中连片程度有所提高，划定后永久基本农田平均质量等别要高于划定前。

城镇周边永久基本农田与河流、湖泊、山体、绿化带等生态屏障共同形成城市开发的实体边界，发挥优化城市空间格局，促进土地集约节约利用，控制城市扩张蔓延的作用。

1.优先划为永久基本农田的耕地

①城镇周边、交通沿线尚未划为永久基本农田且质量等别和地力等级达到本县(市、区)平均水平以上的现有耕地。

②尚未划为永久基本农田的新建成的高标准农田。

③水田、梯田和有水源保证、设施配套的尚未划为永久基本农田的现有耕地。

《基本农田保护条例》规定其他应当划为和优先划为基本农田但尚未划入的耕地。

2.可以划出永久基本农田的耕地

①国务院批准的新一轮退耕还林还草总体方案中 25°以上坡耕地、严重沙化耕地和重要水源地大于 15°的坡耕地。

②州(市)级以上政府或同级有关部门提供的建设项目批准立项材料。

③经省级人民政府批准，由县级以上农业主管部门会同同级环境保护主管部门进行监测和评价认定的遭受严重污染无法治理的耕地；因自然灾害和生产建设活动严重损毁无法复垦的耕地。

在划定过程中，有不符合划定要求的建设用地、未利用地，以及质量不符合要求的其他类型的农用地，应当予以划出，并补充划入质量符合要求的永久基本农田。土地利用总体规划未经依法依规批准修编或调整，各地不得借永久基本农田划定之机，擅自调整永久基本农田布局，将现状基本农田中的耕地划出。

(二)工作步骤

城镇周边永久基本农田划定分为调查摸底、核实举证、论证核定、编制划定方案、组织与实施 5 个工作步骤(图 8-1)。

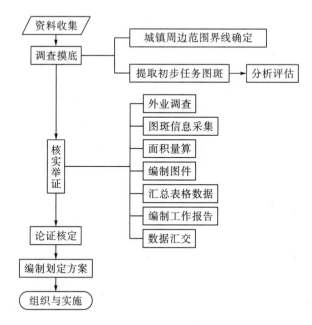

图 8-1　城镇周边永久基本农田划定流程图

1.调查摸底

以 2014 年度土地利用现状变更调查成果数据为基础,依据土地利用总体规划(2010～2020 年)成果,结合面积大于 1 平方公里的坝子范围界线核定成果、基本农田划定成果、最新的农用地分等定级补充完善成果和最新的遥感影像图等,采取内业分析和外业调查的方式,将城镇周边未划为永久基本农田的现有耕地分布、数量、质量和集中连片度进行摸底调查、查清潜力,综合各个县(市、区)的实际情况,制定此次城镇周边永久基本农田划定范围,下达城镇周边永久基本农田划定的初步任务。

根据自然资源部、农业农村部相关文件要求并结合云南省实际,采用以下方式确定城镇周边永久基本农田划定范围:城镇中心城区规划控制范围在坝区范围内或与坝区相交,城市周边永久基本农田划定范围以土地利用总体规划中的中心城区规划控制范围、坝区范围界线的合并区域确定;若城镇在坝区范围外或包含坝区范围,取土地利用总体规划中的中心城区规划控制范围。

其中,州(市)政府所在地的县(区)中心城区规划控制范围界线采用州(市)级土地利用总体规划中心城区控制范围,其他县级市中心城区规划控制范围界线采用县级市土地利用总体规划中心城区控制范围。

对于城市建设用地现状已达到或接近中心城区规划控制范围的，综合考虑该城市 2014 年度土地变更调查成果反映的城市建设用地分布情况、土地利用总体规划确定的建设用地管制分区等因素，不跨市级行政界线，适当扩大一定范围确定城镇周边范围，外围边界原则上以明显地物为界。

2.核实举证

县(市、区)政府根据上级下达的初步任务，组织自然资源、农业农村、发展改革、规划(住建)、环境保护等有关部门开展城镇范围内现有耕地的调查核实，提出可划定为永久基本农田任务。对不能划定为永久基本农田的耕地，向上级主管部门说明原因，列出相关证明材料，并满足相关要求。

3.论证核定

下达初步任务的自然资源、农业农村主管部门，对举证核实材料进行核定，提出初步审查意见，并组织专家进行论证，综合考虑城市自然条件、社会经济发展状况及趋势、建设用地管制分区耕地分布状况、土地节约集约利用水平等因素，审查并核定划定任务。

4.编制划定方案

县(市、区)人民政府应依据核定的任务，组织自然资源、农业农村部门编制城镇周边永久基本农田划定方案，经同级人民政府同意后，逐级报上级自然资源和农业农村主管部门审核(其中，省级负责 23 个县，报省自然资源厅、省农业农村厅审核)。经审核确定的划定方案，纳入同级土地利用总体规划调整完善方案。

5.组织与实施

城镇周边永久基本农田划定工作以县级行政区域为单位，在县级人民政府统一领导下，由自然资源、农业农村部门组织实施。

县级自然资源、农业农村部门依照土地利用总体规划调整完善后确定的县(市)域基本农田保护目标任务及分布情况，将永久基本农田落到具体地块，落实保护责任，设立统一规范的基本农田保护标志，建立数据库、编制图、表、册等永久基本农田划定相关成果。

(三)职责分工

自然资源、农业农村主管部门负责昆明市中心城区的任务下达、划定成果审定。

省自然资源、农业农村主管部门负责昆明市外 15 个州(市)政府所在地的县(市、区)、试点县及其他县级市划定永久基本农田潜力的分析评估、任务下达、实施监督。

州(市)自然资源、农业农村主管部门负责除国家、省级负责的县(市、区)外的县级城镇周边永久基本农田划定潜力的分析评估、任务下达、实施监督。

县级自然资源、农业农村主管部门组织实施永久基本农田划定工作,落实永久基本农田落地到户、上图入库等具体工作。

三、全域永久基本农田划定

根据国土资源部、农业部《关于全面划定永久基本农田实行特殊保护的通知》(国土资规〔2016〕10号)的要求,依照《全国土地利用总体规划纲要(2006—2020年)调整方案》确定的永久基本农田保护目标任务,在已有基本农田划定和保护成果、城镇周边永久基本农田划定成果的基础上,按照"总体稳定、局部微调、应保尽保、量质并重"的要求,在城镇周边以外区域划足补齐永久基本农田保护面积,全面落实永久基本农田"落地块、明责任、设标志、建表册、入图库"等工作任务。

(一)永久基本农田保护任务

《全国土地利用总体规划纲要(2006—2020年)调整方案》提出,全国基本农田保护面积由15.60亿亩调整为15.46亿亩(比原规划减少1400万亩);云南省基本农田保护面积由7431万亩调整为7341万亩,较原规划降低90万亩,较现状基本农田保护面积(即 2012 年划定面积)少 552 万亩,保护率从 82.84%提高到83.72%(不同年份的现状耕地量不同)。由此,需对各州(市)的基本农田保护任务进行调整。

1.调整思路

将减少的 90 万亩,按原各州(市)基本农田保护面积占全省比例,核减相应基本农田保护面积。

2.永久基本农田保护任务分解结果

分解后的各州(市)永久基本农田保护目标任务如表 8-1 所示。

表 8-1　云南省永久基本农田保护目标任务分解表　　　(单位:万亩)

序号	行政区域名称	原目标		调整后目标		基本农田保护目标任务变化情况
		耕地保有量	基本农田保护目标	耕地保有量	基本农田保护目标	
1	昆明市	591.45	479.70	592	474	-5.70
2	曲靖市	1069.05	893.25	1189	882	-11.25
3	玉溪市	313.50	262.80	350	260	-2.80
4	保山市	483.30	407.55	480	403	-4.55
5	昭通市	916.50	726.00	845	717	-9.00

序号	行政区域名称	原目标		调整后目标		基本农田保护目标任务变化情况
		耕地保有量	基本农田保护目标	耕地保有量	基本农田保护目标	
6	丽江市	294.00	254.25	295	251	-3.25
7	普洱市	1078.50	899.10	789	888	-11.10
8	临沧市	784.80	629.25	679	622	-7.25
9	楚雄州	432.45	361.80	513	357	-4.80
10	红河州	899.25	745.20	956	736	-9.20
11	文山州	925.20	768.15	956	759	-9.15
12	西双版纳州	268.35	241.95	190	239	-2.95
13	大理州	445.50	388.05	512	383	-5.05
14	德宏州	280.50	240.90	267	238	-2.90
15	怒江州	97.95	69.60	80	69	-0.60
16	迪庆州	89.70	63.45	75	63	-0.45
	合计	8970.00	7431.00	8768	7341	-90.00

(二)工作流程

工作流程包括编制划定方案、方案论证审核、方案组织实施、划定成果验收备案四个阶段(图 8-2)。

1. 编制划定方案

各地根据上级分解下达的永久基本农田保护任务及相关相求,编制各级全域永久基本农田划定方案,经同级人民政府同意后,报上一级自然资源、农业农村主管部门论证审核。

2. 方案论证审核

州(市)级永久基本农田划定方案由自然资源厅、农业农村厅(以下简称"两厅")论证审核;县乡级永久基本农田划定方案一并编制,由州(市)级自然资源、农业农村主管部门论证审核。州县两级划定方案的论证审核程序、标准和具体要求,结合云南省实际,由"两厅"按照两部相关规定制定。

3. 方案组织实施

县(市、区)自然资源、农业农村主管部门在同级人民政府统一组织下,依据上级永久基本农田保护任务和永久基本农田划定方案,全面落实永久基本农田落地到户,上图入库,建立相关图表册,落实保护责任,补充更新标识,建立完善永久基本农田数据库等工作,归纳为 "落地块、明责任、设标志、建表册、入图库"。

4. 划定成果验收备案

两厅在云南省人民政府的统一组织下,按照县级自检、州(市)级初验、省级验收的自下而上的程序，对各县(市、区)永久基本农田划定成果进行验收。

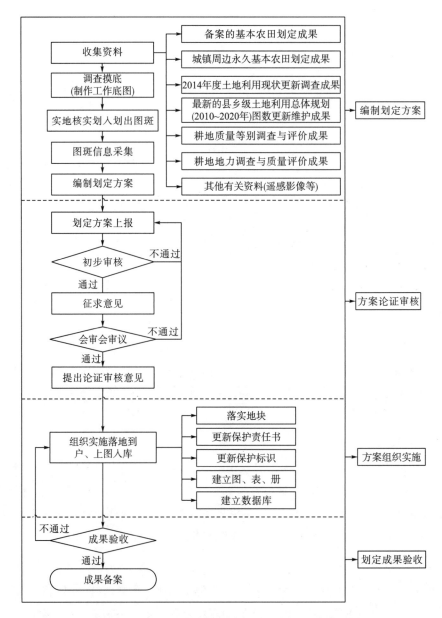

图 8-2　云南省全域永久基本农田划定工作流程图

组织实施和成果验收流程如图 8-3 所示。

各地根据上级分解下达的永久基本农田保护任务及相关要求，编制各级全域永久基本农田划定方案，经同级人民政府同意后，报上一级自然资源、农业农村主管部门论证审核。

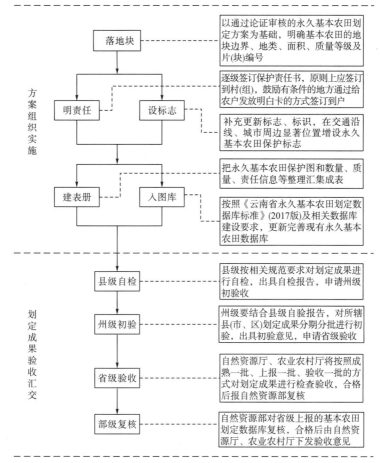

图 8-3　永久基本农田划定方案实施及成果验收流程图

（三）调整要求

在落实全域永久基本农田及城镇周边永久基本农田保护任务和保持现有基本农田布局总体稳定的前提下，严格按照优进劣出的原则对永久基本农田布局做适当调整。

（1）可以继续保留的永久基本农田。经核实确认，符合土地利用总体规划基本农田布局要求的现状基本农田，继续保留划定为永久基本农田。

可以保留的永久基本农田地类有耕地、可调整地类、确定为名优特新农产品生产基地的其他农用地。

对于规划调整后 2020 年耕地保有量低于现行土地利用总体规划安排的，除纳入国家安排生态退耕范围、实施国家重大发展战略（如云南省易地扶贫搬迁三年行动计划）、"十三五"重点建设项目难以避让的，符合永久基本农田布局要求的现状基本农田，一律继续保留划定为永久基本农田。

（2）不得保留的永久基本农田。现状基本农田中依法批准的（无论是否实际占用）、符合占用基本农田条件正在报批的、规划预留的（如采矿用地）、违法查处后不能复垦的建设用地、未利用地，以及质量不符合要求的其他农用地，不得保留划定为永久基本农田。

（3）新划入永久基本农田的要求。新划入的永久基本农田土地利用现状应当为耕地，为确保永久基本农田划定后质量提高，下列类型的耕地应当优先划定为永久基本农田：

①城镇周边、交通沿线和坝区尚未划为永久基本农田，质量达到所在县（市、区）域平均水平以上的耕地；

②已建成的高标准农田、正在实施改造的中低产田；

③与已有划定基本农田集中连片，质量达到所在县（市、区）域平均水平以上的耕地。

（4）自身聚集度高、规模较大，有良好的水利与水土保持设施的耕地。

（5）农业科研、教学试验田。

（四）禁止新划入永久基本农田的要求

为了确保划定的永久基本农田质量不降低，下列类型的耕地禁止新划定为永久基本农田：

①已纳入国务院批准的新一轮退耕还林还草总体方案中的耕地；

②坡度大于25°且未采取水土保持措施的耕地；

③遭受严重污染且无法治理的严格控制类耕地；

④经自然灾害和生产建设活动严重损毁无法复垦的耕地；

⑤位于垃圾堆放场、化工企业、矿山等污染源周边且符合国家标准或行业标准防治范围内的耕地；

⑥河流湖泊最高洪水位控制线范围内不适宜稳定利用的耕地；

⑦未纳入基本农田整备区或者改造整治的零星分散、规模过小、不易耕作、质量较差的耕地；

⑧其他确因社会经济发展需要不宜作为永久基本农田保护的耕地。

不得将各类生态用地划定为永久基本农田。

（五）坝区永久基本农田保护要求

永久基本农田划定后，坝区永久基本农田保护比例原则上不低于原规划确定的比例。坝区永久基本农田比例=坝区耕地划入永久基本农田面积/2014年坝区耕地面积。

四、形成成果

云南省永久基本农田划定工作形成了如下成果。

（一）图件成果

①城镇周边永久基本农田初步任务分布图 122 幅；
②城镇周边永久基本农田划定分布图 122 幅；
③城镇周边永久基本农田空间形态布局图 122 幅；
④城镇周边永久基本农田划定调整前后分布图 122 幅；
⑤1：10000 标准分幅永久基本农田分布图 13876 幅；
⑥乡级永久基本农田保护图 1385 幅；
⑦省、州、县级永久基本农田分布图。

（二）表册成果

①省级永久基本农田划定数据册；
②城镇周边永久基本农田划定核实举证情况表；
③城镇周边永久基本农田初步划定成果表；
④城镇周边基本农田划定举证材料汇总表；
⑤县级永久基本农田划定平衡表；
⑥县级永久基本农田保护责任一览表；
⑦县级永久基本农田现状登记表；
⑧县级永久基本农田现状汇总表；
⑨县级永久基本农田保护面积汇总表；
⑩县级永久基本农田保护面积汇总表；
⑪县级坝区耕地划为永久基本农田情况表；
⑫县级永久基本农田占用(减少)补划台账。

（三）保护责任、标志成果

①县乡级永久基本农田保护责任书 0.14 万份；
②乡村级永久基本农田保护责任书 1.38 万份；
③村组级永久基本农田保护责任书 14.35 万份；
④设立永久基本农田保护标志牌 0.24 万块；
⑤标准及简易界桩 70.77 万颗。

（四）数据库成果

①县级城镇周边永久基本农田划定核实举证数据库；
②全域永久基本农田划定数据库。

（五）文字报告成果

①县级城镇周边永久基本田划定核实举证工作情况报告；

②县级城镇周边永久基本农田初步任务核实举证数据说明；

③省、州、县级永久基本农田划定方案；

④省、州、县级永久基本农田划定工作总结报告。

五、编制的标准及规范

①《云南省城镇周边永久基本农田划定工作方案（试行）》；

②《云南省城镇周边永久基本农田划定工作实施方案》；

③《云南省城镇周边永久基本农田划定任务论证审核工作方案》；

④《云南省全域永久基本农田划定工作实施方案》；

⑤《云南省州县级永久基本农田划定方案论证审核工作方案》；

⑥《云南省永久基本农田上图入库落地到户工作指南》；

⑦《云南省永久基本农田划定数据库标准（2017 版）》；

⑧《云南省永久基本农田数据库质量检查细则》。

第二节　云南省永久基本农田数量结构与空间分布特征

2012 年完成划定的基本农田，仍然存在划远不划近、划劣不划优的现象；一些城镇规划建设用地与优质耕地的重叠度较高，城镇周边还有不少优质耕地未划为永久基本农田，城镇发展占用优质耕地的现象仍比较突出。由此，国土资源部、农业部印发《关于进一步做好永久基本农田划定工作的通知》（国土资发〔2014〕128 号），要求在 2012 年基本农田划定成果的基础上，将城镇周边、交通沿线现有易被占用的优质耕地优先划为永久基本农田，进一步严格划定永久基本农田保护红线。

在 2012 年基本农田划定成果基础上，云南省永久基本农田划定于 2017 年 6 月完成，129 个县（市、区）落实地块 25.87 万个，全省划定永久基本农田 7348.26 万亩，比上级下达指标多划 7.26 万亩，完成了永久基本农田保护目标任务。其中，城镇周边共划定永久基本农田保护比例由划定前的 46.5% 提高到了 61.9%[①]。

云南省作为我国西部地区较为典型的山区省份，受地貌、气候、水文等自然因素的制约较大。据统计，地形坡度大于等于 8° 的山区面积（含高原和丘陵）约占全省总面积的 94%，而地形坡度小于 8° 的坝区（包括山间盆地、河谷等）面积仅占全省总面积的 6% 左右。因此划定的永久基本农田多集中于坝区和河谷区，呈现出坝区集中、山区分散的特点。

---

① 云南省 2017 年永久基本农田划定工作总结报告。

本书在 ArcGIS、FragStats、GeoDa 等软件的技术支持下，利用云南省永久基本农田划定成果数据，围绕永久基本农田构成情况、地类结构、耕地坡度和坝区永久基本农田划定情况、耕地质量等别情况进行逐项分析和综合分析[54, 55]。由于耕地以外的其他地类无坡度级和质量等级，因此对于坡度和质量的分析仅针对永久基本农田中的耕地开展。

一、城镇周边永久基本农田划定结果分析

(一)数量分析

云南省 129 个县(市、区)城镇周边工作范围内耕地总面积为 459.45 万亩，下达的初步任务涉及未划入基本农田的耕地 248.65 万亩，已有基本农田 213.85 万亩。通过城镇周边永久基本农田划定，城镇周边新划入永久基本农田 80.35 万亩，城镇周边共划定永久基本农田 284.30 万亩，占该范围内耕地面积的 61.88%，全省基本农田保护率由 46.54%提高到 61.88%(表 8-2)。

表 8-2　各州(市)城镇周边永久基本农田划定数量对比表

序号	州(市)	耕地面积/万亩	下达初步任务面积/万亩	已有基本农田面积/万亩	划定前保护率/%	划定后永久基本农田面积/万亩	其中		划定后保护率/%	增减率/%
							新划入永久基本农田面积/万亩	调整后已有基本农田面积/万亩		
	云南省	459.45	248.65	213.85	46.54	284.30	80.35	203.95	61.88	15.33
1	昆明市	53.30	36.25	19.35	36.30	33.78	14.64	19.14	63.38	27.08
2	曲靖市	75.68	41.96	33.78	44.63	44.44	10.62	33.81	58.72	14.08
3	玉溪市	12.09	6.23	5.91	48.90	7.10	1.58	5.51	58.71	9.81
4	保山市	12.15	6.91	5.26	43.29	7.11	1.83	5.28	58.51	15.22
5	昭通市	28.33	16.39	12.03	42.45	16.20	4.49	11.71	57.19	14.74
6	丽江市	13.13	5.57	7.62	58.06	8.14	1.00	7.14	61.97	3.91
7	普洱市	19.57	9.37	10.27	52.47	11.87	2.32	9.55	60.63	8.17
8	临沧市	20.50	13.91	6.63	32.36	12.04	5.78	6.25	58.72	26.36
9	楚雄州	30.76	15.82	14.99	48.72	18.68	5.01	13.66	60.73	12.01
10	红河州	70.97	27.86	43.20	60.87	48.67	8.62	40.04	68.58	7.70
11	文山州	47.19	30.61	16.61	35.19	29.04	13.18	15.86	61.54	26.35
12	西双版纳州	9.93	5.54	4.40	44.29	6.02	1.92	4.10	60.63	16.33
13	大理州	31.80	17.39	14.51	45.62	19.36	5.18	14.18	60.87	15.26
14	德宏州	30.08	11.62	18.57	61.73	19.82	2.84	16.98	65.90	4.17
15	怒江州	2.16	1.54	0.62	28.70	1.22	0.61	0.61	56.18	27.48
16	迪庆州	1.80	1.69	0.11	6.30	0.83	0.71	0.11	45.90	39.61

表 8-3　云南省城市(镇)周边永久基本农田质量对比表

序号	行政区划	已有基本农田情况						划定后永久基本农田情况						增减率	
		已有基本农田面积/万亩	其中					划定后永久基本农田面积/万亩	其中					水田、水浇地比例/%	≤15°耕地比例/%
			水田面积/万亩	水浇地面积/万亩	水田、水浇地比例/%	≤15°耕地面积/万亩	≤15°耕地比例/%		水田面积/万亩	水浇地面积/万亩	水田、水浇地比例/%	≤15°耕地面积/万亩	≤15°耕地比例/%		
	云南省	213.85	93.01	7.86	47.17	172.62	80.72	284.30	113.18	10.76	43.59	230.17	80.96	-3.578	0.24
1	昆明市	19.35	4.09	2.33	33.16	18.35	94.83	33.78	7.82	4.24	35.71	28.74	85.09	2.56	-9.74
2	曲靖市	33.78	15.31	0.63	47.18	32.49	96.17	44.44	16.36	0.76	38.52	42.12	94.78	-8.65	-1.39
3	玉溪市	5.91	5.07	0.05	86.49	5.79	97.88	7.10	5.66	0.06	80.56	6.87	96.78	-5.93	-1.10
4	保山市	5.26	4.56	0.12	89.08	4.95	94.10	7.11	5.66	0.16	81.87	6.62	93.17	-7.20	-0.93
5	昭通市	12.03	1.21	0.03	10.30	5.65	46.98	16.20	1.76	0.06	11.22	9.92	61.22	0.92	14.24
6	丽江市	7.62	1.39	2.34	49.00	6.74	88.48	8.14	1.61	2.34	48.49	7.31	89.82	-0.51	1.33
7	普洱市	10.27	4.16	0.20	42.52	6.19	60.23	11.87	4.56	0.31	41.01	7.57	63.79	-1.52	3.56
8	临沧市	6.63	2.49	0.10	39.09	4.81	72.54	12.04	3.70	0.12	31.74	8.20	68.11	-7.35	-4.43
9	楚雄州	14.99	11.01	0.12	74.27	13.28	88.59	18.68	12.22	0.19	66.41	16.28	87.15	-7.86	-1.44
10	红河州	43.20	12.71	1.27	32.36	30.43	70.44	48.67	15.02	1.55	34.06	35.53	73.01	1.69	2.58
11	文山州	16.61	3.31	0.23	21.34	12.21	73.53	29.04	6.61	0.25	23.61	21.54	74.17	2.27	0.64
12	西双版纳州	4.40	2.43	0.06	56.59	3.06	69.66	6.02	4.05	0.06	68.29	4.72	78.34	11.70	8.68
13	大理州	14.51	12.13	0.35	86.06	13.95	96.19	19.36	13.83	0.63	74.68	17.81	92.01	-11.39	-4.18
14	德宏州	18.57	13.05	0.03	70.40	14.49	78.02	19.82	14.10	0.02	71.23	15.65	78.96	0.83	0.94
15	怒江州	0.62	0.06	—	9.53	0.13	21.47	1.22	0.21	0.02	19.04	0.49	39.89	9.51	18.43
16	迪庆州	0.11	0.02	—	18.86	0.11	92.66	0.83	0.02	—	2.60	0.80	96.77	-16.26	4.11

（二）质量分析

全省城镇周边已有基本农田中水田、水浇地面积为 100.87 万亩，占已有基本农田面积的 47.17%，坡度小于等于 15°的耕地面积为 172.62 万亩，占 80.72%。划定后，水田、水浇地面积为 123.94 万亩，占 43.59%，比划定前增加 23.08 万亩，比例降低 3.58 个百分点；坡度小于等于 15°的耕地面积 230.17 万亩，占 80.96%，比划定前面积增加 57.55 万亩，比例提高 0.24 个百分点（图 8-4、表 8-3）。

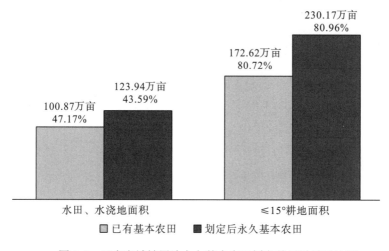

图 8-4　云南省城镇周边永久基本农田划定前后质量对比图

（三）形态

全省城镇周边永久基本农田划定后，耕地集中连片程度均有所提高，永久基本农田与河流、湖泊、山体、绿带等生态屏障共同形成了城镇开发的实体边界，发挥了优化城镇空间格局、促进土地节约集约利用、控制城镇扩张蔓延的作用，在空间布局形态上，形成了合理的"生产、生活、生态"空间布局。

综上，全省城镇周边永久基本农田划定后数量有增加、质量有提高、形态得到优化，均符合国家有关要求。

二、云南省全域永久基本农田构成情况

通过全域永久基本农田划定，全省 129 个县（市、区）永久基本农田面积为 7348.26 万亩。其中，曲靖市及普洱市面积较大，分别为 882.83 万亩、888.70 万亩，分别占全省永久基本农田面积的 12.01%、12.09%；文山州、红河州及昭通市面积其次，分别为 759.03 万亩、737.47 万亩、717.38 万亩，分别占 10.33%、10.04%、9.76%；怒江州及迪庆州保护面积较小，分别为 68.78 万亩、62.71 万亩，分别占 0.94%、0.85%。永久基本农田区域分布差异大，各州（市）永久基本农田分布比例

如图 8-5 所示。

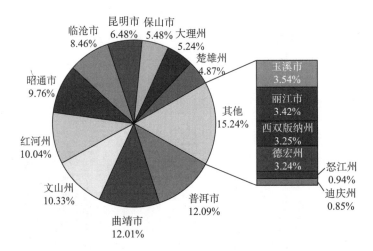

图 8-5　云南省各州(市)永久基本农田分布比例图

三、云南省永久基本农田地类结构

(一)云南省永久基本农田地类结构数量概况

永久基本农田中,耕地面积为 6971.95 万亩,占全省永久基本农田面积的 94.88%;其他农用地共 376.31 万亩,占 5.12%。

永久基本农田中耕地水田面积为 1670.88 万亩,占永久基本农田中耕地面积的 23.97%;水浇地面积 55.29 万亩,占 0.79%;旱地面积 5245.78 万亩,占 75.24%(图 8-6)。曲靖市耕地面积最多,为 874.56 万亩,占全省永久基本农田中耕地面积的 12.54%;其次文山州、红河州、昭通市;面积分别为 756.78 万亩、728.16 万亩、714.05 万亩,分别占 10.85%、10.44%、10.24%;最少为怒江州及迪庆州,面积为 68.78 万亩及 62.71 万亩,分别占 0.99%、0.90%,云南省永久基本农田中耕地地类分析如表 8-4 所示。

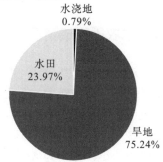

图 8-6　云南省永久基本农田耕地地类结构图

表8-4 云南省永久基本农田中耕地地类分析表

序号	行政区划	永久基本农田面积/万亩	耕地面积/万亩	占永久基本农田面积比例/%	其中					
					水田/万亩	占耕地比例/%	水浇地/万亩	占耕地比例/%	旱地/万亩	占耕地比例/%
	云南省	7348.26	6971.95	94.88	1670.88	23.97	55.29	0.79	5245.78	75.24
1	昆明市	475.86	473.89	99.59	98.72	20.83	9.73	2.05	365.44	77.11
2	曲靖市	882.83	874.56	99.06	106.63	12.19	6.64	0.76	761.30	87.05
3	玉溪市	259.66	258.68	99.62	88.02	34.03	2.89	1.12	167.77	64.86
4	保山市	402.82	400.65	99.46	138.78	34.64	2.53	0.63	259.34	64.73
5	昭通市	717.38	714.05	99.53	35.60	4.99	1.44	0.20	677.01	94.81
6	丽江市	251.46	247.38	98.38	44.95	18.17	6.23	2.52	196.20	79.31
7	普洱市	888.70	694.15	78.11	183.25	26.40	1.56	0.23	509.34	73.38
8	临沧市	621.71	570.61	91.78	104.82	18.37	0.54	0.09	465.26	81.54
9	楚雄州	357.73	357.73	100.00	140.33	39.23	4.21	1.18	213.19	59.59
10	红河州	737.47	728.16	98.74	210.82	28.95	7.39	1.02	509.94	70.03
11	文山州	759.03	756.78	99.70	140.19	18.52	3.05	0.40	613.54	81.07
12	西双版纳州	239.10	156.78	65.57	96.02	61.25	2.42	1.54	58.34	37.21
13	大理州	384.73	382.84	99.51	139.73	36.50	3.90	1.02	239.21	62.48
14	德宏州	238.29	224.19	94.08	128.40	57.27	0.69	0.31	95.10	42.42
15	怒江州	68.78	68.78	100.00	7.44	10.81	1.63	2.37	59.72	86.82
16	迪庆州	62.71	62.71	100.00	7.18	11.45	0.45	0.71	55.08	87.84

(二)云南省永久基本农田地类结构空间分布情况

永久基本农田中园地面积为 285.25 万亩,占全省永久基本农田面积的 3.88%(含可调整园地 265.86 万亩,占园地面积 93.20%);可调整林地 91.06 万亩,占全省永久基本农田面积的 1.24%。普洱市其他地类面积最多,为 194.55 万亩,占全省永久基本农田中其他地类的 51.70%;其次为西双版纳州及临沧市,面积分别为 82.32 万亩、51.10 万亩,占 21.88%、13.58%;怒江州及迪庆州永久基本农田中没有其他地类。此轮永久基本农田划定成果中的园地和林地均继续保留上一轮永久基本农田划定成果中的园地和林地。云南省永久基本农田中园地、林地地类分析如表 8-5 所示。

表8-5 云南省永久基本农田中园地、林地地类分析表

序号	行政区划	永久基本农田面积/万亩	其他地类面积/万亩	占永久基本农田比例/%	园地			林地		
					小计/万亩	其中可调整/万亩	可调整占园地比例/%	小计/万亩	其中可调整/万亩	可调整占林地比例/%
	云南省	7348.26	376.31	5.12	285.25	265.86	93.20	91.06	91.06	100.00
1	昆明市	475.86	1.97	0.41	1.97	0.26	13.00	0.00	0.00	0.00

序号	行政区划	永久基本农田面积/万亩	其他地类面积/万亩	占永久基本农田比例/%	园地			林地		
					小计/万亩	其中可调整/万亩	可调整占园地比例/%	小计/万亩	其中可调整/万亩	可调整占林地比例/%
2	曲靖市	882.83	8.26	0.94	1.09	0.92	84.48	7.17	7.17	100.00
3	玉溪市	259.66	0.98	0.38	0.98	0.98	100.00	0.00	0.00	0.00
4	保山市	402.82	2.17	0.54	2.17	2.17	100.00	0.00	0.00	0.00
5	昭通市	717.38	3.34	0.47	0.48	0.48	100.00	2.86	2.86	100.00
6	丽江市	251.46	4.08	1.62	4.08	2.48	60.83	0.00	0.00	0.00
7	普洱市	888.70	194.55	21.89	116.16	116.15	99.99	78.38	78.38	100.00
8	临沧市	621.71	51.10	8.22	49.73	49.73	100.00	1.37	1.37	100.00
9	楚雄州	357.73	0.00	0.00	0.00	0.00	0.00	0.00	0.00	0.00
10	红河州	737.47	9.31	1.26	9.31	0.00	0.00	0.00	0.00	0.00
11	文山州	759.03	2.25	0.30	2.25	2.25	100.00	0.00	0.00	0.00
12	西双版纳州	239.10	82.32	34.43	82.32	82.32	100.00	0.00	0.00	0.00
13	大理州	384.73	1.89	0.49	1.89	1.89	100.00	0.00	0.00	0.00
14	德宏州	238.29	14.10	5.92	12.82	6.23	48.58	1.28	1.28	100.00
15	怒江州	68.78	0.00	0.00	0.00	0.00	0.00	0.00	0.00	0.00
16	迪庆州	62.71	0.00	0.00	0.00	0.00	0.00	0.00	0.00	0.00

　　各州(市)大部分地区旱地居多，水田其次，水浇地极少。仅有西双版纳和德宏的水田数量多于旱地，西双版纳的水田数量是旱地的 1.64 倍，德宏的水田数量是旱地的 1.35 倍，其余地区均以旱地为主。水田最少的地区为怒江和迪庆，分别仅有 7.44 和 7.18 万亩，同时怒江和迪庆的旱地也仅有 59.72 和 55.08 万亩。水浇地是各州最少的耕地地类，最多的昆明市为 9.73 万亩，最少的迪庆州为 0.45 万亩。

　　云南省永久基本农田中，有灌溉水田 1670.88 万亩，占全省永久基本农田总面积的 22.74%。水田有较好的生产条件，产量也较高，主要分布于各灌排条件好的坝区和山麓地带，尤其在滇中盆谷区、洱海盆湖区以及保山、德宏、思茅、西双版纳、红河等州(市)的宽缓盆谷区较为集中。水浇地因水源有保证，耕地质量较高，产量也较高，云南省共有水浇地 55.29 万亩，仅占全省永久基本农田总面积的 0.75%，主要分布于有一定灌溉条件、适宜种植旱作物的地区，以昆明、丽江、曲靖、楚雄、红河等州(市)为主。

　　云南地区的旱地以坡旱地为主，陡坡较多，轮歇地也占一定的比例，耕地质量大多较差，产量低下，而云南省共有旱地 5245.78 万亩，占全省永久基本农田总面积的 71.39%，分布于全省各地，尤以昭通、曲靖、文山、普洱、红河、临沧等州(市)最多。

四、云南省永久基本农田坡度情况

（一）云南省永久基本农田中耕地坡度数量及分布

耕地坡度分为五级，即Ⅰ级（≤2°）、Ⅱ级（2°，6°]、Ⅲ级（6°，15°]、Ⅳ级（15°，25°]、Ⅴ级（>25°）5个等级，其他分为梯田和坡地两类。耕地坡度分级及代码如表8-6所示。

表8-6　耕地坡度分级及代码

坡度分级	≤2°	(2°，6°]	(6°，15°]	(15°，25°]	>25°
坡度代码	Ⅰ	Ⅱ	Ⅲ	Ⅳ	Ⅴ

云南省平缓的永久基本农田较少，坡耕地较多，陡坡耕地占较大比例。永久基本农田中，坡度小于等于6°的耕地有1808.50万亩，占永久基本农田耕地总面积的25.94%；坡度为(6°，15°]的耕地面积有2048.06万亩，占29.38%；坡度为(15°，25°]的耕地面积为2252.17万亩，占32.30%；25°以上耕地面积为863.22万亩，占12.38%。从耕地坡度级别分布看出，云南省划定的永久基本农田耕地坡度主要分布在6°~25°，占耕地总面积的61.68%。各州（市）永久基本农田中耕地坡度级别如图8-8及表8-7所示。

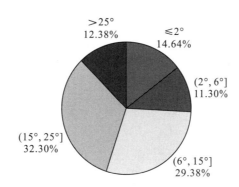

图8-7　云南省永久基本农田中耕地坡度比例图

表8-7　云南省永久基本农田中耕地坡度级别分析表

序号	行政区划	永久基本农田中耕地面积(万亩)	Ⅰ级		Ⅱ级		Ⅲ级		Ⅳ级		Ⅴ级	
			面积/万亩	占比/%	面积/万亩	占比/%	面积/万亩	占比/%	面积/万亩	占比/%	面积/万亩	占比/%
	云南省	6971.95	1020.73	14.64	787.77	11.30	2048.06	29.38	2252.17	32.30	863.22	12.38
1	昆明市	473.89	108.68	22.93	71.69	15.13	179.90	37.96	88.98	18.78	24.64	5.20

续表

序号	行政区划	永久基本农田中耕地面积(万亩)	I级 面积/万亩	I级 占比/%	II级 面积/万亩	II级 占比/%	III级 面积/万亩	III级 占比/%	IV级 面积/万亩	IV级 占比/%	V级 面积/万亩	V级 占比/%
			\multicolumn{12}{耕地坡度分级}									
2	曲靖市	874.56	188.45	21.55	232.45	26.58	313.24	35.82	117.95	13.49	22.47	2.57
3	玉溪市	258.68	42.38	16.38	20.52	7.93	84.97	32.85	93.76	36.24	17.06	6.60
4	保山市	400.65	40.19	10.03	92.54	23.10	104.08	25.98	129.65	32.36	34.19	8.53
5	昭通市	714.05	27.61	3.87	17.12	2.40	213.67	29.92	211.37	29.60	244.28	34.21
6	丽江市	247.38	36.75	14.86	30.33	12.26	102.45	41.41	65.22	26.36	12.63	5.11
7	普洱市	694.15	21.64	3.12	29.37	4.23	145.58	20.97	421.90	60.78	75.67	10.90
8	临沧市	570.61	17.99	3.15	18.33	3.21	144.57	25.34	298.72	52.35	91.01	15.95
9	楚雄州	357.73	58.72	16.42	39.24	10.97	113.91	31.84	122.23	34.17	23.63	6.61
10	红河州	728.16	125.27	17.20	63.92	8.78	201.35	27.65	201.32	27.65	136.30	18.72
11	文山州	756.78	95.54	12.62	75.56	9.98	240.34	31.76	234.44	30.98	110.91	14.66
12	西双版纳州	156.78	60.19	38.39	16.92	10.79	30.32	19.34	47.94	30.58	1.42	0.91
13	大理州	382.84	103.60	27.06	42.53	11.11	92.79	24.24	116.31	30.38	27.61	7.21
14	德宏州	224.19	86.38	38.53	30.28	13.51	54.53	24.32	51.76	23.09	1.24	0.55
15	怒江州	68.78	1.42	2.06	0.86	1.25	10.09	14.66	28.21	41.02	28.21	41.01
16	迪庆州	62.71	5.93	9.46	6.11	9.75	16.29	25.98	22.44	35.78	11.94	19.04

注：因"四舍五入"的原因，有的州(市)分项比例之和不等于100%，存在±0.01%的误差。

(二)云南省永久基本农田中耕地坡度集中化指数分析

集中化指数是一个描述地理数据分布集中化程度的指数。其计算公式为

$$I_i = (A_i - R)/(M - R) \tag{8-1}$$

式中，I_i 为第 i 个区域的土地集中化指数，A_i 为第 i 个区域各种土地类型累计百分比之和，M 为土地集中分布时的累计百分比之和，R 是高一层次区域各种土地类型的累计百分比之和，以 R 作为衡量集中化程度的基准。集中化指数越大，说明集中化程度越高。当 $R=359$，$M=500$ 时，计算出云南省各州(市)的土地利用集中化指数。

根据计算的云南省各州(市)坡度级别永久基本农田集中化指数来看(表8-8)，不同坡度下普洱市的耕地集中程度最高，结合分布示意图(图8-8)可以看出，在III、IV级坡度下集中于普洱的西南地区；其次集中程度较高的为临沧市，在III级坡度下集中于西南区域，在四级坡度下集中于中北部和南部区域；集中程度第三的为昭通市，III级坡度下集中于中部地区，IV级坡度下在东部和西南部分布较多。而集中程度较低的三个地区主要分布在文山州、迪庆州和大理州，从图中也可以看出这三个地区的不同坡度级别耕地分布较为分散。

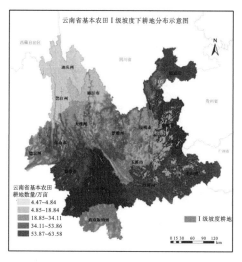

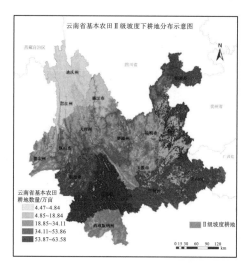

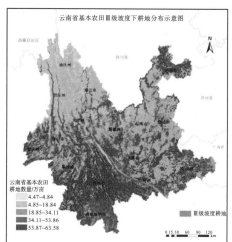

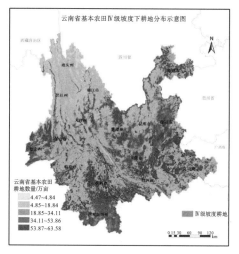

图 8-8　云南省永久基本农田各级坡度下耕地分布示意图

表 8-8　云南省各州(市)坡度级别永久基本农田集中化指数

指数	云南省	昆明市	曲靖市	玉溪市	保山市	昭通市	丽江市	普洱市	临沧市
A_i	359.00	373.33	379.59	384.21	363.59	389.69	386.71	432.06	420.52
I_i	0	0.1016	0.1460	0.1788	0.0326	0.2176	0.1965	0.5182	0.4363

指数	楚雄州	红河州	文山州	西双版纳州	大理州	迪庆	德宏州	怒江州	—
A_i	357.99	348.19	361.89	394.75	362.29	368.87	386.77	377.47	—
I_i	0.1205	0.0767	0.0071	0.2535	0.0233	0.0073	0.1969	0.1310	—

此外，不同坡度等级下云南省永久基本农田的耕地分布呈现如下特征：Ⅰ级坡度等级下耕地较为集中，Ⅰ级坡度级别下的永久基本农田主要分布于曲靖的西南部、昆明的东部和南部、红河的东北部、文山的西北部、大理的东部和楚雄的中部地区；Ⅱ级坡度级别下的永久基本农田主要分布在德宏、西双版纳、曲靖、红河、昆明、大理等州(市)的平坝中；Ⅲ级坡度级别下的永久基本农田主要分布在曲靖和昆明大部分地区、文山州西部和昭通市中南部；第四坡度级别下的永久基本农田主要分布在普洱和临沧的大部分地区、文山州西部和昭通等州(市)的山区。对大于25°顺坡耕地及因其他因素限制而不再适宜耕作的实施退耕还林(草)、对小于25°顺坡耕地实施"坡改梯"等水土保持型农业技术工程将是云南省实现耕地资源可持续利用和农业可持续发展的主导性战略措施。

五、云南省永久基本农田中耕地质量等别情况

(一)云南省永久基本农田等别数量和分布特征

根据《2016 年全国耕地质量等别更新评价主要数据成果的公告》，截至 2015 年末，全国耕地平均质量等别为 9.96 等，优、高、中、低等耕地面积比例分别为 2.90%、26.59%、52.72%、17.79%。云南省永久基本农田中，耕地质量等别分布在 1～13 等(无 2 等)。平均质量等别为 10.51 等。其中，1～4 等优等地面积为 37.53 万亩，占耕地面积的 0.54%；5～8 等高等地面积为 599.71 万亩，占 8.60%；9～12 等中等地面积为 6309.37 万亩，占 90.50%；13 等低等地面积为 25.34 万亩，占 0.36%。

根据以上数据分析，全省耕地有以下特点：①耕地数量多但质量差；②耕地利用等别差异大，中等地和低等地占比高。

云南省永久基本农田耕地质量等别比例如图 8-9 所示，质量等别情况如表 8-9 所示。

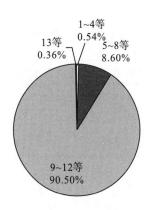

图 8-9　云南省永久基本农田耕地质量等别比例图

表 8-9　云南省永久基本农田耕地质量等别情况表　　　　　　（单位：万亩）

序号	行政区划	永久基本农田	耕地	1等	2等	3等	4等	5等	6等	7等	8等	9等	10等	11等	12等	13等
	云南省	7348.26	6971.95	0.50	—	15.94	21.09	33.79	126.27	167.13	272.52	534.29	1498.93	2582.74	1693.41	25.34
1	昆明市	475.86	473.89	—	—	—	—	0.17	12.36	17.57	25.17	46.42	100.26	160.86	107.96	3.11
2	曲靖市	882.83	874.56	—	—	—	—	—	10.15	4.69	21.22	59.54	240.64	377.43	160.90	—
3	玉溪市	259.66	258.68	—	—	—	3.23	4.38	12.69	25.93	28.78	35.42	51.02	89.78	7.45	—
4	保山市	402.82	400.65	—	—	—	—	—	5.35	3.91	10.55	37.97	102.54	165.05	75.28	—
5	昭通市	717.38	714.05	—	—	—	—	—	0.41	0.59	2.23	2.32	33.80	399.30	268.24	7.15
6	丽江市	251.46	247.38	0.07	—	—	1.12	1.38	0.09	2.26	2.57	5.94	32.02	56.90	144.77	0.26
7	普洱市	888.70	694.15	—	—	—	—	—	—	5.46	21.33	53.65	141.20	161.68	301.11	9.73
8	临沧市	621.71	570.61	—	—	—	—	4.83	4.73	3.03	16.34	24.77	138.85	189.76	188.30	—
9	楚雄州	357.73	357.73	—	—	—	9.73	2.18	1.41	27.45	34.28	35.90	54.11	121.81	70.87	—
10	红河州	737.47	728.16	—	—	—	—	—	3.12	15.68	29.99	71.41	156.02	305.70	146.24	—
11	文山州	759.03	756.78	—	—	—	—	—	—	5.41	10.86	69.07	321.26	302.08	48.10	—
12	西双版纳州	239.10	156.78	—	—	6.14	4.42	6.14	7.66	4.80	5.11	31.58	30.00	53.22	7.20	—
13	大理州	384.73	382.84	—	—	—	9.11	2.35	24.64	24.88	35.38	32.23	66.62	125.81	61.37	0.46
14	德宏州	238.29	224.19	—	—	—	1.02	14.54	43.67	25.46	28.73	28.07	28.95	31.05	22.71	—
15	怒江州	68.78	68.78	—	—	—	—	—	—	—	—	—	—	20.58	48.09	0.11
16	迪庆州	62.71	62.71	—	—	—	—	—	—	—	—	—	1.64	21.73	34.82	4.52

　　云南各州（市）的永久基本农田耕地等别差异较大，有 10 个州（市）没有优等地，分别为昆明市、曲靖市、保山市、昭通市、普洱市、临沧市、红河州、文山州、怒江州和迪庆州，其中怒江州和迪庆州优等地和高等地均没有，有 9 个地区没有低等地，分别为曲靖市、玉溪市、保山市、临沧市、楚雄州、红河州、文山州、西双版纳州和德宏州。

　　（二）云南省永久基本农田质量多样性和异质性分析

　　景观多样性和异质性是景观生态学的两个重要概念，多样性主要描述斑块性质的多样化，而异质性则体现了斑块空间镶嵌的复杂性，或者景观结构空间分布的非均匀性和非随机性[56]。景观多样性和异质性的存在决定了景观空间格局的多样性和斑块的多样性，可以采用类型的多样性指数、优势度指数、均匀度指数和集中化指数等景观指数测定。

　　多样化分析的目的在于分析区域内各种农用地质量等别的齐全程度或多样化状况，本书采用景观类型多样性指数 H_i 方法来度量。计算公式如下：

$$H_i = -\sum_{j=1}^{n} P_{ij} \ln P_{ij} \qquad (8\text{-}2)$$

式中，H_i 为第 i 个行政单位的农用地质量的多样性指数；P_{ij} 为第 i 个行政单位第 j 项农用耕地质量等别面积占全部农用地质量等别面积之和的比例。

优势度指数用于测度农用地质量等别中一等或几等类型支配全部农用地质量的程度。计算公式为

$$D_i = H_{\max} + \sum_{j=0}^{n} P_{ij} \ln p_{ij} \qquad (8\text{-}3)$$

$$H_{\max} = \ln m$$

式中，D_i 为第 i 个行政单位的农用地质量的优势度指数。m 为给定区域的最大农用地质量等别数。

均匀度指数用于表征农用地质量等级的分配均匀程度，计算公式为

$$E_i = \ln\left[\sum_{j=0}^{n} \left(P_{ij}\right)^2\right] / \ln m \times 100\% \qquad (8\text{-}4)$$

式中，E_i 为第 i 个行政单位的农用地质量的均匀度指数。

云南省永久基本农田质量分布呈多样化，多样性指数以德宏地区最高，最低的是怒江州，多样性指数大于云南省的地区有昆明市、玉溪市、楚雄州、西双版纳州、大理州和德宏州。集中度指数与多样性指数呈相反的态势，结合二者进行对比，耕地质量多样性较高的几个地区其集中度指数均较低。集中度指数最低的为丽江市，其次是大理、西双版纳、楚雄，集中度指数较高的是怒江州、迪庆州。优势度指数越高表示该区域的优势度越明显，德宏地区优势度指数最高，说明德宏州永久基本农田的耕地质量等别对区域内的耕地资源支配程度较大。均匀度指数作为描述永久基本农田景观由少数几个主要景观类型控制程度的指数，从整体来看，迪庆、昭通、怒江的值较低，分布相对更不均衡，德宏州的均匀度指数最高(表 8-10)。

表 8-10 16 州(市)景观格局指数

	多样性指数	集中度指数	优势度指数	均匀度指数
云南省	1.6061	0	0.9588	0.6262
昆明市	1.6690	0.3278	0.896	0.6507
曲靖市	1.3821	0.4825	1.1828	0.5388
玉溪市	1.8085	0.3585	0.7565	0.7051
保山市	1.4501	0.4943	1.1148	0.5654
昭通市	0.9302	0.3268	1.6348	0.3626
丽江市	1.1618	0.0340	1.4032	0.4530
普洱市	1.4284	0.4907	1.1365	0.5569

续表

	多样性指数	集中度指数	优势度指数	均匀度指数
临沧市	1.4218	0.3947	1.1432	0.5543
楚雄州	1.7766	0.3547	0.7884	0.6926
红河州	1.4820	0.5007	1.083	0.5778
文山州	1.2202	0.5691	1.3448	0.4757
西双版纳州	1.886	0.1774	0.6789	0.7353
大理州	1.8743	0.2753	0.6906	0.7307
德宏州	2.0612	0.4736	0.5038	0.8036
怒江州	0.6215	0.8232	1.9434	0.2423
迪庆州	0.9787	0.7467	1.5863	0.3816

通过频率累计绘制洛伦兹曲线，分析永久基本农田耕地不平等集中或分散的程度，可以进一步佐证各州(市)永久基本农田质量景观指数情况。洛伦兹曲线由美国统计学家 M. Lorenz 于 20 世纪初提出，地理学中为了测度地理现象在区域上的集中程度引入了洛伦兹曲线，通过频率累计绘制成曲线来刻画不平等集中或分散程度。首先将各州(市)永久基本农田地类面积百分比由小到大按顺序排列，然后计算累计面积百分比，最后根据原理绘制洛伦兹曲线。在洛伦兹曲线中，坐标横轴和纵轴上的点均由百分比构成，与横坐标呈 45° 夹角时，称为绝对均匀线。曲线越接近均匀分布线(对角线)，曲线离差越小，表明该质量等别在全区分布越均匀；反之，离绝对均匀线较远，表明该质量等别在全区中的区域分布差异大，即分布相对分散。按照洛伦兹曲线绘制方法，将云南省各州(市)所有永久基本农田质量等别面积比例从小到大排列，计算累计百分比，并据此绘制云南省永久基本农田耕地质量等别洛伦兹曲线，其结果如图 8-10 所示。

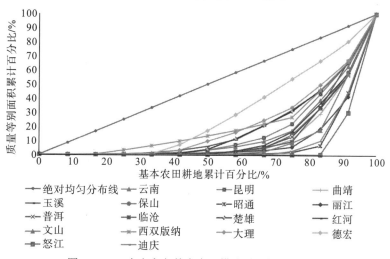

图 8-10 云南省永久基本农田耕地质量等别洛伦兹曲线

　　通过洛伦兹曲线可以看出，各州（市）永久基本农田等别的集中化程度有较大差异，德宏离绝对均匀分布线最近，可见耕地质量等别分布最均匀，其次是西双版纳。德宏州是以中、低山地为主的低纬山原地区，盆坝平地河谷较多，永久基本农田主要分布在山河谷地、盆地和洼地，因此其耕地质量分布较为均匀；西双版纳坡度较缓，谷地浅阔，地处热带及南亚热带气候，水热条件决定适宜的耕地类型多样，优势度不明显，耕地质量也比较均匀。迪庆、昭通、怒江离平均线较远，表明耕地质量等别差距较大，该结果与景观格局指数相吻合。迪庆和怒江处于青藏高原南缘，横断山脉和三江并流所在地，山川连绵、峡谷纵横，且坡地多、平地少，基本农田中水田、水浇地主要集中分布在狭小河谷或山间小盆地，旱地多集中分布在较高丘陵山坡上，耕地质量等别受地形、气候和土壤影响差距较大，因此呈现出较强的质量分布多样性和不均匀性。昭通市地处破碎高原，起伏较大，土壤主要为红壤，水土流失较重，以旱地为主，低质量耕地体现出较强的支配和优势度，因此分布呈现不均匀的特征。

　　（三）耕地质量组合结构分析

　　为进一步确定耕地质量等别的空间组合类型，可以运用威弗-托马斯（Weaver Thomas）组合系数法确定耕地质量等别的类型特征和主要类型。威弗-托马斯组合系数法的计算方法为：首先把耕地各等别按面积相对比例由大到小排列，假设耕地质量只分配给一个等别，这个等别的假设分布为100%，其他等别的假设分布为0；若仅分配给前两个等别，这两个等别的假设分布为50%，其他等别的假设分布为0；以此类推，如果耕地均匀分配给9个或8个等别，则假设分布为11.11%或12.50%。之后计算和比较每一种假设分布与实际分布之差的平方和（即组合系数）。最后选择假设分布与实际分布之差的平方和最小的假设分布组合类型（最小组合系数所对应的组合类型），该组合类型即为区域耕地等别的组合类型。云南省永久基本农田耕地质量等别组合类型分析结果如表8-11所示。

表8-11　云南省永久基本农田耕地质量等别组合类型分析结果

指标区	组合系数	组合类型	组合数
云南省	233.93	11+12+10	3
昆明市	257.02	11+12+10	3
曲靖市	353.66	11+10+12	3
玉溪市	435.08	7+8+9+10+11	5
保山市	331.95	10+11+12	3
昭通市	188.57	11+12	2
丽江市	801.25	11+12	2
普洱市	371.01	10+11+12	3

续表

指标区	组合系数	组合类型	组合数
临沧市	81.09	10+11+12	3
楚雄州	428.21	8+9+10+11+12	5
红河州	391.54	10+11+12	3
文山州	158.26	10+11	2
西双版纳州	376.24	9+10+11	3
大理州	440.37	8+9+10+11+12	5
德宏州	195.96	6+8+9+10+11	5
怒江州	800.02	11+12	2
迪庆州	267.41	11+12	2

从表中可以看出云南省永久基本农田耕地质量等别组合数最低为 2，有昭通、丽江、文山、怒江和迪庆 5 个州(市)，且质量等级较低，主要集中在 11、12 等级；而大部分州(市)的耕地质量等别组合数为 3，占云南州(市)的二分之一，玉溪、楚雄、大理和德宏的组合数最高，异质性显著。总体看来云南省基本农田耕地质量组合类型复杂，各指标区组合类型有较大差异，11 等别耕地均出现在各指标区组合类型中，表明受到人类活动干扰，耕地质量景观趋于复杂化。为了进一步直观表达各指标区组合类型，采用 GIS 技术在表 8-11 的基础上编制耕地质量组合类型分布图(图 8-12)。

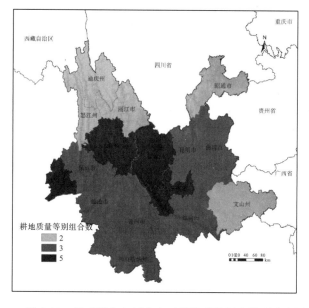

图 8-11 云南省永久基本农田耕地质量组合类型分布图

　　结合表 8-11 和图 8-12 分析云南省永久基本农田耕地质量等别组合类型空间分布特点，结果表明：云南省永久基本农田耕地质量等别组合类型分布呈中西部组合类型齐全程度高于北部和东南部的特征。中部和西部少量地区宜耕土地资源多，因此耕地等别组合类型较多，西北部、东北部和东部由于自然条件复杂，土地宜耕性差、区域地形地貌差异大，耕地等别组合类型受限制较大。

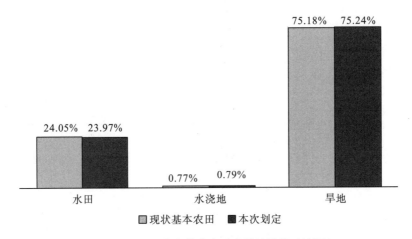

图 8-12　永久基本农田中耕地地类对比图

六、坝区永久基本农田划定成果分析

（一）坝区划定成果

　　坝区是全省优质耕地的集中分布区域，坝区耕地面积为 1987.83 万亩，经过本轮永久基本农田划定，云南省坝区耕地划入永久基本农田面积 1595.19 万亩，比例约为 80.25%。

（二）坝区比例情况说明

　　根据《云南省国土资源厅关于印发〈云南省市县乡级土地利用总体规划调整完善技术指南〉的通知》（云国土资规〔2017〕236 号）规定，调整后各县（市、区）坝区永久基本农田保护比例原则上不低于 80%，部分县（市、区）确实无法达到的，所在州（市）不得低于 80%。其中，昆明市、怒江州坝区耕地划为永久基本农田比例未达到 80%，分别为 78.50%、72.90%，但仍不低于土地利用总规划调整完善时的坝区比例[57]。云南省各州（市）坝区永久基本农田划定情况详如表 8-12 所示。

表 8-12　云南省各州(市)坝区永久基本农田划定情况表

序号	行政区划	划定永久基本农田面积/万亩	坝区永久基本农田面积/万亩	坝区耕地面积/万亩	坝区耕地保护比例/%
	云南省	7348.26	1595.19	1987.83	80.25
1	昆明市	475.86	171.92	219.01	78.50
2	曲靖市	882.83	334.55	418.06	80.02
3	玉溪市	259.66	61.40	76.73	80.02
4	保山市	402.82	82.21	102.51	80.19
5	昭通市	717.38	40.83	50.67	80.57
6	丽江市	251.46	38.70	48.29	80.14
7	普洱市	888.70	46.14	57.49	80.25
8	临沧市	621.71	37.62	46.96	80.10
9	楚雄州	357.73	116.40	144.71	80.44
10	红河州	737.47	165.68	206.93	80.06
11	文山州	759.03	159.92	199.73	80.07
12	西双版纳州	239.10	73.49	89.72	81.91
13	大理州	384.73	152.06	188.47	80.68
14	德宏州	238.29	108.28	131.23	82.51
15	怒江州	68.78	2.02	2.78	72.90
16	迪庆州	62.71	3.98	4.53	87.76

第三节　云南省永久基本农田中耕地时空格局演化特征

　　我国为贯彻落实最严格的耕地保护制度和最严格的节约用地制度,落实《全国土地利用总体规划纲要(2006—2020 年)》,国土资源部于 2009 年制定了《市县乡级土地利用总体规划编制指导意见》,规定了基本农田调整和布局,明确了基本农田调整的原则、要求和基本农田保护区的划定要求。因此,探讨云南省永久基本农田时空结构特征演变,能科学评判永久基本农田的结构,为合理布局和调整提供科学依据和参考。

　　云南省永久基本农田划定经历了从多预留一定比例的基本农田到划出与补充相结合实现质与量的双重保证过程。在 2009 年的基本农田保护区划定中,按照国土资源部办公厅《关于印发市县乡级土地利用总体规划编制指导意见的通知》(国土资厅发〔2009〕51 号),在基本农田调整和布局要求中规定可以多划一定比例,用于规划期内补划不易确定具体范围的建设项目占用基本农田,包括难以确定用地范围的交通、水利等线型工程用地,不宜在城镇村建设用地范围内建设、又难以定位的独立建设项目(如防灾救灾建设、社会公益项目建设、城镇村重要基础设施建设、污染企业搬迁等)。因此前期划定的基本农田多预留了一定比例,用于规划期内不易确定具体范围的建设项目占用。而此后,国土资源部和农业部联合发布了《关于进一步做好永久基本农田划定工作的通知》(国土资发〔2014〕128 号),要求在划定过程中,发现现状基本农田中有不符合划定要求的建设用地、未利用地,以及质量不符合要求的其他农用地的,应当予以划出,并补充划定质量符合要求的永久基本农田。在对数量和质量都进行了双重要求的前提下,云南省基本农田做了相应的调整,以实现数量达标、质量优化的目标。本书选取 2012 年、2014 年和 2017 年云南省基本农田数量信息进行分析①。由于耕地是构成永久基本农田的主要部分(此外永久基本农田还包括极少部分园地、林地、沟渠等其他地类),所以在研究永久基本农田时空格局演化特征过程中,以永久基本农田中的耕地作为研究主体具有一定代表性。

一、永久基本农田划定前后对比分析

依据 2013 年报部备案的云南省土地利用总体规划成果和 2014 年度土地利用现状变更调查成果,全省基本农田保护面积为 7878.60 万亩。其中,耕地面积为 7432.66 万亩,其他农用地共 445.94 万亩;本次永久基本农田划定中,划定永久基本农田面积 7348.26 万亩,比 2014 年现状基本农田面积降低 530.34 万亩,其中耕地降低 460.71 万亩,园地和林地降低 69.63 万亩。

(一)划定前后地类对比

1. 耕地

现状基本农田中,耕地面积为 7432.66 万亩,其中:水田面积为 1787.32 万亩,水浇地面积为 57.24 万亩,旱地面积为 5588.1 万亩。本次永久基本农田划定中,耕地面积比现状基本农田中耕地面积减少 460.71 万亩,比例提高 0.54 个百分点,其中:水田面积减少 116.44 万亩,比例降低 0.08 个百分点;水浇地面积减少 1.95 万亩,比例提高 0.02 个百分点;旱地面积减少 342.32 万亩,比例提高 0.06 个百分点。

2. 其他农用地

现状基本农田中,其他农用地共 445.94 万亩,其中:园地面积为 317.09 万亩,可调整林地面积为 128.85 万亩;本次永久基本农田划定中,园地面积比现状基本农田中园地面积减少 31.83 万亩,比例降低 0.14 个百分点;可调整林地减少 37.79 万亩,比例降低 0.40 个百分点(图 8-13)。

---

① 本节对基本农田数量和结构演变的分析,主要是针对基本农田中的耕地,因此表达为"基本农田中的耕地"或"基本农田耕地",与"耕地"和"基本农田"进行区分。

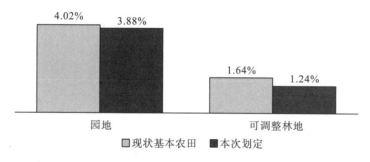

图 8-13　永久基本农田中其他地类对比图

（二）划定前后坡度级别对比

现状基本农田中，耕地坡度小于等于 15°的有 4089.18 万亩，坡度为（15°，25°] 的有 2381.58 万亩，25°以上的有 961.91 万亩。本次永久基本农田划定中，坡度小于等于 15°耕地面积比现状基本农田中坡度小于 15°耕地面积降低 232.63 万亩；坡度为（15°，25°] 耕地面积降低 129.41 万亩；大于 25°耕地面积降低 98.69 万亩。从比例变化可看出，划定后，25°以下耕地比例提高，大于 25°耕地比例降低，永久基本农田质量有所提高。

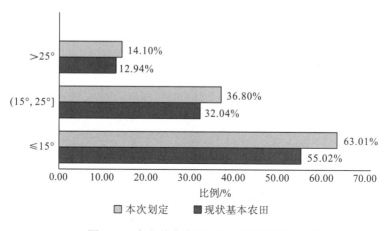

图 8-14　永久基本农田中耕地坡度级别对比图

（三）划定前后质量等别对比

现状基本农田中耕地质量等别为 1～13 等（无 2 等），平均质量等别为 10.51 等。其中：1～4 等优等地面积为 39.63 万亩，5～8 等高等地面积为 638.14 万亩，9～12 等中等地面积为 6726.04 万亩，13 等低等地面积为 28.85 万亩，本次永久基本农田划定中，耕地质量等别为 1～13 等（无 2 等），平均质量等别仍为 10.51 等。其中：1～4 等优等地面积比现状基本农田减少 2.1 万亩，比例提高 0.01 个百分点；5～8 等高等地面积减少 38.43 万亩，比例提高 0.01 个百分点；9～12 等中等地面积减少 416.66

万亩，比例提高 0.01 个百分点；13～15 等低等地面积减少 3.51 万亩，比例降低 0.03 个百分点。从比例变化可看出，划定后，优、高、中等地占永久基本农田的比例略微提高，低等地占永久基本农田的比例略有降低，具体变化如图 8-15 所示。

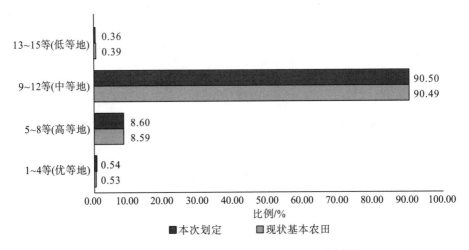

图 8-15   永久基本农田质量等别对比分析图

二、永久基本农田中耕地数量演变分析

(一)土地利用动态和永久基本农田中耕地增减强度分析

耕地的动态变化是耕地与其他土地利用类型之间相互转化的过程，通过对云南省永久基本农田中的耕地总体动态变化和基于地类的动态变化测算[58]，可以揭示 2012～2017 年云南省永久基本农田中耕地面积的变化程度。

土地利用的动态变化采用动态度指数 K 来度量，表达式为

$$K = \frac{U_b - U_a}{U_a} \times \frac{1}{T} \times 100\% \qquad (8\text{-}5)$$

式中，K 为动态度指数；U_a、U_b 分别为某一土地利用类型研究期初、末面积；T 为研究时段，单位为"年"。

通过对土地利用动态度的测算，可以看出云南永久基本农田耕地总体动态变化呈现出逐渐增强的趋势。2012～2014 年的永久基本农田中耕地面积动态变化强度是 2014～2017 年动态变化强度的 7.6 倍(表 8-13)。在永久基本农田耕地地类动态变化过程中，2012～2014 年变化程度相对较强的是园地，最小的是林地，2014～2017 年的动态变化强度最大的是耕地，最小的是园地。2012～2017 年，旱地的变化数量最大。

表 8-13　云南省各地区(州、市)基本农田耕地面积、变化比例及其动态度指数

地区	2017 年		2014 年		2012 年		2014～2017 年		2012～2014 年	
	面积/万公顷	比例/%	面积/万公顷	比例/%	面积/万公顷	比例/%	变化面积/万公顷	K	变化面积/万公顷	K
云南省	489.88	100.00	495.51	100.00	526.17	100.00	-5.63	0.38	-30.66	2.91
昆明市	31.72	6.48	33.69	6.41	34.11	6.48	-1.96	2.91	-0.43	0.63
曲靖市	58.86	12.01	62.29	11.86	63.58	12.08	-3.43	2.76	-1.28	1.01
玉溪市	17.31	3.53	18.75	3.57	18.84	3.58	-1.44	3.84	-0.08	0.23
保山市	26.85	5.48	28.45	5.42	28.77	5.47	-1.60	2.81	-0.32	0.55
昭通市	47.83	9.76	50.93	9.70	51.42	9.77	-3.10	3.05	-0.49	0.48
丽江市	16.76	3.42	17.43	3.32	17.85	3.39	-0.66	1.91	-0.42	1.19
普洱市	59.25	12.09	48.45	9.22	62.72	11.92	10.80	-11.15	-14.27	11.38
临沧市	41.45	8.46	39.88	7.59	44.55	8.47	1.57	-1.96	-4.67	5.24
楚雄州	23.85	4.87	25.73	4.90	25.76	4.89	-1.88	3.66	-0.02	0.04
红河州	49.16	10.04	53.08	10.11	53.76	10.22	-3.92	3.69	-0.68	0.63
文山州	50.60	10.33	53.32	10.15	53.86	10.24	-2.72	2.55	-0.53	0.50
西双版纳州	15.94	3.25	11.17	2.13	16.96	3.22	4.77	-21.32	-5.79	17.06
大理州	25.65	5.24	27.26	5.19	27.45	5.22	-1.61	2.95	-0.19	0.34
德宏州	15.89	3.24	15.77	3.00	17.23	3.27	0.12	-0.37	-1.46	4.23
怒江州	4.59	0.94	4.83	0.92	4.84	0.92	-0.24	2.56	-0.01	0.06
迪庆州	4.18	0.85	4.47	0.85	4.47	0.85	-0.28	3.19	0.00	0.05

注：K 为动态度指数。

由表 8-13 可知，云南省 2014～2017 年的变化面积大于 2012～2014 年的变化面积，从各州(市)的永久基本农田耕地数量变化看，2012～2014 年云南各区域耕地绝对数量均减少，2014～2017 年云南各区域耕地绝对数量变化各异，有增有减。云南省 2014～2017 年的变化幅度大于 2012～2014 年的变化幅度，而在云南各州(市)的永久基本农田变化过程中，2012～2014 年，除了德宏州，其余地区的变幅均大于全省耕地增减强度指数。2014～2017 年，普洱市、临沧市、西双版纳州和德宏州的变化幅度大于云南省的耕地变化幅度。2012～2014 年，变化增减强度范围为 0.37～3.84，2014～2017 年，增减强度范围为 0.04～17.06，变化强度较大。

根据云南省十六个州(市)基本农田耕地数量变化的区域差异，还可用相对变化率进行定量分析。与 2012 年相比较，2014 年基本农田耕地数量减少最多的地区是普洱、西双版纳和临沧，分别减少了 14.27、5.79 和 4.67 万公顷；而 2014～2017 年，有四个州(市)耕地有不同程度的增加，依次为普洱增加 10.80 万公顷、西双版纳增加 4.77 万公顷、临沧增加 1.57 万公顷、德宏增加 0.12 万公顷。其他

区域基本农田耕地数量均不同程度减少，其中减少数量最多的是红河州，减少了3.92 万公顷，然后依次为曲靖减少 3.43 万公顷，昭通减少 3.10 万公顷，耕地数量减少幅度最小的是怒江，减少了 0.24 万公顷。云南地区各州(市)自然资源禀赋、社会经济发展环境各异，耕地数量变化也不尽相同(图 8-16)。

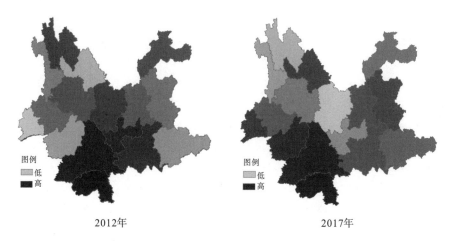

图 8-16　云南基本农田耕地数量动态指数空间格局图

云南省基本农田类型主要是耕地、园地、林地。如表 8-14 所示，近五年，耕地占省总面积比例中 2012 年与 2014 年基本持平，分别为 94.33% 和 94.34%，2017年有所增加，为 94.88%。园地面积由 2012 年占全省基本农田耕地面积的 4.06%，略微减少为 2014 年的 4.02%，2017 年进一步减少至 3.88%。林地则由最初的基本持平状态的 1.63% 减少到 2017 年的 1.24%。2012～2014 年，云南省基本农田地类中变化强度相对较大的为园地，2014～2017 年，变化强度相对较大的为耕地。

表 8-14　云南省基本农田耕地类型面积、比例及其动态度指数

地类	2012 年		2014 年		2017 年		2012～2014 年		2014～2017 年	
	面积/万公顷	比例/%	面积/万公顷	比例/%	面积/万公顷	比例/%	K	变化面积/万公顷	K	变化面积/万公顷
耕地	496.31	94.33	495.51	94.34	464.80	94.88	0.08	-0.80	2.07	-30.71
园地	21.25	4.06	21.14	4.02	19.02	3.88	0.26	-0.11	3.35	-2.12
林地	8.60	1.63	8.59	1.64	6.07	1.24	0.07	-0.01	9.78	-2.52

(二)基本农田耕地数量空间差异时序变化

运用变异系数可以测度云南省耕地数量相对差异的演变特征[59]。以各州(市)基本农田耕地数量 S 作为测度云南省基本农田耕地数量差异的指标，用变异系数 V_t 代表云南省基本农田耕地数量的空间差异。其计算公式如下：

$$S = \sqrt{\frac{\sum_{i=1}^{n}(X_{it} - \overline{X_t})^2}{n}}, V_t = S_t / \overline{X_t} \tag{8-6}$$

式中，S_t 为标准差；X_{it} 为第 i 个州(市)t 时间的基本农田耕地数量；n 为各州(市)的个数；$\overline{X_t}$ 为 n 个州(市)t 时间基本农田耕地数量的均值；V_t 越大，说明云南省地区基本农田耕地数量空间差异越大。

从云南省各州(市)基本农田变异系数动态变化趋势看，2012～2014 年变化范围为 0.998%～1.003%，各州(市)基本农田与云南省基本农田变化基本无差异。2014～2017 年为 0.759%～1.269%，有六个州(市)的基本农田变化速度大于云南省基本农田变化速度，从大到小依次是红河州、玉溪市、德宏州、曲靖市、楚雄州、临沧市，变化最小的为怒江州。通过云南省基本农田变化差异性的统计值看，2012～2014 年云南省基本农田变化统计值为 15.99%，2014～2017 年为 15.82%，后者的变化数量空间差异程度略小于前者的变异程度(图 8-17)。

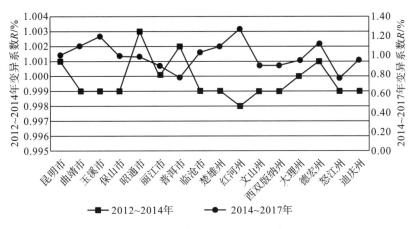

图 8-17　云南省基本农田变异系数动态变化趋势

(三)基本农田耕地数量变化的空间分异

1. 耕地地类区位指数分析

区位指数可以反映不同州(市)基本农田相对于云南省整体空间的相对聚集程度。通过区位指数对云南省不同年份各地土地数量结构区位进行分析，可明确各州(市)基本农田分布的区位优势和相对重要性，为基本农田的划定调整提供参考依据。

区位指数 Q_i 是综合性指标，计算公式为

$$Q_i = (f_i / \sum f_i) / (F_i / \sum F_i) \tag{8-7}$$

式中，Q_i 为区位指数；f_i 为各州(市)第 i 种基本农田耕地的面积；$\sum f_i$ 为各州(市)

基本农田的面积之和；F_i 为云南省第 i 种基本农田耕地的面积；$\sum F_i$ 为云南省基本农田不同类型的面积之和。若 $Q_i>1$，则该土地具有区位意义。

　　相对于全省而言，2012 年、2014 年和 2017 年，昆明市、玉溪市、保山市、昭通市、丽江市、楚雄州、红河州、文山州、大理州、怒江州和迪庆州共 11 个州（市）的耕地在三个年份均具有区位意义；从三个年份的园地利用指数可看出普洱市、临沧市、西双版纳州、德宏州的区位意义非常明显，而 2012～2014 年曲靖市、普洱市和临沧市的林地具有较强区位意义，区位指数均在 1.8 以上，其中普洱市的林地区位意义最为显著，而 2017 年林地仅有普洱市最为显著且高于往年，其余地区均小于 1。园地和林地在普洱市占有较大比例，园地比例最大的是西双版纳州。因此总体来看，云南省大部分州（市）的基本农田耕地具有区位优势，但是优势并不是很强；园地有五个地区有明显的区位意义，并且比较显著；林地总体并不显著，经过调整后，由之前的三个州（市）变为仅有普洱市一个地区显著，并且显著性得到较大提升（表 8-15）。

表 8-15　云南省各州（市）土地利用区位指数表

地区	2012 年			2014 年			2017 年		
	耕地	园地	林地	耕地	园地	林地	耕地	园地	林地
昆明市	1.050	0.238	0.000	1.050	0.237	0.000	1.050	0.107	0.000
曲靖市	1.040	0.033	1.103	1.039	0.033	1.103	1.044	0.032	0.656
玉溪市	1.056	0.091	0.000	1.056	0.092	0.000	1.050	0.097	0.000
保山市	1.049	0.263	0.000	1.049	0.264	0.000	1.048	0.138	0.000
昭通市	1.055	0.016	0.257	1.055	0.016	0.258	1.049	0.017	0.321
丽江市	1.036	0.557	0.000	1.036	0.554	0.000	1.037	0.418	0.000
普洱市	0.822	3.252	5.719	0.822	3.250	5.730	0.823	3.367	7.117
临沧市	0.950	2.054	1.301	0.949	2.061	1.301	0.967	2.061	0.177
楚雄州	1.060	0.000	0.000	1.060	0.000	0.000	1.054	0.000	0.000
红河州	1.047	0.316	0.000	1.047	0.312	0.000	1.041	0.325	0.000
文山州	1.050	0.098	0.318	1.050	0.098	0.318	1.051	0.076	0.000
西双版纳州	0.699	8.437	0.000	0.699	8.467	0.000	0.691	8.869	0.000
大理州	1.055	0.118	0.000	1.055	0.119	0.000	1.049	0.127	0.000
德宏州	0.972	1.846	0.523	0.973	1.829	0.522	0.992	1.386	0.434
怒江州	1.060	0.000	0.000	1.060	0.000	0.000	1.054	0.000	0.000
迪庆州	1.060	0.000	0.000	1.060	0.000	0.000	1.054	0.000	0.000

注：值为 0.000 表明区域内没有该类土地类型。

2. 基本农田耕地空间分布变化分析

　　将 2012 年和 2017 年的基本农田耕地面状数据转化为点状，然后利用核密度值测算，生成 2012 年和 2017 年云南省基本农田耕地核密度测算值空间分布图。如图 8-18 所示，比较两个年份的核密度分布图，结合上述的分析数据，对云南省五年内基本农田耕地空间分布进行总结分析。

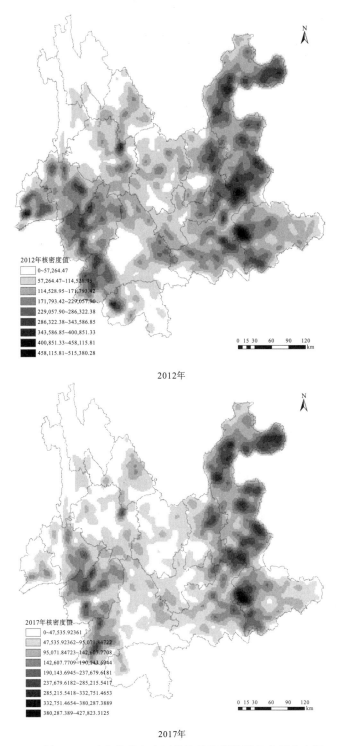

2012年

2017年

图 8-18　云南省基本农田耕地核密度测算值空间分布图

从总体核密度测算最大值来看，2012～2017年基本农田耕地地块空间分布数量呈现出减少的趋势。

从基本农田密度测算值空间分布情况来看：两个比较年份的基本农田耕地核密度测算值空间分布呈现出相似的空间格局，整体呈现出高区域主要集中在坝子分布广泛的东部地区、其次为西部高山地区，核密度值最稀疏的为中部地区的特征。

从具体区位来看，2012年基本农田耕地核密度测算值高值区域均主要集中在文山州南部、红河州东部和东北部，丽江市中西部、德宏州东部、临沧市和普洱市交界的北部地区；中值区域主要集中在昭通市北部和中南部、曲靖市南部、文山州中东部、红河州中西部、临沧市中东部、保山市和临沧市交界的北部；其余大部分为低值区。2017年，过去处于德宏州东部的高值区逐渐扩散开来，形成中值区，过去普洱市中西部的空白区演变为低密度区域，西双版纳州西部的高密度区变为了低密度区，西双版纳州的大部分地区出现了零星收缩。

从核密度测算值空间变化趋势来看，2012～2017年核密度测算值高值区域呈现出收缩的趋势，低密度值地区分布扩大。其中，收缩较为明显的为楚雄州、昆明市和普洱市。大理州的低值区域变得更加零星，普洱市的中值区域逐渐向低值转换并更加零星，说明基本农田为保证质量在空间分布上充分考虑地形条件作用。而东部地区的高密度空间分布呈现小幅扩张特征，主要扩张地域集中于昭通市和曲靖市大部、文山州西部，昆明市东北部部分地域形成集聚分布态势，集聚区位于区域东部、中西部。

三、永久基本农田耕地空间景观格局演变分析

景观空间格局主要是指不同大小和形状的景观斑块在空间上的排列状况，是景观异质性的重要表现[50]，景观格局作为农业生态系统的空间表象，直接影响农业生态系统的稳定性、脆弱性和农业生产功能，将云南省基本农田不同空间特性和时间序列上的景观特征联系起来，通过具有典型性的景观指数进行分析，可以有效阐释云南省基本农田耕地景观演变的规律。

在对云南省基本农田耕地地类、坡度和质量演化进行分析时，选取斑块密度(PD)、最大斑块占景观面积比例(LPI)、面积加权的平均斑块分维数(FRAC)、景观形状指数(LSI)、平均邻近指数(CONTIG)、散布与并列指数(IJI)、斑块凝聚度(COHESION)、景观聚集度(AI)等景观格局指标，并通过GIS软件将这些指标生成Grid栅格数据，在Fragstats4.2景观分析软件中完成指标评价。

(一)景观演化的重要指标解析

耕地优势景观演变：LPI度量的是景观的组分，计算的是某一斑块类型中最大斑块占据整个景观面积的比例，可帮助我们确定景观中模地(matrix)或优势景

观元素的依据之一，也决定着景观中优势种、内部种的丰度等生态特征和数量等生态系统指标的重要因素，其值的变化可以改变干扰的强度和频率，反映人类活动的方向和强弱[60]。

耕地形状结构演变[61, 62]：土地利用斑块形状和大小会影响一系列生态过程，表现在耕地上则反映耕地面积大小和形状在田间布局的合理性以及由此带来的对农业生产的促进和抑制效应。LSI 反映地类斑块之间形状差异的复杂程度，FRAC 土地利用斑块个体形状和面积大小之间相互关系的平均状态。本书选取面积加权形状指数（AWLSI）和面积加权分形维数（AWMPFD），其表达式分别为

$$AWLSI = \sum_{j=1}^{n}\left[\frac{p_{ij}}{\min p_{ij}}\left(\frac{a_{ij}}{\sum_{j=1}^{n}a_{ij}}\right)\right] \tag{8-8}$$

$$AWMPFD = \sum_{j=1}^{n}\left[\frac{2\ln\left(0.25 p_{ij}\right)}{\ln a_{ij}}\left(\frac{a_{ij}}{\sum_{j=1}^{n}a_{ij}}\right)\right] \tag{8-9}$$

式中，p_{ij} 为耕地坡度 i 下斑块 j 的周长；a_{ij} 为耕地坡度 i 下斑块 j 的面积，$\min p_{ij}$ 为与斑块 ij 面积相同的正方形的周长；$AWLSI \geq 1$，1 代表该地类为只含有一个正方形的版块；$1 \leq AWMPFD \leq 2$，1 代表形状最简单的正方形斑块，2 表示等面积下周边最复杂的斑块。

耕地分散度演变：CONTIG 能够度量同类型斑块间的邻近程度以及景观的破碎度，若其值小，表明同类型斑块间离散程度高或景观破碎程度高；若其值大，表明同类型斑块间邻近度高，景观连接性好。CONTIG 对斑块间生态演变过程进展的顺利程度有十分重要的影响。IJI 是描述景观空间格局最重要的指标之一。IJI 对那些受到某种自然条件严重制约的生态系统的分布特征反映显著，如山区的各种生态系统严重受到垂直地带性的影响，其分布多呈环状，IJI 一般较低；而干旱区中的许多过渡植被类型受制于水的分布与多寡，彼此邻近，IJI 一般较高。其表达式分别为

$$PROX = \sum_{g=1}^{n}\frac{a_{ijg}}{h_{ijg}^{2}} \tag{8-10}$$

$$IJI = \frac{-\sum_{k=1}^{m}\left[\left(\frac{e_{ik}}{\sum_{k=1}^{m}e_{ik}}\right)\ln\left(\frac{e_{ik}}{\sum_{k=1}^{m}e_{ik}}\right)\right]}{\ln(m-1)}(100) \tag{8-11}$$

式中，a_{ijg} 为斑块 ijg 与斑块 ij 的相邻面积；h_{ijg} 为斑块 ijg 与斑块 ij 间的距离，基于斑块边缘之间的距离计算的是元胞与元胞中心间的距离，邻近指数的上限是由搜索半径和斑块间最小距离决定的；e_{ik} 为与类型为 k 的斑块相邻的斑块的边长（米）；m 为景观中存在的斑块类数（包括景观边缘处），$0 < IJI < 100$。

耕地聚合度演变：COHESIDN 描述耕地的集中程度，当焦点斑块最大程度分散时，聚集指数为零，聚集指数随着焦点类型聚集而增大，当只有一种斑块类型时达到 100。

$$AI = \left[\frac{g_{ii}}{\max \to g_{ii}} \right](100) \qquad (8\text{-}12)$$

式中，AI 为相应类型的相似邻接数量 g_{ii} 除以当类型最大程度上丛生为一个斑块时的最大值，$0 \leqslant AI \leqslant 100$。

（二）地类演化特征

云南省基本农田耕地地类景观空间配置特征如表 8-16 所示，2017 年水田、水浇地的 PD 较 2012 年均略有增加，旱地的 PD 持平，PD 水田最高，水浇地其次，旱地最低；LPI 均比较小，说明基本农田耕地地类整体比较细碎，空间格局上分布零星。

表 8-16　云南省基本农田耕地地类景观空间配置特征

景观格局指标	2012 年			2017 年		
	水田	水浇地	旱地	水田	水浇地	旱地
PD	0.0221	0.0113	0.0004	0.0240	0.0118	0.0004
LPI	1.8058	0.1843	0.0369	1.1835	0.2910	0.0388
FRACAM	1.0557	1.0190	1.0033	1.0515	1.0177	1.001
LSI	48.8898	29.9104	8.1053	48.232	29.0606	5.0909
CONTIG_AM	0.2235	0.1004	0.0067	0.2110	0.0983	0.0230
IJI	36.7380	22.8696	42.6550	33.5915	18.5626	43.5177
COHESION	61.0552	26.8716	3.2516	57.4518	26.0699	4.3094

FRAC 两个比较年份都普遍较低，且变化较小，说明基本农田耕地地类的景观要素的斑块形状复杂性不强、有一定的规则性，其中旱地 FRAC_AM 最小，较接近于 1，旱地景观要素斑块的几何形状趋于简单。

结合 LSI 看，LSI 反映了地类斑块形状的总体差异，指数越大，斑块之间形状差异越大，2012 年和 2017 年 LSI 为水田大于水浇地，水浇地大于旱地，表明景观形状趋向于复杂，旱地从 2012 年到 2017 年景观形状指数下降较水田和水浇地多，表明景观形状趋向简单的旱地景观要素受人类干扰程度最大。

从 CONIG_AM 来看，CONIG_AM 由小到大依次为旱地、水浇地、水田，表明基本农田相同地类耕地间离散和破碎程度由大到小依次为旱地、水浇地、水田，并且 2012～2017 年，水田和水浇地的 CONIG_AM 略有降低，其离散程度略有增加，而旱地的 CONIG_AM 有所增加，拼块间邻近度得到提升。

IJI 是描述基本农田耕地景观空间格局最重要的指标之一，两个年份水浇地的 IJI 较低，其次为水田，旱地相对较高，表明水田和水浇地相对旱地更加受自然条件如地形、水源的制约，生态系统的分布特征反映显著，而旱地相对受人为影响更多一些，彼此邻近，相应散布与并列指数值较高；2012～2017 年，水田和水浇地的 IJI 略有降低，旱地有所提升，说明随着云南省基本农田的划定，水田和水浇地充分结合了地形地貌等自然条件，旱地则更加注重水利设施、交通区位等因素，在质量上进行了优化。

COHESZON 在两个不同年份上均为水田>水浇地>旱地，表明三种地类的空间连接性水田最强，水浇地其次，旱地最弱，而在变化趋势上，水田和水浇地的连接度略有减弱，旱地的景观连接性逐渐增强。

（三）坡度演化特征

云南省基本农田耕地坡度景观空间配置特征如表 8-17 所示，根据景观 PD，各景观要素在不同坡度中分布不均，结合 LPI 来看，2012 年 (6°，15°]的基本农田耕地对整体景观影响较大，而 2017 年>25°的基本农田耕地对整体景观影响较大。

表 8-17　云南省基本农田耕地坡度景观空间配置特征情况

坡度等级 景观指数	2012 年					2017 年				
	≤2°	(2°, 6°]	(6°, 15°]	(15°, 25°]	>25°	≤2°	(2°, 6°]	(6°, 15°]	(15°, 25°]	>25°
PD	0.0052	0.0058	0.0147	0.0168	0.0082	0.0054	0.0059	0.0148	0.0179	0.008
LPI	0.2257	0.1505	0.3197	0.3009	0.2633	0.3332	0.2352	0.294	0.1764	0.5096
FRAC_AM	1.027	1.0158	1.0216	1.0234	1.0221	1.022	1.0114	1.0203	1.0215	1.0223
CONTIG_AM	0.1303	0.0843	0.1133	0.1157	0.1083	0.1527	0.0757	0.1043	0.1092	0.1039
IJI	73.2142	68.3848	73.1349	69.541	57.3703	70.9066	66.7849	73.9068	67.8191	49.2314
COHESIDN	35.5604	23.0172	31.023	31.536	30.9989	34.3893	19.1417	28.901	29.8213	30.5898

FRAC_AM 反映了不同坡度下基本农田耕地斑块形状的总体差异，2012～2017 年，≤2°、(2°，6°]、(6°，15°]和(15°，25°]基本农田耕地 AWLSI 依次减小，即景观形状趋于简单化，>25°则 AWLSI 值增大，说明景观形状趋向于复杂化。

从 CONIIG_AM 来看，两个年份(2°，6°]基本农田耕地邻近指数最低，表明该坡度下基本农田耕地间离散和破碎程度较大。2012～2017 年，≤2°基本农田耕地的邻近指数略有增加，其余均有所降低，表明除了≤2°的其余基本农田耕地其离散程度略有增加。

从 IJI 来看，2012～2017 年，除 (6°, 15°]，其余坡度下基本农田耕地 IJI 均有所降低，分布更加受自然条件影响。

COHESION 度在两个不同年份上均有所降低，表明不同坡度级别下基本农田耕地的景观连接性逐渐增强[63]。

（四）质量演化特征

云南省基本农田耕地质量景观空间配置特征如表 8-18 所示，从景观 PD 来看，2012 年 PD 最大的等级为 9 级，而 2017 年 PD 最大的等级为 10 级。在 3、6、7、10、11、12 耕地等级上的 PD 有所增加，其余略有降低。

表 8-18　云南省基本农田耕地质量景观空间配置特征

	等级	PD	LPI	FRAC_AM	CONTIG_AM	IJI	COHESION	AI
2012 年	3	0.0001	0.0738	1.0348	0.1167	30.1030	35.9712	15.3846
	4	0.0002	0.0553	1.0130	0.0417	75.3556	14.8423	4.1667
	5	0.0016	0.0922	1.0070	0.0598	79.1851	13.2604	24.1379
	6	0.0002	0.0922	1.0235	0.1667	64.8912	35.2874	17.284
	7	0.0008	0.1291	1.0239	0.1429	83.653	34.2507	7.5314
	8	0.0047	0.1844	1.0128	0.0627	61.9883	18.2673	7.3964
	9	0.0154	0.7192	1.0369	0.1616	51.6993	45.5819	6.6489
	10	0.0022	0.0738	1.0094	0.0601	74.0709	15.258	14.8256
	11	0.0094	0.7929	1.027	0.1333	58.0031	37.7347	17.1592
	12	0.0098	0.922	1.0375	0.1911	41.2402	48.7178	21.066
	13	0.0004	0.0922	1.0151	0.0833	32.6142	23.2841	11.6667
2017 年	3	0.0002	0.0587	1.0100	0.0595	69.7357	16.0905	10.000
	4	0.0002	0.0782	1.0008	0.1111	20.1377	14.6706	18.5185
	5	0.0011	0.0782	1.0072	0.0542	64.2904	13.4387	7.4830
	6	0.0008	0.0978	1.0208	0.0949	72.7498	27.5187	10.2362
	7	0.0013	0.0782	1.0087	0.0566	77.5207	14.0312	7.0270
	8	0.0019	0.0978	1.0122	0.0772	70.8398	19.8257	9.6026
	9	0.0043	0.1173	1.0127	0.0651	60.2899	18.0327	6.9909
	10	0.0102	0.352	1.0237	0.1178	58.0591	33.0706	13.0719

续表

等级	PD	LPI	FRAC_AM	CONTIG_AM	IJI	COHESION	AI
11	0.0160	0.5281	1.0317	0.1498	55.1218	40.9679	15.9618
12	0.0101	0.5672	1.0385	0.1789	43.7037	47.9792	18.9457
13	0.0002	0.0782	1.0237	0.1364	61.2882	33.3715	20.5882

相对应的，LPI 的基本农田质量等级主要集中在 12 级，各景观要素在不同质量级别的分布 2017 年比 2012 年要相对更均匀。

FRAC_AM 在 2012 和 2017 年最小数值分别在第 5 等级和第 4 等级，2017 年较 2012 年总体有所降低，可见云南基本农田划定的各耕地质量等级景观形状趋于规则。

从 CONTIG_AM 来看，2012 年 CONTIG_AM 相对较大的为 3、7、9、12 等级耕地，表明这几个等级的基本农田耕地间离散和破碎程度较小，相对应的 AI 较高；2017 年 CONTIG_AM 相对较大的为 4、10、11、12、13 等级耕地，其相对应的 AI 也相应更高，表明景观离散程度低，聚集度较高。从 IJI 来看，基本农田耕地的质量分布 2017 年比 2012 年受非自然因素影响更高。

(五)景观空间配置演化总体分析

1.基本农田景观分布密度低

云南省基本农田耕地景观空间配置特征如表 8-19 所示，2012～2017 年 PD 总体稳定，略有增加；邻近指数也随着时间发展而逐渐减小；最大斑块占景观面积比例在坡度方面有所增大，在地类和耕地质量方面比例减小，从分布上看可以看出按坡度形成的斑块最为细碎和零星，其次为质量体现的景观，而地类相对联结性较强。

表 8-19　云南省基本农田耕地景观空间配置特征

		PD	LPI	CONTIG_AM	LSI	FRAC_AM	整体性	景观分离度	破碎度	AI
地类	2012 年	0.0369	1.8058	0.1888	56.3007	1.0457	54.5770	0.9983	580.7191	19.8449
	2017 年	0.0390	1.1835	0.1800	55.9653	1.0424	51.3267	0.9985	681.4005	18.9405
坡度	2012 年	0.0521	0.3197	0.1111	58.8630	1.0220	30.6686	0.9995	1942.5884	12.0334
	2017 年	0.0540	0.5096	0.1070	58.4406	1.0200	28.8381	0.9995	1921.3466	11.7418
质量	2012 年	0.0447	0.9220	0.1494	57.6047	1.0312	41.6068	0.9991	1148.0239	16.3407
	2017 年	0.0475	0.5672	0.1364	57.0243	1.0282	38.1369	0.9992	1280.1904	14.8131

2.基本农田景观形状趋于规则

2012～2017 年，基本农田耕地景观的 LSI 在地类、坡度和质量上均有所降低，FRAC_AM 也有所降低，说明了基本农田耕地斑块的复杂度越来越小，由于耕地资源利用效益区域差异明显不规则分布，在保证耕地质量的前提下受人为活动干扰，斑块的形状趋于规则。

3.基本农田耕地集中性逐渐降低

云南的地貌类型比较复杂，较多为起伏和缓的低山和浑圆丘陵，并发育着各种类型的岩溶地形。西部为横断山脉纵谷区，高山深谷相间，北部海拔相对较高，西南部边境地区地势渐趋和缓，河谷开阔。因此云南基本农田耕地的景观的 AI 受地形地貌的影响总体集中度低，破碎度较高。

4.基本农田耕地地形分异明显

由于云南的地带性因素较为明显，气候条件，包括太阳辐射、温度、降水等要素在内的各种要素组合决定了云南省基本农田空间分布的大格局。2012～2017 年，综合比较地类、坡度和质量指标，可见坡度的 LSI 最高，FRAC_AM 最低，说明受坡度所影响的基本农田耕地斑块形状规则度、复杂度以及景观异质更高，基本农田 LSI 在不同的坡度级上差异更加明显。相应的，坡度下的 AI 最低，破碎度最高，其破碎度是按地类测算的破碎度的近 3 倍，说明基本农田耕地景观受地形的影响被非耕地多种景观分割和侵蚀严重，分异更加明显。

四、云南省永久基本农田空间自相关演化分析

综合考虑基本农田耕地综合地类、质量和坡度的空间自相关性，对于云南省永久基本农田格局的优化，提高耕地质量与加强耕地保护建设具有重要的意义。借助 GIS 平台与 GeoDa 软件，根据基本农田地类、质量和坡度的结果进行空间自相关分析，分别从省级、市级和尺度上探讨云南省基本农田的空间关联程度及其分异规律[50, 64, 65]。

（一）空间自相关的分析依据

空间自相关是指空间中具有一定客观规律的空间变量在空间上的分布特征及对邻域的影响程度，反映了研究对象在空间位置中的聚集程度[66]。土地利用在区域空间连续分布，具有显著性空间自相关的区域往往表现为地理对象的局部空间聚集。空间自相关是区域化变量的基本属性之一，既可检验变量空间分布的自相关强度，又可检测研究区内变量的分布是否具有结构性。全局 Moran's *I* 的取值为 [−1，1]，小于 0 表示负相关，等于 0 表示不相关，大于 0 表示正相关，计算公式为

$$I = \dfrac{n}{\displaystyle\sum_{i=1}^{n}\sum_{j=1}^{n}W_{ij}} \dfrac{\displaystyle\sum_{i=1}^{n}\sum_{j=1}^{n}W_{ij}\left(x_i - \overline{x}\right)\left(x_j - \overline{x}\right)}{\displaystyle\sum_{i=1}^{n}\left(x_i - \overline{x}\right)^2} \quad (i \neq j) \tag{8-13}$$

局部 Moran's I 检验以确定变量的局部空间自相关特征，计算公式为

$$I_{i=} \dfrac{n\left(x_i - \overline{x}\right)\displaystyle\sum_{j=1}^{n}W_{ij}\left(x_j - \overline{x}\right)}{\displaystyle\sum_{i=1}^{n}\left(x_i - \overline{x}\right)^2} \quad (i \neq j) \tag{8-14}$$

式中，I 为全局 Moran's I；I_i 为局部 Moran's I；n 为变量 x 的观测数；x_i、x_j 分别为变量 x 在位置 i 和位置 j 处的观测值；$\overline{x}$ 为所有观测值的均值；W_{ij} 是空间权重矩阵值。

（二）省级尺度下基本农田面积比值空间自相关

采用空间自相关分析云南省基本农田，从空间邻接性频率直方图的分布特征来看，基于共边相邻(queen)的权重更符合正态分布，因此本书确定空间权重采用共边相邻原则[67]。经计算，基本农田景观格局指数、耕地质量和基本农田坡度的全局 Moran's I 指数值较低(基本农田景观格局指数＜0.2052，耕地质量＜0.0310，基本农田坡度＜0.1063)，表明云南省基本农田在景观指数、耕地质量和基本农田坡度上空间自相关性较低。

经计算，基本农田面积比值的全局 Moran's I 指数较高，2012 年为 0.610613，2017 年为 0.604564，$p=0.0010(<0.05)$，均通过显著性水平检验，表明各州(市)具有较为显著的空间自相关性，基本农田面积比例具有较显著的聚集分布态势。

基本农田比例聚类关系中，无高-低(H-L)和低-高(L-H)聚类，不显著区较多。2012 年 H-H 聚集地区为曲靖和文山，其面积占基本农田总面积比例为 22.32%，表明 H-H 聚集的地区占主导地位，属于基本农田比例高，其周围邻近区域基本农田耕地面积比例也相应高的区域；L-L 聚集地区为丽江、怒江和迪庆，其面积占基本农田总面积比例为 5.16%，这些地区的基本农田比例低，且周围相邻地区基本农田面积比例也低，其空间分布仍呈聚集分布，局部性空间差异较小；其余地区为不显著区。2017 年 H-H 聚集地区面积占基本农田总面积比例最高为 32.38%，相比较 2012 年有所提升，L-L 聚集地区 2017 年比例为 5.21%，不显著区占比为 62.41%(表 8-20)。

表 8-20　基本农田空间面积比例空间自相关分析

年份	Moran's I 值	项目	高-高(H-H)	低-低(L-L)	不显著区
2012 年	0.610613	地区	曲靖、文山	丽江、怒江、迪庆	昆明、玉溪、保山、昭通、普洱、临沧、楚雄、红河、西双版纳、大理、德宏

年份	Moran's I 值	项目	高-高(H-H)	低-低(L-L)	不显著区
		面积/万公顷	117.44	27.16	381.57
		比例/%	22.32	5.16	72.52
2017 年	0.604564	地区	曲靖、红河、文山	丽江、怒江、迪庆	昆明、玉溪、保山、昭通、普洱、临沧、楚雄、西双版纳、大理、德宏
		面积/万公顷	158.62	25.53	326.10
		比例/%	32.38	5.21	62.41

(三)州(市)级尺度下基本农田质量空间自相关

为了探讨基本农田地类、坡度和质量在市域尺度上的空间关联程度,以各州(市)基本农田图斑为基本空间单元计算出基本农田地类、坡度和质量的全局 Moran's I 指数和局部空间自相关类型统计结果,各州(市)基本农田质量指数 p 均小于 0.05,通过显著性检验,计算结果如表 8-21 所示[68]。用 ArcGIS10.3 将各州(市)LISA 集聚图进行整合,如图 8-19 所示。

表 8-21　基本农田质量 Moran's I

地区	地类 Moran's I		坡度 Moran's I		质量 Moran's I	
	2012 年	2017 年	2012 年	2017 年	2012 年	2017 年
昆明市	0.4707	0.6307	0.6643	0.6389	0.7765	0.7575
曲靖市	0.2638	0.3859	0.5903	0.5805	0.8305	0.8145
玉溪市	0.5294	0.5337	0.6609	0.7173	0.7787	0.7690
保山市	0.3498	0.4026	0.6247	0.6978	0.8177	0.7799
昭通市	0.1949	0.1871	0.5202	0.5271	0.6867	0.3541
丽江市	0.4649	0.5683	0.6986	0.7059	0.6585	0.7867
普洱市	0.2627	0.2813	0.2923	0.3042	0.6269	0.3455
临沧市	0.2008	0.3942	0.3969	0.4858	0.6704	0.5038
楚雄州	0.1736	0.4237	0.6561	0.6593	0.7355	0.7343
红河州	0.3069	0.4201	0.6623	0.6661	0.7356	0.6982
文山州	0.2254	0.3237	0.4484	0.5081	0.3219	0.4902
西双版纳州	0.3429	0.3561	0.4618	0.4718	0.8035	0.4605
大理州	0.6041	0.5345	0.7421	0.7142	0.7592	0.7351
德宏州	0.4604	0.4671	0.5679	0.6100	0.7439	0.5541
怒江州	0.2855	0.2796	0.4421	0.4522	0.4208	0.4205
迪庆州	0.4130	0.4318	0.5334	0.5235	0.5538	0.5361

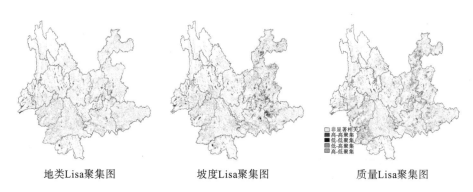

地类Lisa聚集图　　　　　坡度Lisa聚集图　　　　　质量Lisa聚集图

图 8-19　云南省基本农田地类、坡度和质量 LISA 集聚图

Moran's I 指数总体上为质量＞坡度＞地类，表明云南省基本农田在质量层面表现出较强的空间正自相关集聚态势。地类 Moran's I 除昭通、大理、怒江，其余州(市)均有所增加，坡度 Moran's I 除昆明、曲靖、大理、迪庆，其余州(市)均有所增加，质量 Moran's I 除丽江、文山有所增加，其余地区均有所降低。

结合 2012 年和 2017 年各州(市)LISA 集聚图整合成的云南省基本农田地类、坡度和质量 LISA 集聚图来看，云南省各州(市)的聚集类型基本无变化，因此通过 2017 年云南省基本农田耕地地类、坡度和质量指数进行局部空间自相关分析。在地类和坡度方面，大部分地区为 L-L 聚集，仅有昭通东部、曲靖东部、昆明北部、红河南部有少量 H-H 聚集，在质量方面，H-H 聚集的地区主要有昭通市、普洱市、临沧市，此外的地区主要为 L-L 集聚，而各地区空间负相关的 H-L 和 L-H 集聚相对较少，表明仍有一部分基本农田呈无明显的集中区域，呈零星状分布。

(四)基本农田空间自相关演化总体分析

在省级尺度下的基本农田面积比例有较强的空间关联性[69]，而景观指数、坡度和质量的关联性较低。在市级尺度下，地类、坡度和质量的关联性相对较高，Moran's I 指数总体来说质量最高，坡度其次，然后是地类。根据局部自相关指数，地类、坡度和质量基本为 L-L 聚类。根据局部聚类类型组成的云南省基本农田地类、坡度和质量聚类类型图，H-H 和 L-L 聚集类型的分布与基本农田核密度分布相近，核密度值较高的地区空间关系呈正相关，核密度稀疏的低值区空间关系呈负相关。基本农田质量空间自相关高的区域主要分布在曲靖市、保山市、昆明市、楚雄州、丽江市、大理州等地，在相应区域划定集中连片耕地为基本农田，有利于实现基本农田空间格局上的集中性优势。

第四节　云南省耕地时空变化驱动机制

保持耕地总量动态平衡已成为各级土地利用总体规划编制和修订工作的核心，在实行最严格的耕地保护制度下，永久基本农田保护区布局得到优化，质量不断提升，而数量的时空变化并不显著，因此本节以云南省整体耕地变化驱动力为研究对象。对永久基本农田的保护不仅是经济问题，也是政策问题，并且在更深层次上还关系着粮食供给与安全的复杂社会问题，因此云南省基本农田更加趋于稳定。通过分析云南省耕地的变化情况，可以进一步了解云南省永久基本农田保护的关键性因素，为加强对高质量永久基本农田的保护和管理，推动云南省农业的可持续利用与粮食安全具有重要的意义。

以云南 2007~2017 年耕地面积和社会统计数据为基础，分析云南近 10 年耕地变化情况，采用 Pearson 相关分析选出与云南省耕地变化呈线性相关的指标，通过主成分分析方法在选出的多个指标中提取出彼此相互独立且较少数、能反映原有指标中绝大部分信息的综合指标，采用多元线性回归中逐步筛选策略（stepwise），建立耕地面积与主导驱动因素之间的驱动模型[70]。

一、驱动因子指标的建立

引起耕地面积发生变化的各种动因统称为耕地面积变化的驱动力。与耕地面积变化相关性较大的因素主要有自然因素、社会经济因素、国家和区域政策、生态环境建设等，各类因素之间相互耦合关联。在短时期内自然因素相对稳定，对耕地面积变化的影响较小；社会经济因素对耕地面积的变化起着决定性作用，因此从云南省耕地面积变化的实际出发，根据建立指标体系的科学性、全面性、层次性、针对性以及可操作性原则，选取四大类因素，即人口与城市发展水平、经济结构状况、农业发展水平、生态建设，从中选取 30 项指标构成指标体系（表 8-22）。

表 8-22　云南省耕地变化驱动因子指标体系

可能驱动因素	指标因子
人口与城市发展水平	总人口数(万人)、农业人口(万人)、城镇化率(%)、货运周转量(亿吨公里)、旅客周转量(亿人公里)、城镇住宅投资(亿元)、城市建设用地面积(平方公里)、建筑业总产值(亿元)、年末就业人口数(万人)
经济结构状况	GDP(亿元)、农业总产值(亿元)、工业总产值(亿元)、财政收入(亿元)、旅游业总收入(亿元)
农业发展水平	乡村从业人员数(人)、农林牧渔业总产值(亿元)、粮食产量(万吨)、农业机械总动力(万千瓦)、耕地灌溉面积(万公顷)、农药使用量(万吨)、畜禽产品产量(万吨)、水库库容量(亿立方米)、

可能驱动因素	指标因子
	第一产业增加值(亿元)、农村人均全年纯收入(元)、农村居民最低生活保障人数(人)、乡村社会消费品零售总额(亿元)
生态建设	能源消费总量(万吨标准煤)、生产总值能耗(吨标准煤/万元)、生态用水总量(亿立方米)、环境污染治理投资额(万元)

在数据收集和整理时，由于个别数据缺失，本书采用临近点的线性趋势方法对缺失数据进行补充[1]，从 t 分布中添加预测值，并在此基础上进行主成分分析。主成分分析法是利用降维的思想，设法将原来众多具有一定相关性的指标，重新组合成一组新的互相无关的综合指标的多元统计方法。这些综合指标通常被称为主成分，主成分比原始变量具有更多的优越性，即在研究许多复杂问题时丢失的信息较少，因此更容易抓住事物的主要矛盾，提高分析效率。

二、数据标准化和驱动因子相关分析

由于所选用统计资料序列较短，且各变量指标具有不同的量纲，消除各项指标不同量纲对数据的影响，也可消除因指标值数量级悬殊带来的影响，需将原始数据按式(8-15)标准化，其计算公式为

$$Z_i = \frac{X_i - \bar{X}}{\sqrt{\dfrac{1}{N}\sum_{i=1}^{N}(X_i - \bar{X})^2}} \tag{8-15}$$

式中，X_i 为实际指标值；Z_i 为标准化值；$\bar{X}$ 为指标初始平均值，$\bar{X} = \sum_{i=1}^{N}\dfrac{X_i}{N}$；$N$ 为指标数。

通过对原始数据进行标准化处理后，运用 Pearson 相关分析计算耕地面积变化与 30 项可能变量指标的相关系数 r，寻找影响云南耕地数量变化的相关性，结果如表 8-23 所示。由统计原理知相关系数 r 的计算公式为

$$r = \frac{\sum_{i=1}^{n}(x_i - \bar{x})(y_i - \bar{y})}{\sqrt{\sum_{i=1}^{n}(x_i - \bar{x})(y_i - \bar{y})}} \tag{8-16}$$

式中，$\bar{x} = \sum_{i=1}^{n}\dfrac{x_i}{n}$，$\bar{y} = \sum_{i=1}^{n}\dfrac{y_i}{n}$，$n$ 为样本数，x_i 和 y_i 为两变量的值。

---

[1] 数据获取中缺少 2016 年城镇化率(%)、第一产业增加值(亿元)、农村人均全年纯收入(元)、乡村从业人员数(人)、城镇住宅投资(亿元)、城市建设用地面积(平方公里)、生态用水总量(亿立方米)、农村居民最低生活保障人数(人)和 2009~2011 年畜禽产品产量(万吨)、2014~2016 环境污染治理投资额(万元)等数据，通过用已有的数据建立自回归模型，预测缺失数据，对缺失的数据进行填补。

表 8-23 云南省 2007~2017 年耕地面积变化与可能驱动因素之间的相关系数

可能驱动因素	r	可能驱动因素	r
总人口数/万人	0.658	粮食产量/万吨	0.486
城镇化率/%	0.877*	农业机械总动力/万千瓦	0.541
农业人口/万人	0.560	耕地灌溉面积/万公顷	0.592
乡村从业人员数/人	0.467	农药使用量/万吨	0.494
农业总产值/亿元	0.461	畜禽产品产量/万吨	0.462
生产总值/亿元	0.568	水库库容量/亿立方米	0.705*
年末就业人口数/万人	0.502	第一产业增加值/亿元	0.627*
农业总产值/亿元	0.572	农村人均全年纯收入/元	0.458
工业总产值/亿元	0.528	财政收入/亿元	0.577
货运周转量/亿吨公里	0.600	城镇住宅投资/亿元	0.570
旅客周转量/亿人公里	0.577	城市建设用地面积/平方公里	0.395
能源生产总量/万吨标准煤	0.574	生态用水总量/亿立方米	−0.359
能源消费总量/万吨标准煤	0.512	农村居民最低生活保障人数/人	0.708*
生产总值能耗/吨/万元	−0.489	乡村社会消费品零售总额/亿元	0.601
农林牧渔业总产值/亿元	0.578	旅游业总收入/亿元	0.696*
建筑业总产值/亿元	0.622*	环境污染治理投资额/万元	0.554

注：*. 在 0.05 级别(双尾)相关性显著，**. 在 0.01 级别(双尾)相关性显著。

从表 8-23 中可以看出总人口数、城镇化率、水库库容量、农村居民最低生活保障人数与耕地面积有较高相关性。通过对指标进行归并，凡某项指标可被其他某项指标替代的均去掉。经过分析与处理，结合云南实际，共有 21 项指标被剔除，最后只剩下 10 项指标，即城镇化率、农林牧渔业总产值、水库库容量、第一产业增加值、乡村社会消费品零售总额、建筑业总产值、旅游业总收入、乡村从业人员数、农业总产值、旅客周转量。

三、驱动指标因子主成分分析

在相关系数分析的基础上，进一步采用主成分分析，主成分分析能将若干自变量压缩成独立成分，以此来减弱自变量之间的相互干扰，得到影响耕地数量变化的主导驱动因素。基于主成分分析基本原理，根据数据的可得性，以 2007~2017

年统计数据作为分析样本，得到影响云南耕地面积的驱动因子[①]，分别为 X_1 城镇化率(%)、X_2 农林牧渔业总产值(亿元)、X_3 水库库容量(亿立方米)、X_4 第一产业增加值(亿元)、X_5 乡村社会消费品零售总额(亿元)、X_6 建筑业总产值(亿元)、X_7 旅游业总收入(亿元)、X_8 乡村从业人员数(人)、X_9 农业总产值(亿元)、X_{10} 旅客周转量(亿人公里)、X_{11} 耕地总面积(万公顷)。

利用式(8-16)对数据进行标准化处理，应用统计软件 SPSS24 对样本分析计算相关系数矩阵、特征值、主成分贡献率和累计贡献率(表 8-24、表 8-25)

表 8-24　耕地变化驱动要素相关系数矩阵

变量	X_1	X_2	X_3	X_4	X_5	X_6	X_7	X_8	X_9	X_{10}
X_1	1	—	—	—	—	—	—	—	—	—
X_2	0.997	1	—	—	—	—	—	—	—	—
X_3	0.847	0.840	1	—	—	—	—	—	—	—
X_4	0.994	0.999	0.829	1	—	—	—	—	—	—
X_5	0.966	0.958	0.903	0.947	1	—	—	—	—	—
X_6	0.987	0.984	0.913	0.978	0.978	1	—	—	—	—
X_7	0.903	0.892	0.957	0.874	0.970	0.948	1	—	—	—
X_8	0.886	0.874	0.722	0.874	0.786	0.870	0.733	1	—	—
X_9	0.505	0.495	0.723	0.482	0.151	0.263	0.328	0.573	1	—
X_{10}	0.695	0.712	0.495	0.728	0.517	0.665	0.439	0.816	0.525	1

表 8-25　特征值、主成分贡献率和累计贡献率

成分	特征值	主成分贡献率/%	累计贡献率/%
1	7.949	79.495	79.495
2	1.301	13.010	92.505
3	0.468	4.681	97.186
4	0.178	1.780	98.965
5	0.079	0.792	99.758
6	0.018	0.179	99.937
7	0.004	0.044	99.981
8	0.002	0.016	99.996
9	0.000	0.004	100.000
10	0.000	0.001	100.000

从表 8-24 可以看出，影响耕地面积变化的 10 个因子间存在不同程度的相关，其中 X_1 与 X_2、X_4、X_6 有很大的相关性，其相关系数分别为 0.997、0.994 、0.987，X_2 与 X_4、X_5、X_6 有很大的相关性，其相关系数分别为 0.999、0.958、0.984，X_3

[①] 数据来源于《云南统计年鉴》以及云南统计局("数字云南"软件)的年度数据和历史数据。

与 X_7 有很大的相关性，其相关系数为 0.957，X_4 与 X_6、X_5 与 X_6 有很大的相关性，其相关系数都为 0.978，说明它们在数量上存在相互依赖和影响的关系，也进一步证实了主成分分析的必要性。按照主成分的要求，一般选取累计贡献率达 70%~90%的特征值对应的主成分即可，由表 8-25 可知，变量相关矩阵有两个大于 1 的特征根，与之对应的第一、第二主成分的累计贡献率达 92.505%，说明这两个主成分已基本包含了全部指标的所有信息，完全符合分析的要求。

四、耕地面积-驱动因素的关系

由于在未经旋转的荷载矩阵中，因子荷载在许多变量上都有较高的荷载，据此按照凯撒正态化最大方差法对因子荷载矩阵旋转后，由表 8-26 可知，各因子对云南耕地变化都具有驱动作用，其中第一主成分在 X_4、X_5、X_6、X_7 上的载荷有较大的正相关，第二主成分在 X_8、X_9、X_{10} 上有较大的相关性。根据主成分分析的结果，从第一主成分包括的因子看，第一产业增加值(X_4)、乡村社会消费品零售总额(X_5)、建筑业总产值(X_6)、旅游业总收入(X_7)是导致云南耕地数量变化的主要因素，说明了第一主成分主要集中了城乡发展的协调性；从第二主成分包括的因子看，乡村从业人员数(X_8)、农业总产值(X_9)、旅客周转量(X_{10})是影响云南耕地数量变化的主要因素，说明第二主成分主要反映了农业生产和交通是耕地面积变化的驱动因素之一。主成分析结果表明，城乡协调发展和农业生产发展是影响云南耕地面积变化的主导驱动因素。

表 8-26　旋转后的成分矩阵

变量	因子注释	第一主成分	第二主成分
X_1	城镇化率/%	0.924	0.355
X_2	农林牧渔业总产值/亿元	0.924	0.346
X_3	水库库容量/亿立方米	0.909	0.157
X_4	第一产业增加值/亿元	0.913	0.360
X_5	乡村社会消费品零售总额/亿元	0.983	0.140
X_6	建筑业总产值/亿元	0.955	0.295
X_7	旅游业总收入/亿元	0.966	0.088
X_8	乡村从业人员数/人	0.705	0.662
X_9	农业总产值/亿元	0.184	0.910
X_{10}	旅客周转量/亿人公里	0.231	0.764

根据变量的累计概率对应于所指定的理论分布累计概率绘制的散点图，如图 8-21，可以直观地检测样本数据符合正态分布。

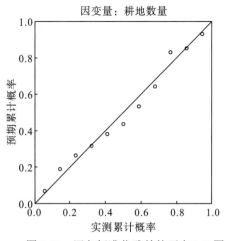

图 8-21 回归标准化残差的正态 P-P 图

在此基础上，应用多元线性回归分析，选用逐步筛选策略，得到了相关分析结果(表 8-27、表 8-28)以及耕地面积(Y)与驱动因子之间的多元线性回归模型：

$$Y = 592.353 + 0.003X_2 + 0.029X_{10} \tag{8-17}$$

表 8-27 云南耕地面积变化回归模型

模型	变量	复相关系数 R	判定系数 R^2	调整后的板顶系数 R^2	估计标准误差	显著性 F 变化量
	X_2、X_{10}	0.754	0.569	0.461	5.433	0.035

表 8-28 云南耕地面积变化驱动机制模型回归系数

模型	非标准化偏回归系数		标准化偏回归系数	检验值	显著水平
	偏回归系数	标准误差			
常量	592.353	8.611	—	68.787	0.000
X_2	0.003	0.003	0.366	1.107	0.030
X_{10}	0.029	0.022	0.448	1.354	0.021

由表 8-27 可知，进入模型的变量决定性系数(即复相关系数 R)为 0.754，调整后的判定系数 R^2 为 0.569，该线性方程的拟合度较高，通过显著性检验水平。

根据上述多元线性回归模型方程分析可以得出，农林牧渔业总产值(X_2)和旅客周转量(X_{10})对云南耕地面积变化的驱动作用最大。

五、云南耕地变化的驱动因素分析

根据云南耕地变化的驱动力测算，可得出耕地面积与主导因素(农林牧渔业总产值、旅客周转量)之间的驱动模型，由此可见农林牧渔业总产值和旅客周转量对云南耕地面积变化的驱动作用最大，可在此基础上进行深入分析。

(一)产业结构的调整

随着人口的增长、社会的变迁，耕地和永久基本农田都受到了更多的压力，耕地面积受到产业结构的重要驱动。从旅游业的总收入不断增长和旅客周转量的增长来看，云南的产业结构发展过程中，第三产业的较大发展，尤其是以旅游为首要特色的云南服务业的发展有利于保留永久基本农田生态景观，减少耕地非农化现象。而第二产业如建筑业的发展，对耕地具有较大的威胁，容易导致耕地面积下降，加大耕地非农化以及对耕地资源构成压力，因此对产业结构的合理调整，有利于云南耕地资源和永久基本农田的保护。

(二)城乡协调发展

城市化发展对耕地产生着较大的影响，城市化率的提高将使得区域耕地面积下降。而在此过程中，促进城乡协调发展，建设资源节约、环境友好的绿色发展体系，能够促进人与自然和谐发展以及建设现代化新格局的良性互动。从主成分中产生影响较大的乡村社会消费品零售总额、乡村从业人员数和农业总产值因子可以看出，伴随着永久基本农田的划定，在永久基本农田区域内对长期保留的行政村进行改造，包括农村道路、桥梁建设、河道整治、污水治理、低水压改造、村宅整治、绿化、公建配套完善等，有利于改善村庄生态环境、提高村民收入和生活质量，对耕地和基本农田起到重要的影响。

(三)农业生产的持续发展

耕地面积受到现代化农业发展水平的重要驱动，现代化水平可以促进耕地集约化水平的提升，同时由于农产品价格上涨，农业生产的比较利益增加，农民更愿意增加农产品供给。从乡村社会消费品零售总额、农业总产值因子中还可以推断出，受农业生产不断发展、农产品价格增加的影响，种植相关的劳动力工价得到提高，农民从事农业生产的机会成本减少，农民会考虑选择务农。因此提高农业生产效率，促进农户的利润最大化有利于激发农民的耕地热情。

(四)政策的间接影响

云南省连续长期保持耕地总量动态平衡和占补平衡。由于云南山地及高原面积占云南全省总面积的96%，全省耕地仅占全省土地总面积约16%，而且每年因地质灾害、山洪等原因还导致一定数量的耕地毁坏[71]。因此政府非常注重耕地保护，通过实施国家和省级投资土地整理复垦开发项目来实现耕地质量优化和粮食增产，通过采取与小流域治理相结合的措施有效遏制洪涝对耕地的损毁，采取"坡改梯"工程措施达到保水、保土、保肥目的，采取生态治理工程措施最大限度地抑制水土流失，通过永久基本农田数量保护和质量提升工程，建设成"田成方、路相连、渠相通、林成网"的高产稳产田等。这一系列举措对耕地和永久基本农田起着重要的影响，是在保护耕地过程中实现经济效益、社会效益及生态效益协调统一的重要因素。

第九章　永久基本农田划定成果应用

第一节　永久基本农田划定成果在
自然资源管理中的地位和作用

耕地是农民安身之本。守住耕地红线和永久基本农田保护红线，是农业发展和农业现代化建设的根基和命脉，是国家粮食安全的基石。《中华人民共和国土地管理法》明确规定，国家实行永久基本农田保护制度，永久基本农田经依法划定后，任何单位和个人不得改变或者占用(依法占用的除外)。党的十八大以来，党中央、国务院多次对保护耕地、特别是保护永久基本农田做出了一系列重要指示批示，提出了明确要求。习近平总书记多次强调指出，保障粮食安全的根本在耕地，耕地是粮食生产的"命根子"，要"像保护大熊猫一样保护耕地"。李克强总理批示指出，要坚持数量与质量并重，严格划定永久基本农田，严格实行特殊保护，扎紧耕地保护的"篱笆"。

通过严格划定、特殊保护永久基本农田，可以稳定和提升国家粮食生产能力，是保护农业现代化发展的物质条件和基础；划定永久基本农田，可以约束城镇发展的规模边界，约束城镇用地无序扩展和杜绝浪费用地，是倒逼土地节约集约；划定永久基本农田，协调生态红线规范划定，是促进生态文明建设的重要保障；划定永久基本农田，进一步推进永久基本农田落地到户、上图入库，切实维护农民群众的土地权益，推动农村发展和农业现代化建设；划定和保护永久基本农田，建立和完善耕地保护激励机制，调动广大农民和全社会保护永久基本农田的自觉性、积极性、主动性，促进耕地数量、质量和生态三位一体保护，是一件利国利民的大好事，是功在当代、利及长远的重要基础工作。

永久基本农田一经划定，不得随意调整。除法律规定的能源、交通、水利、军事设施等国家重点建设项目选址确实无法避让的，其他任何建设都不得占用。结合卫片执法遥感监测、土地执法动态巡查、土地变更调查等手段，以守住永久基本农田保护红线为目标，以"四个不能"(不能把农村土地集体所有制改垮了、不能把耕地改少了、不能把粮食生产能力改弱了、不能把农民利益损害了)为底线，以建立健全"划、建、管、补、护"长效机制为重点，促进耕地数量、质量和生态三位一体保护，推动并做好永久基本农田保护成果在自然资源日常管理工作中的实际应用，如在用地预审、征地报批、临时用地、土地整治等土地利用管理事务中和土地利用总体规划中，利用永久基本农田数据进行规划审查，严格落实永久基本农田占用补划政策，巩固永久基本农田划定成果，逐步构建保护有力、管理有序的永久基本农田保护体系。

第二节　永久基本农田划定成果在自然资源管理中的应用

一、永久基本农田划定成果在建设项目用地预审和用地审批中的应用

根据《建设项目用地预审管理办法》(国土资源部令第 68 号)、《国土资源部关于改进和优化建设项目用地预审和用地审查的通知》(国土资规〔2016〕16 号)、《自然资源部关于做好占用永久基本农田重大建设项目用地预审的通知》(自然资规〔2018〕3 号)和《自然资源部 农业农村部关于加强和改进永久基本农田保护工作的通知》(自然资规〔2019〕1 号)等有关文件的要求，贯彻落实"简政放权、放管结合、优化服务"改革要求，将"建设项目选址应尽量避让耕地，尤其是基本农田"的要求落到实处，核实项目是否符合土地利用总体规划，是否遵循保护耕地和永久基本农田的原则。

(一)用地预审基本要求

建设项目用地预审，是指自然资源主管部门在建设项目审批、核准、备案阶段，依法对建设项目涉及的土地利用事项进行的审查。预审应当遵循下列原则：符合土地利用总体规划；保护耕地，特别是永久基本农田；合理和集约节约利用土地；符合国家供地政策。预审时，审查建设项目选址是否符合土地利用总体规划，属《中华人民共和国土地管理法》第二十五条规定情形，建设项目用地需修改土地利用总体规划的，规划修改方案是否符合法律、法规的规定；占用永久基本农田或者其他耕地规模较大的建设项目，还应当审查是否已经组织实地踏勘论证。

此外，还需把建设项目用地范围数据与永久基本农田保护数据成果进行叠加套合，对比分析建设项目是否占用永久基本农田以及统计占用范围、面积和质量等相关信息，并做好后续补划工作的"占一补一、占优补优、占水田补水田"等要求，落实永久基本农田保护的日常管护工作。

(二)用地预审中永久基本农田保护数据成果叠加分析

将建设项目用地范围与永久基本农田成果进行叠加，分析建设项目是否占用永久基本农田，并统计占用永久基本农田时所占用的位置、范围、地类和权属等。

1.提交项目坐标范围

建设项目用地预审时，应提交建设项目用地坐标范围，一般为.xlsx(.xls)文件

（图 9-1）、.txt 文件（图 9-2）、.shp 文件、.dwg 文件或坐标范围数据，坐标范围数据应转换为 2000 国家坐标系。

图 9-1 　.xlsx（.xls）文件格式项目坐标范围文件

图 9-2 　.txt 文件格式项目坐标范围文件

2.数据叠加分析

运用永久基本农田划定数据库 GIS 软件平台的功能，将建设项目范围数据导入 GIS 软件中。同时，叠加套合永久基本农田保护数据库的基本农田保护图斑层数据，对比分析建设项目是否占用以及占用永久基本农田的位置、范围、面积和地类情况，叠加农用地分等数据成果，分析统计占用耕地质量等别信息。

以 ArcGIS 软件为例，可以手工导入界址点成果数据后，生成点文件，然后转换成面状图层，与永久基本农田保护图斑层进行叠加分析，如果两个面状图层有重叠部分，说明建设项目占用了永久基本农田，同时可以得到占用的永久基本农田保护图斑的相关信息(图9-3)。

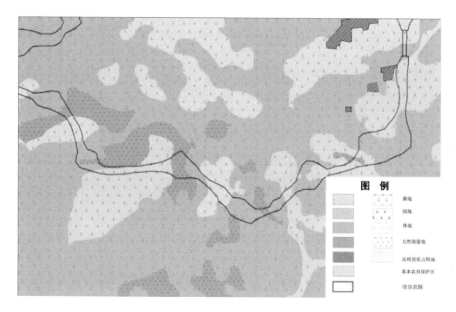

图 9-3　数据叠加分析示意图

目前，云南省自然资源主管部门已经组织研发了基于 ArcGIS 软件平台的永久基本农田成果审查信息系统，支持专门的.xlsx(.xls)或.txt 文件等格式的界址点成果导入并生成面状图层，与永久基本农田保护图斑层进行叠加套合的分析功能，并生成统计分析报告。

3.统计分析

由图 9-3 可以看出，如果建设项目范围与永久基本农田成果重叠，说明建设项目范围内有永久基本农田，需要避让或依法办理相关用地手续；没有重叠，则不需要避让永久基本农田。

4.预审意见或结论

根据叠加统计分析结果，出具是否占用永久基本农田及占用永久基本农田情况的意见或结论(图9-4)。

土地利用总体规划审查情况表

单位：公顷

项目基本情况	项目名称	**项目区		
	所在县（市）	**县		
	项目地块数	1	界址点数	23
用途审查情况	地块	规划地类	建设用地管制分区	土地用途区
	1	耕地**.** 园地**.** 规划城乡建设用地 **.** 其他土地**.**	允许建设用地区**.** 有条件建设用地区 **.** 限制建设区**.**公顷	一般农地区**.** 城镇建设用地区**.** 其他用地**.** 低丘缓坡土地综合开发利用区 **.**
			签字：	时间：
备注详细说明	没有与基本农田重叠。 项目区与限制建设用地区重叠面积**.**公顷。			

图 9-4　土地利用总体规划审查情况表

二、永久基本农田划定成果在土地征转中的应用

建设项目用地涉及农用地转为建设用地及集体土地征收的，应当办理农用地转用土地征收审批手续。涉及下列土地征收情形的：①永久基本农田；②永久基本农田以外的耕地超过 35 公顷的；③其他土地超过 70 公顷，须由国务院批准。其他的用地由省、自治区、直辖市人民政府批准，报国务院备案。

（一）土地征收含义

土地征收是指国家为了公共利益需要，依照法律规定的程序和权限将农民集体所有的土地转化为国有土地，并依法给予被征地的农村集体经济组织和被征地农民合理补偿和妥善安置的法律行为。现征地一般指征收。征收土地有以下的特征：①征地是一种政府行为，是政府的专有权力；②必须依法批准；③补偿性，要向被征用土地的所有者支付补偿费，造成劳动力剩余的必须予以安置；④强制性；⑤权属转移性，土地被征收后，其所有权属于国家，不再属于农民集体；⑥征地行为必须向社会公开，接受社会的监督。

征收土地应进行补偿，包括征地补偿、安置补助以及地上附着物和青苗的补偿等。具体补偿标准参考各地、自治区、直辖市公布的征地补偿标准。征收土地必须编制征地方案，征地方案需要上报有相应权限的部门审批后，方可实施。

（二）征用土地审查中永久基本农田保护数据成果叠加分析

通过利用永久基本农田成果，各级政府和自然资源管理部门依法拟定征用土地方案和征地补偿安置方案，保护了耕地和永久基本农田，加强了征地管理，保障了国民经济发展，保护了被征地农民的合法权益，是做好征地补偿安置工作的前提和基础。

将征用土地方案的征地范围数据导入 GIS 软件中，同时叠加套合永久基本农田保护数据库的基本农田保护图斑层数据，对比分析征地范围是否占用以及占用永久基本农田的位置、范围、面积和地类情况，叠加农用地分等数据成果，分析占用耕地质量等别信息。

涉及移民搬迁安置时，对移民安置范围用地同样要进行是否占用永久基本农田的审查工作。同样，将移民安置用地范围数据导入 GIS 软件中，叠加套合永久基本农田保护数据库的基本农田保护图斑层数据，对比分析用地范围是否占用以及占用永久基本农田的位置、范围、面积和地类情况，叠加农用地分等数据成果，用以分析移民安置用地占用耕地质量等别信息。

三、耕地占补平衡与永久基本农田划定成果应用

国家实行占用耕地补偿制度，落实耕地"占一补一、占优补优、占水田补水田"的要求。非农业建设经批准占用耕地的，按照"占多少，垦多少"的原则，由占用耕地的单位负责开垦与所占用耕地的数量和质量相当的耕地；没有条件开垦或者开垦的耕地不符合要求的，应当按照省、自治区、直辖市的规定缴纳耕地开垦费，专款用于开垦新的耕地。单独选址建设项目用地由建设单位承担补充耕地的义务，土地利用总体规划确定的城市和村庄、集镇建设用地范围内分批次农地转用，由市、县人民政府负责补充耕地。非农业建设必须节约使用土地，可以利用荒地的，不得占用耕地；可以利用劣地的，不得占用好地。省、自治区、直辖市人民政府应当制定开垦耕地计划，监督占用耕地的单位按照计划开垦耕地或者按照计划组织开垦耕地，并进行验收。

（一）耕地和永久基本农田对占补平衡的基本要求

根据《国土资源部关于改进管理方式切实落实耕地占补平衡的通知》（国土资规〔2017〕13 号）的有关要求，改进建设用地项目与补充耕地项目逐一挂钩的做法，按照补改结合的原则，实行耕地数量、粮食产能和水田面积 3 类指标核销制

落实占补平衡。市、县申报单独选址建设项目用地与城市、村庄和集镇建设用地时，应明确建设拟占用耕地的数量、粮食产能和水田面积，按照占补平衡的要求，应用自然资源部耕地占补平衡动态监管系统分类分别从本县、市储备库指标中予以核销，核销信息随同用地一并报批。建设项目用地审查时，不仅仅要审查是否占用耕地和永久基本农田，还要求审查占用耕地和永久基本农田的地类情况，特别是水田的面积，以及占用耕地的粮食产能情况(由其他途径进行明确)。

根据《国土资源部关于全面实行永久基本农田特殊保护的通知》(国土资规〔2018〕1号)的有关要求，重大建设项目、生态建设、灾毁等占用或减少永久基本农田的，按照"数量不减、质量不降、布局稳定"的要求开展补划，按照法定程序和要求修改相应成果。补划的永久基本农田必须是坡度小于 25°的耕地，原则上与现有永久基本农田集中连片，补划数量、质量与占用或减少的永久基本农田相当。占用或减少城市周边永久基本农田的，原则上在城市周边范围内补划，经实地踏勘论证确实难以在城市周边补划的，按照空间由近及远、质量由高到低的要求进行补划。

将拟用地的用地范围数据与永久基本农田保护数据成果进行叠加套合，对比分析用地范围内是否占用永久基本农田以及占用位置、范围、面积和质量等相关信息，并做好后续补划工作的"占一补一、占优补优、占水田补水田"等要求，落实永久基本农田保护政策。

(二)补充新增耕地与永久基本农田划定关系

对于土地整理复垦验收新增的高等别耕地，以及进行高标准农田建设验收后的耕地，及时纳入永久基本农田整备区范围，建立系统完善的补充耕地体系。

依据国土空间总体规划、详细规划、专项规划、土地整治规划和其他相关规划，因地制宜、合理布局；以高标准农田建设为重点，以补充耕地数量和提高耕地质量为主要任务，有条件的地区还要注重改造水田，确定土地整治重点区域。

对于耕地开垦费、各级政府财政投入以及社会资本、金融资本等各类资金投入所补充和改造的耕地，自然资源主管部门组织实施的土地整治、高标准农田建设和其他部门组织实施的高标准农田建设所补充和改造的耕地，以及经省级自然资源主管部门组织认定的城乡建设用地增减挂钩和历史遗留工矿废弃地复垦形成的新增耕地节余部分，均可纳入补充耕地管理，用于耕地占补平衡。

验收合格的补充优质耕地，应通过年度土地变更调查等途径，及时纳入永久基本农田整备区范围，以及根据"占一补一、占优补优、占水田补水田"等要求划入永久基本农田保护范围。

四、永久基本农田划定成果在土地卫片执法监察中的应用

"卫片执法"是利用卫星遥感技术，对某一区域某一时段的土地利用情况进行监测，通过对比监测前后的用地情况，确定变化图斑，再对变化图斑进行核实确定土地合法性的一种土地执法监管手段，可以全面、客观、准确地反映被监测区域的土地利用情况，特别是土地违法违规状态。

（一）卫片执法检查主要内容

卫片执法检查主要内容包括：土地利用总体规划执行情况、土地利用年度计划实施情况、土地审批情况、土地供应情况。具体要对卫片影像所涉及地块的使用情况进行逐宗核查：是否经过批准；是否超出土地利用年度计划批准用地；是否擅自修改土地利用总体规划批准用地；是否违反国家宏观调控政策、产业政策和土地供应政策批准用地；经批准使用的地块是否存在骗取批准、超占面积和擅自改变用途的情况；土地违法是否通过动态巡查已经发现。检查的重点内容包括非农业建设占用耕地等土地利用变化情况和分布情况。

开展卫片执法检查，是对传统的执法监管模式和手段的颠覆，核查违法违规用地由原来的自下而上发现、报告转变为自上而下发现、监督，真正实现对违法违规用地"天上管、地上查"，违法行为瞒不住，也藏不了。通过土地卫片执法检查，形成全国一张图管理自然资源，建立土地审批、供应、使用、执法监察等业务的网络监管平台，建立"天上看、地上查、网上核"的立体土地监管体系。

为落实永久基本农田保护责任，在卫片执法过程中将自然资源部下发的疑似占用耕地和永久基本农田的图斑，叠加套合永久基本农田划定数据库成果数据，结合人工实地核查，对比分析用地范围内是否占用永久基本农田以及占用位置、范围、面积和质量等相关信息，并确保符合后续补划工作的"占一补一、占优补优、占水田补水田"等要求。

（二）土地矿产卫片执法检查技术路线

利用以卫星遥感为主的现代技术手段，开展土地矿产卫片执法检查工作，为充分发挥土地矿产卫片执法检查在发现和查处土地矿产违法行为上的客观性、公正性及重要作用，有效遏制土地矿产违法行为，利用疑似违法占用耕地和永久基本农田的图斑，叠加套合永久基本农田划定数据库成果，结合人工实地抽查，依法查处占用耕地和永久基本农田的行为，保护耕地及永久基本农田，提高执法监察效能，分析并探究违法成因，提出完善制度、改进管理的建议。

市、县级土地矿产卫片执法检查工作机构通过内业判别和实地核查，区分卫星遥感监测图斑所涉及的地块范围，判定地块类别，做好相关记录，其技术路线

如图 9-5 所示。

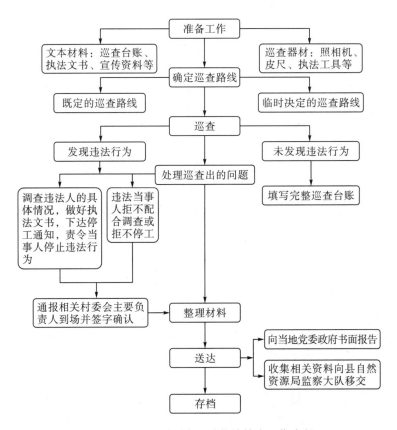

图 9-5　土地矿产卫片执法检查工作流程

　　根据土地利用现状图和内外业核查成果，对图斑所涉及地块的类别逐一进行判别。根据判别情况，对判定为实际占用的新增建设用地的，填写《土地卫片图斑核查情况登记卡》中"基本情况"和"实际占用的新增建设用地"相关栏目；对判定为实地伪变化的，填写《土地卫片图斑核查情况登记卡》中"基本情况"和"实地伪变化"相关栏目；对判定为军用土地的，填写《军用土地图斑登记表》并以机要件形式逐级上报。根据农用地转用、征收（用）审批，建设用地供应、土地登记等文件资料，对判定的实际占用的新增建设用地逐宗进行合法性审查，并填写《土地卫片图斑核查情况登记卡》中"合法性审查"相关栏目。

　　土地矿产卫片执法检查工作机构根据图斑核查情况，判定违法类别，填写《土地卫片图斑核查情况登记卡》中"违法情况"相关栏目。在自然资源部、省级自然资源行政主管部门督查前，违法批准占用、未报即用、边报边用等类型的违法用地，已依法查处并复耕到位的耕地面积，实施问责，核算违法占用耕地面积比例时不予计入。

五、永久基本农田划定成果在土地年度变更调查中的应用

土地年度变更调查是指县一级自然资源管理部门，根据上级下发的上一时点土地利用现状数据库和遥感影像数据，对土地利用现状、土地权属及行政区划变化进行外业实地调查，获取变化地类图斑、土地权属(宗地)、行政区划数据，从而生成增量数据包以及统计报表，实时对区域土地利用数据库更新和上报的过程。

国家通过土地年度变更调查，全面掌握辖区内年度土地利用的实际用地变化以及永久基本农田的年度变化情况，对变化的信息进行核查检查。当然，变化的内容有合法和不合法的情况，所以需要进行执法检查，确保用地合理合法。国家通过土地变更，持续更新土地调查成果，有力支撑自然资源"一张图"和综合监管平台平稳运行，不断夯实"以图管地"工作基础，加快推进国家治理体系和治理能力现代化。开展各地土地利用和管理情况评价分析，提升土地参与宏观调控能力，适应把握引领经济发展新常态，实现土地变更调查成果在生态文明建设，耕地数量、质量、生态"三位一体"保护，建设用地批后监管，不动产统一登记，土地执法督察等相关工作中的"一查多用"，促进最严格的耕地保护制度和最严格的节约用地制度进一步落到实地。

耕地保护部门负责组织指导设施农用地图斑核查，城镇审批项目用地审批、单独选址项目用地审批、土地整治验收项目涉及的管理信息套合标注和分类确认，以及永久基本农田汇总信息政策性复核。结合土地年度变更调查工作，对各级行政辖区内发生永久基本农田占用和补划的，按照有关要求，进行永久基本农田变更调查和数据库成果更新工作。

六、永久基本农田划定成果在低丘缓坡项目用地审查中的应用

对低丘缓坡及未利用地等的综合开发利用，是自然资源部门探索不同地形、地类土地利用模式的新举措，其最终目的是有效减少工业和城镇建设占用城镇周边和平原的优质耕地，切实保护耕地，拓展建设用地新空间，推动乡村城镇化和城乡统筹发展。自然资源部在全国选取了浙江、湖北、江西、云南、贵州作为首批开展低丘缓坡土地综合开发利用的试点省份。其目的是在工业化、城镇化进程加快的新形势下，统筹保障发展和保护资源，拓展建设用地新空间，减少城乡用地占用优质耕地规模，切实保护耕地特别是基本农田；增加土地有效供给，提高土地利用效率，增强土地对经济社会发展的保障能力，以促进经济社会发展与土地资源的可持续利用。

(一)低丘缓坡土地综合开发

低丘缓坡土地指主要坡度为 8°～25°的山地，低丘缓坡综合开发项目区指在划

定的坝区范围以外，主要坡度为8°～25°的低丘缓坡，土地利用类型主要为未利用地、劣质耕地、低质低效林地，具备开发条件，水源、电力有保障，总体适宜作为近期拟开发建设用地的区域。

云南省山多坝少的地理特征，决定了保护耕地与满足城乡建设用地需求这对矛盾将长期存在。全省耕地特别是优质耕地主要集中于坝区，全省人民日常生产、生活及基础设施等也主要分布在平坝、低缓坡区域，耕地保护与城镇化、工业化及基础设施建设对建设用地的刚性需求形成尖锐矛盾。建设用地的增长，短期内将造成耕地的净减少。由于后备资源不足，耕地补充任务艰巨，确保规划耕地和永久基本农田指标的困难较大。全面建成小康社会和经济发展的新形势，以及工业化、信息化、城镇化、国际化、市场化的深入发展，云南省将迎来人口高峰、城镇化高峰、工业化高峰以及能源交通等基础设施建设高峰，这些都形成了对用地的巨大刚性需求。

土地资源安全的腾挪空间减小，土地管理的难度显著加大，立足保障科学发展，妥善处理保障与保护、近期与远期、局部与整体的关系，统筹土地资源的开发、利用和保护，积极探索适合云南实际的土地利用新模式，实现土地资源的有效配置和可持续利用，是云南省土地利用必须完成的重要任务。因此，促进全省经济社会发展与土地资源利用相协调，走一条符合云南实际、可持续发展的城镇化道路势在必行。

(二)低丘缓坡项目区审查中对占用永久基本农田的要求

项目区位置的选择应符合低丘缓坡土地综合开发利用专项规划和土地利用总体规划。项目区范围不得与坝区范围相重叠，禁止占用永久基本农田，项目区范围的确定一般要以明显的地形、地物为界。

低区缓坡项目区用地审查工作中，将项目区位置范围数据叠加套合永久基本农田划定数据库成果，结合人工实地核查，对比分析用地范围内是否占用永久基本农田以及占用位置、范围、面积和质量等相关信息，并做好后续补划工作，符合"占一补一、占优补优、占水田补水田"等要求，避免占用永久基本农田，落实永久基本农田保护政策。

云南省正转变发展观念，调整城乡建设发展思路和用地方式，保护坝区农田，建设山地、山水、田园型城镇，走一条科学统筹城乡、具有云南特色的城镇化道路。

七、永久基本农田划定成果在矿业权登记审核中的应用

依据永久基本农田划定成果，在矿产资源规划编制工作中，需要加强和处理好矿产资源规划与永久基本农田保护红线、生态红线的衔接。根据《云南省国土

资源厅关于加强矿山生态环境保护完善矿业权登记管理有关问题的通知》(云国土资〔2017〕51 号)要求,在进行矿业权登记审核时,做好矿业权范围与永久基本农田成果的重叠检查,有重叠时应区分情况实行分类处理。

探矿权勘查区块范围与永久基本农田保护区重叠的,在探矿权人书面承诺已知悉勘查区块范围与永久基本农田保护区重叠,自愿承担探矿权转为采矿权时可能遇到的法律风险和责任后,可以按规定继续予以办理探矿权登记手续(扩大勘查区块范围除外),在颁发的勘查许可证上注明"该探矿权涉及基本农田保护区,在完成勘查工作申请划定矿区范围时应符合相关规定"。探矿权人在开展勘查活动时应严格落实永久基本农田保护规定,对需临时占用的土地应依法办理用地手续。探矿权转为采矿权申请划定矿区范围时,应符合永久基本农田保护规定。

采矿权开采方式为地下开采,其井口及地面设施等建设用地不得占用永久基本农田,涉及地下开采区与基本农田保护区重叠的,由县级人民政府组织有关部门和专家对重叠的永久基本农田保护区进行现场踏勘,对是否造成永久基本农田破坏出具评估意见,报州(市)自然资源主管部门审核出具意见。对未造成永久基本农田破坏的,可以申请继续办理采矿权登记手续。

已划定矿区范围仅与基本农田保护区重叠,不与其他保护区重叠,且难以将永久基本农田划出的,在划定矿区范围批复"持有人书面承诺已知悉划定矿区范围与基本农田保护区重叠,自愿承担可能遇到的法律风险和责任"后,可以申请办理划定矿区范围预留期延续手续。

各级自然资源主管部门应加强对矿业权勘查开采区永久基本农田保护的监管。进一步强化基本农田保护长效机制,完善永久基本农田保护监督管理制度。加强动态巡查,对破坏永久基本农田的违法行为,依法予以处理。

第三节　永久基本农田划定成果与相关规划的关系

一、永久基本农田划定与土地利用总体规划的关系

切实保护耕地是我国的基本国策,土地利用总体规划编制工作的核心任务就是保护耕地、特别是保护永久基本农田。我国的永久基本农田保护与划定工作是伴随着土地利用总体规划一起成长、不断完善的。

(一)第一轮土地利用总体规划(1987~2000 年)

1986 年,我国颁布实施了 1949 年以来第一部对城乡土地利用活动进行统一规范管理的《中华人民共和国土地管理法》。1987 年,我国第一轮覆盖全国范围的土地利用总体规划编制工作开始展开,到 1992 年前后在全国普遍推开,规划的目标年为 2000 年。

该轮规划主要思路是借鉴农业区划成果、国土规划成果和 FAO《土地利用规划指南》，以控制建设用地总规模，协调各部门用地需求为重点，提出实现"一保吃饭，二保建设"的规划目标。规划至 2000 年全国耕地确保 18 亿亩以上。开展了全国土地利用现状研究、全国土地粮食生产潜力及人口承载潜力研究、全国不同地区耕地开发治理的技术经济效益研究、全国城镇用地预测研究、全国村镇用地预测研究等 5 个专题研究。

该轮规划首次建立了全国统一的土地利用规划体系，完成了全国及大部分省、市、县和乡的土地利用规划工作，制定了一系列的编制办法和规程，为后续土地利用总体规划工作探明了道路。由于当时《基本农田保护条例》还没有出台，尽管有《中华人民共和国土地管理法》，但是在规划过程中没有基本农田的概念，更谈不上划定相应的基本农田。

(二)第二轮土地利用总体规划(1997~2010 年)

规划在 1997 年《中共中央 国务院关于进一步加强土地管理切实保护耕地的通知》(中发〔1997〕11 号)和 1998 年版《中华人民共和国土地管理法》的基础上进行编制。其重要特点是形成了一套较为成熟的土地利用总体规划编制技术路线和规程及规划控制指标体系，建立了乡、县、市、省和国家的五级土地利用规划体系和管理方法。

规划中明确了土地用途分区，县级和乡级规划通过土地用途分区，确定每一块土地的用途，为实施土地用途管制奠定了基础。土地用途分区中重要的分区之一是基本农田保护区，规划中不仅划定保护区域，还结合《基本农田保护条例》制定相应的管制规则，保证了用途管制有效实施。在该轮规划中，基本农田保护(区)规划作为土地利用总体规划的专项规划，与总规一起同时编制，将建设用地控制与耕地保护有机结合，使基本农田规划成果更符合实际。而在土地利用总体规划中，基本农田保护面积和保护率(>80%)是规划重要控制指标。基本农田保护(区)划定是两个规划的核心内容，基本农田保护规划与划定将两个规划紧密结合在一起。

该轮规划对经济发展趋势预测不足，土地利用规划建设用地、耕地(甚至基本农田)指标多被突破。在规划实施阶段，我国的经济形势发生了比较大的变化，如大规模的生态退耕工程以及加快城镇化建设的步伐、拉动内需、加大基础设施建设等，都是在土地利用总体规划修编时所没有预见到的，这是导致规划指标被提前突破的主要原因。同时，由于计算机软硬件的限制，导致土地规划以及基本农田保护信息化建设滞后，规划与基本农田保护信息以纸质介质为主，难以达到数字信息化的高度，对基本农田监督检查与执法保护等造成不小的困难。

（三）第三轮土地利用总体规划（2006～2020年）

该轮规划是在自然资源信息化技术较为完备条件下，开展并完成《第二轮土地利用总体规划（1997—2010年）》修编前期工作、第二次全国土地调查背景下进行的，前期的技术筹备为规划编制提供强大的支撑，形成了完善的编制规程与标准。规划除了沿袭土地用途分区的编制方法，还进一步确定了划定"三界四区"的建设用地空间管制的规则，并配套相关政策。云南省在2012年依据第二次全国土地调查成果和实施保护坝区农田建设山地城镇战略，对县乡两级2006～2020年土地利用总体规划进行了调整完善，形成县乡两级土地利用总体规划（2010～2020年）。2015年，根据国家统一部署，云南省开展了各级土地利用总体规划调整完善，乡级土地利用总体规划期调整为2015～2020年，其余规划期保持不变。

在该轮规划中，不再将基本农田保护（区）规划作为专项规划单独编制，而是纳入总规成果专题图件进行编制。根据基本农田总体稳定的原则，在完成基本农田保护量这一重要控制指标前提下，规划中允许对基本农田进行调整（调入和调出），编制完成基本农田保护规划图。该轮土地利用总体规划不再强调80%的基本农田保护率（云南省在2012年的规划完善方案中，对坝区要求大于80%的基本农田保护率）。因此，在本轮规划中，基本农田保护规划已融入土地利用总体规划中，成为规划的重要内容，土地利用规划成果数据库中的基本农田保护信息是进一步开展永久基本农田划定工作的基础和重要依据。

二、永久基本农田划定与城乡规划的关系

城乡规划要做好与土地利用总体规划的衔接，特别是做好与永久基本农田划定成果的衔接。通过划定永久基本农田，优化城乡空间格局，形成城市开发的实体边界，进一步倒逼城市节约集约用地，促进新型城镇化转型发展。

（一）城乡规划

"城乡规划"是一项全局性、综合性、战略性的工作，涉及政治、经济、文化和社会生活等各个领域。制定好城市规划，要按照现代化建设的总体要求，立足当前，面向未来，统筹兼顾，综合布局。要处理好局部与整体、近期与长远、需要与可能、经济建设与社会发展、城市建设与环境保护、进行现代化建设与保护历史遗产等一系列关系。通过加强和改进城市规划工作，促进城市健康发展，为人民群众创造良好的工作和生活环境。

城乡规划是以促进城乡经济社会全面协调可持续发展为根本任务、促进土地科学使用为基础、促进人居环境根本改善为目的，涵盖城乡居民点的空间布局规划。城乡规划包括城镇体系规划、城市规划、镇规划、乡规划和村庄规划。城市规划、镇规划分为总体规划和详细规划。详细规划分为控制性详细规划和修建性详细规划。

（二）城镇周边永久基本农田、城镇开发边界划定与城乡规划

国内的大城市、超大城市高质量发展需求日益提升，但目前仍存在建设用地集约度不足、跳跃式增长、外围地区用地分散、生态用地遭逐步蚕食等问题，亟待以开发边界为抓手转变增长方式，提升土地利用效率，倒逼城市转型升级。当前，我国城市同样面临巨大的外延式增长向内涵式提升的需求，划定、管控城镇开发边界成为国家对新型城镇化建设的重要要求。

党的十九大明确指出"完成生态保护红线、永久基本农田、城镇开发边界三条控制线划定工作"。优先整合生态保护红线、永久基本农田保护线、具有重要生态功能与价值的现状生态用地和法定保护区，划定生态控制线，以此为基础，以优化城镇空间布局为目标，结合城市建设现状与发展需求，整合建设用地空间配置需求，以推进城市集约用地、紧凑布局为目标，划定城镇开发边界，统筹生态空间、农业空间、城镇空间大格局。

城镇开发边界内以城市建设行为为主导，开发边界外以生态、农业、农村建设行为为主导。由此可见，城镇周边永久基本农田、城镇开发边界划定是以边界框定城乡规划范围，引导集中建设规模，紧凑集约发展。为实现城市紧凑布局、精明增长，发挥城镇开发边界作为引导城市中远期集约建设的政策工具的作用，将开发边界作为集中建设行为的管控边界，控制大部分建设用地规模集中在开发边界以内投放，推动"规-建-管"一体化，提升开发边界内土地利用效率，限制开发边界外的建设用地增长，鼓励边界外低效建设用地有序腾退，腾退后的用地指标用于开发边界内建设用地布局。

由于自然地理以及历史发展原因，我国农村居民点空间布局分散，大量存在于开发边界以外地区，需要正视边界外地区的土地发展权利与发展诉求，通过制定管控规则完善边界外的土地分级分类分期管理以及管控体系与规则，结合城市实际制定管控规则，做到城乡统筹、分类施策。逐步建立开发边界内建设用地新增与界外建设用地清退挂钩的机制，以城乡统筹的思路推动开发边界管控管理落地。

三、城镇周边永久基本农田与城镇开发边界划定

确定和落实永久基本农田规模和布局，是编制土地利用总体规划及其调整完善的核心任务；永久基本农田划定要与土地利用总体规划调整完善工作协同推进，永久基本农田划定成果要全部纳入土地利用总体规划调整方案，两项工作统一方案编制，同步完成；土地利用总体规划调整完善和永久基本农田划定按照总体稳定、局部微调、应保尽保、量质并重的要求，优先确定永久基本农田布局，把城市周边围住、把公路沿线包住，优化国土空间开发格局。

(一)城镇周边永久基本农田和县域永久基本农田划定

划定基本农田实施永久保护工作，是依据县乡级土地利用总体规划(2010～2020)成果，以云南省第二次全国土地调查及年度土地利用变更调查成果为基础，综合运用农用地分等成果资料，利用统一的标准、科学的技术方法，按照"落地块、入图库、建表册、明责任、设标识"的要求，将规划确定的基本农田落地到户、上图入库，查清基本农田质量等级，健全基本农田保护图、表、册，设立统一标识，落实基本农田保护责任，建立基本农田数据库及管理信息系统，确保全省基本农田划定面积不少于土地利用总体规划(2010～2020 年)下达的基本农田保护指标。

2016 年 8 月 4 日，国土资源部、农业部联合发布《关于全面划定永久基本农田实行特殊保护的通知》(以下简称《通知》)，明确永久基本农田划定的目标任务"按照依法依规、规范划定，统筹规划、协调推进，保护优先、优化布局，优进劣出、提升质量，特殊保护、管住管好"五项原则，将《全国土地利用总体规划纲要(2006—2020 年)调整方案》确定的全国 15.46 亿亩基本农田保护任务落实到用途管制分区，落实到图斑地块，与农村土地承包经营权确权登记颁证工作相结合，实现上图入库、落地到户，确保划足、划优、划实，实现定量、定质、定位、定责保护，划准、管住、建好、守牢永久基本农田。

永久基本农田划定工作主要分为城镇周边永久基本农田划定和县域永久基本农田划定，由 2015 年初启动，2017 年全面完成全国永久基本农田划定工作。

(二)城镇周边永久基本农田划定和城镇开发边界划定

《通知》明确要求按照规模上从大城市到小城镇，空间上从城镇周边到广阔农村，区域上从坝区到山区，质量上从高等别到低等别的步骤时序，划定永久基本农田保护红线，并将规划红线内的永久基本农田保护目标任务及时落地到户、上图入库；特别是要将城镇周边、交通沿线、坝区范围内现有易被占用的优质耕地，以及已建成的高标准农田，有水源保障的优质耕地优先划为永久基本农田；要统筹协调有关工作，把握时机，将永久基本农田划定与城市开发边界和生态保护红线划定工作稳步协同推进。

城镇周边永久基本农田划定，是在已有基本农田划定工作的基础上，开展城镇周边永久基本田划定核实举证工作，进行城镇周边永久基本农田初步任务核实举证数据说明，对提交的核实举证成果进行论证审核后下达城镇周边永久基本农田任务，是综合考虑城市自然条件、社会经济发展状况及趋势、建设用地管制分区耕地分布状况、土地节约集约利用水平等因素，审查并核定永久基本农田保护任务。

城镇开发边界最早从霍华德"花园城市"到伦敦的环城绿带为理论的起源，

美国则称为城市空间增长边界，其核心内容是禁止在边界外新建居民区和公共交通系统，成为引导精明增长的重要政策实践。我国城镇开发边界是城市集中建设区的范围边界，是管控城市空间增长、引导建设用地、设施配套集中供给的政策边界。实质上，城镇开发边界是用以约束城市扩张的政策工具，具有控制城市规模、保护农业和生态空间、提高城市公共服务供给效率的作用。城镇开发边界划分的不仅是空间上的城市与乡村、政策上的可建设区和禁止建设区，更多的是土地发展权的分配和博弈，带来的是边界内外的土地发展权差异化，即边界内的土地使用主体具备获得潜在的开发权利的能力，而边界外的土地使用主体则因发展权的丧失而导致利益上的损失。

相对应城镇周边永久基本农田保护区则是城市禁止开发区域，两者属于"是"与"否"的对立关系，如果两个边界重合一致，则缺乏相应的弹性，导致规划调整余地不大。在城镇开发边界之内(或两条边界之间)保留生态开敞空间用地区，即以建成区内的公园与绿地、结构性生态绿地、水系等作为边界，则是形成一定的生态屏障或缓冲用地；此外，城镇开发边界内可考虑一定的留白区，以满足规划调整的需要。

四、永久基本农田划定与生态保护红线的关系

生态红线是严格按照《全国主体功能区规划》确定的优化开发、重点开发、限制开发、禁止开发的主体功能定位，遵循生态保护红线由生态功能红线、环境质量红线和资源利用红线构成的基本思路，构建的国家生态保护红线。将永久基本农田保护红线划定与生态红线划定相结合，优先保证优质耕地划为永久基本农田，既是实现永久基本农田数量、质量、生态"三位一体"保护，也将大力促进生态保护与生态文明的建设。

(一)生态保护红线

生态保护红线是指在自然生态服务功能、环境质量安全、自然资源利用等方面，需要实行严格保护的空间边界与管理限值，以维护国家和区域生态安全及经济社会可持续发展，保障人民群众健康。生态保护红线是继18亿亩耕地红线后，另一条被提到国家层面的"生命线"。

生态保护红线的实质是生态环境安全的底线，目的是建立最为严格的生态保护制度，对生态功能保障、环境质量安全和自然资源利用等方面提出更高的监管要求，从而促进人口资源环境相均衡、经济社会生态效益相统一。生态保护红线具有系统完整性、强制约束性、协同增效性、动态平衡性、操作可达性等特征。生态保护红线可划分为生态功能保障基线、环境质量安全底线、自然资源利用上线。

（二）生态保护红线与永久基本农田保护红线

生态保护红线是保障和维护国家生态安全的底线和生命线，是最重要的生态空间。划定并严守生态保护红线，是留住绿水青山的战略举措，是提高生态系统服务功能和生态产品供给能力的有效手段，是贯彻落实主体功能区制度、构建国家生态安全格局、实施生态空间用途管制的重大支撑，是健全生态文明制度体系、推动绿色发展的有力保障。

生态保护红线包括禁止开发区生态红线、重要生态功能区生态红线和生态环境敏感区、脆弱区生态红线。纳入的区域，禁止进行工业化和城镇化开发，从而有效保护我国珍稀、濒危并具代表性的动植物物种及生态系统，维护我国重要生态系统的主导功能。禁止开发区红线范围可包括自然保护区、森林公园、风景名胜区、世界文化自然遗产、地质公园等。

生态保护红线、永久基本农田是我国两条国家层面的"生命线"，重要意义不言而喻。在实际划定工作中，由于土地利用部分图斑空间分布杂乱且面积小，这两条控制红线区域不是截然分开，而是"你中有我、我中有你"，在一定时期内两者相互共存，相互促进，在生态红线保护区内的基本农田可很好地实现数量、质量、生态"三位一体"保护，而将部分永久基本农田划入生态保护区，可以在促进生态文明建设同时，达到土地利用的生态、经济、社会效益有机统一。

五、永久基本农田划定与新时期国土空间规划体系建立的关系

（一）永久基本农田规划与国土空间规划体系的关系

1. 国土空间规划体系

目前正值我国空间规划体系改革与重构时期。《中共中央 国务院关于建立国土空间规划体系并监督实施的若干意见》（中发〔2019〕18 号）明确提出"国土空间规划是国家空间发展的指南、可持续发展的空间蓝图，是各类开发保护建设活动的基本依据。建立国土空间规划体系并监督实施，将主体功能区规划、土地利用规划、城乡规划等空间规划融合为统一的国土空间规划，实现'多规合一'，强化国土空间规划对各专项规划的指导约束作用，是党中央、国务院作出的重大部署。"这意味着今后我国的主体功能区规划、土地利用规划、城乡规划等空间规划将不复存在，取而代之的是国土空间规划。国土空间规划分为五级三类（图 9-6）。

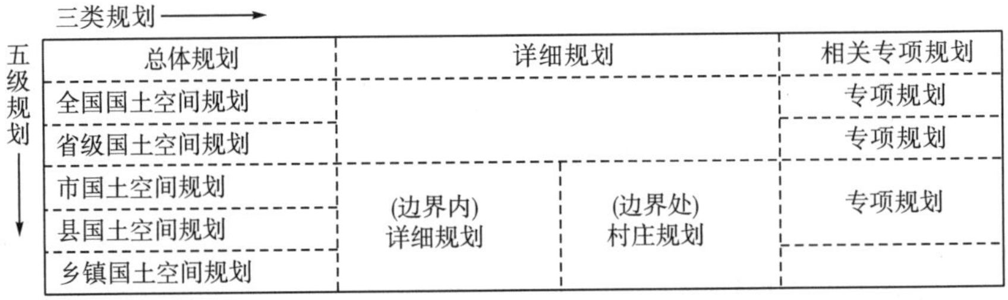

图 9-6　国土空间规划体系图

国土空间规划"三区"(三类空间:城镇空间、农业空间、生态空间)中的农业空间是以农业生产和农村居民生活为主体功能,承担农产品生产和农村生活功能的国土空间,主要包括永久基本农田、一般农田等农业生产用地以及村庄等农村生活用地。"三线"(生态保护红线、永久基本农田保护红线、城镇开发边界)中的永久基本农田保护红线是按照一定时期人口和社会经济发展对农产品的需求,依法确定的不得占用、不得开发、需要永久性保护的耕地空间边界。"三区三线"的划定服务于全域全类型用途管控,管制的核心要由耕地资源单要素保护,向山、水、林、田、湖、草全要素保护转变。

对"三区"的管控要求和划定方法有一定的弹性,划定的主要方法是以"双评价"①为核心支撑,结合地方特点以及空间发展战略,形成协调一致的三类空间划定和以"三线"为核心的刚性控制线。"三区"突出主导功能划分,"三线"则侧重边界的刚性管控。永久基本农田保护红线是国土空间资源保护的核心区域,是空间规划体系中划定"三区三线"的核心管控工具之一。由于永久基本农田是管控最成熟的线,因此需要协调因编制时效不同而产生的矛盾。

2. 永久基本农田与国土空间规划的关系

永久基本农田调整补划后,按法定程序修改相应的土地利用总体规划或国土空间规划(因目前国土空间规划还未完成编制,土地利用总体规划还未到期)。

国土空间规划编制时,应将永久基本农田调整补划成果纳入规划。永久基本农田是空间规划的核心要素,处于突出位置,对各类建设布局具有约束力。

专项规划、详细规划要服从总体规划。相关专项规划要遵循国土空间总体规划,不得违背总体规划强制性内容;详细规划要依据批准的国土空间总体规划进行编制和修改。永久基本农田的调整只能通过法定程序修改国土空间规划来完成。

---

① "双评价"由资源环境承载力评价和国土空间开发适宜性评价两部分构成。资源环境承载力评价:在一定发展阶段,经济技术水平和生产生活方式,一定地域范围内资源环境要素能够支撑的农业生产、城镇建设等人类活动的最大规模。国土空间开发适宜性评价:在维系生态系统健康的前提下,综合考虑资源环境要素和区位条件以及特定国土空间,进行农业生产城镇建设等人类活动的适宜程度。

（二）第三次全国国土调查

根据《土地调查条例》和《国务院关于开展第三次全国土地调查的通知》（国发〔2017〕48号），第三次全国土地调查工作于2017年10月正式启动。

按照《深化党和国家机构改革方案》的要求，将国土资源部的职责，国家发改委的组织编制主体功能区规划职责，住房和城乡建设部的城乡规划管理职责，水利部的水资源调查和确权登记管理职责，农业部的草原资源调查和确权登记管理职责，国家林业局的森林、湿地等资源调查和确权登记管理职责，国家海洋局的职责，国家测绘地理信息局的职责整合，组建自然资源部。为适应新的管理需要，将土地调查调整为国土调查。

（三）永久基本农田核实整改

永久基本农田划定后，发现存在划定不实、违法占用等问题。为了巩固永久基本农田划定成果，《自然资源部　农业农村部关于加强和改进永久基本农田保护工作的通知》（自然资规〔2019〕1号）要求结合第三次全国国土调查，开展永久基本农田划定成果的全面核实，找准划定不实、违法占用等问题，并按照"总体稳定、局部微调、量质并重"的原则，进行整改补划。

将不符合《基本农田划定技术规程》要求的建设用地、林地、草地、园地、湿地、水域及水利设施用地等划入永久基本农田的；河道两岸堤防之间范围内不适宜稳定利用的耕地；受自然灾害严重损毁且无法复垦的耕地；因采矿造成耕作层损毁、地面塌陷无法耕种且无法复垦的耕地；依据《土壤污染防治法》列入严格管控类且无法恢复治理的耕地；公路铁路沿线、主干渠道、城市规划区周围建设绿色通道或绿化隔离的林带和公园绿化占用永久基本农田的用地；永久基本农田划定前已批准建设项目占用的土地或已办理设施农用地备案手续的土地；法律法规确定的其他禁止或不适宜划入永久基本农田保护的土地等从永久基本农田中调出，并补划同等数量、质量相当的耕地作为永久基本农田。

对各类未经批准或不符合规定要求的建设项目、临时用地、农村基础设施、设施农用地，以及人工湿地、景观绿化工程等占用永久基本农田的，县级以上自然资源主管部门应依法依规严肃处理，责令限期恢复原种植条件。经县级自然资源主管部门会同农业农村主管部门组织核实，市级自然资源主管部门会同农业农村主管部门论证审核确实不能恢复的，按有关要求整改并补划永久基本农田。

第十章 云南省永久基本农田保护的长效机制建设探析

第一节 云南省耕地和永久基本农田保护的特点与优势

一、云南省耕地特点与永久基本农田保护难点

(一)坝区人地矛盾尖锐

坝区是全省耕地(尤其是优质耕地)、建设用地(尤其是城镇建设用地)的集中分布区域,坝区人地矛盾尖锐,是"吃饭"与"建设"难以兼顾的区域。根据云南省 2012 年坝区核定结果,全省坝区总面积为 245.35 万公顷,占全省土地总面积的 6.40%。这一调查结果与云南省长期以来沿用的"坝区约占 6%、山区(含高原)约占 94%"的提法基本一致。在坝区,耕地面积为 137.40 万公顷,占坝区总面积的 56.00%,建设用地(包括城乡建设用地、交通水利用地和其他建设用地)面积为 36.50 万公顷,占了全省建设用地总面积的 39.32%。

坝区土地总面积仅占全省土地总面积的 6.40%,但坝区耕地面积却占了全省耕地面积的 22.00%。坝区水田占全省水田面积的 50.47%,水浇地占了全省水浇地面积的 76.97%。坝区是云南省水田和水浇地等优质耕地的集中分布区域,全省 1/2 以上的水田和水浇地分布于坝区。

坝区城乡建设用地占全省城乡建设用地面积的 40.90%,交通水利用地占全省交通水利用地面积的 32.30%,其他建设用地占了全省其他建设用地面积的 39.88%。最值得注意的是,坝区城镇建设用地(城市和建镇用地)达 11.60 万公顷,占了全省城镇建设用地面积的 82.82%。

随着云南省城镇化水平的提高与基础设施的提升,坝区建设用地必然进一步挤压耕地的空间,而且不可避免占用更多的良田好地,坝区的耕地与永久基本农田保护面临巨大的挑战。

(二)耕地总体质量差且呈退化趋势

耕地与永久基本农田持续利用能力亟待加强。第二次全国土地调查结果显示,全省耕地面积为 624.39 万公顷,占土地总面积的 16.29%。耕地二级分类中,水田占 23.19%,水浇地占 0.91%,旱地占 75.90%。因此,全省耕地结构约为:水田面

积:水浇地面积:旱地面积=23:1:76。可见，云南省耕地内各地类结构中，旱地所占比例最大，居绝对优势地位。

耕地面积中，坡度≤2°的占14.83%，坡度为(2°，6°]的占11.20%，坡度为(6°，15°]的占29.05%，坡度为(15°，25°]的占30.38%，坡度>25°的占14.54%。全省耕地中，坡度在(15°，25°]的坡(旱)地为142.80万公顷，>25°的耕地面积中坡(旱)地为75.09万公顷，也即全省>15°陡坡耕(旱)地占全省总耕地面积的34.90%，全省坡度>6°、容易产生水土流失的坡耕地面积达343.75万公顷，占耕地总面积的55.05%，也就是说，受地形坡度的制约，加之没有采取水土保持型耕作措施(如等高横坡耕作、修筑梯田梯地等)，全省一半以上的耕地处于不同程度的水土流失威胁之下。

云南省土壤母质主要为基性结晶岩类风化残积坡积物、泥质岩和紫色岩类风化残积坡积物以及古红壤风化物，所形成的土壤又以红壤类为主，约占全省土地总面积的70%，全省耕地中近50%属红壤。红壤在高温多雨的气候条件下易于风化，遇水易分解，加之本身肥力瘠薄，抗冲抗蚀能力弱，表层水土流失严重，露出板结而无结构的底土层，透水性差，遇雨即形成地表径流。云南省土壤结构不良，为土壤侵蚀的发生和发展提供了潜在的物质条件。加之云南省山地面积广阔、地形坡度大、降水集中等诸多因素的共同影响，云南省土壤流失十分严重，不仅流失范围广，而且流失强度也大，使土层越冲越薄，土地质量显著退化。

云南是全国岩溶分布最为广泛的省份之一，岩溶面积达11.1万平方公里，约占全省总面积的29%。由于长期以来自然植被不断遭到破坏，大面积的毁林毁草开荒，造成地表裸露，加之岩溶山区土层薄，基岩出露浅，暴雨冲刷力强，经过大量的水土流失后，地表岩石逐渐凸现裸露，呈现出石漠化现象，并且随着时间的推移，石漠化的程度和面积也在不断加深和发展。云南省石漠化面积达288.1万公顷，占全国石漠化总面积的22.23%，潜在石漠化土地面积达172.6万公顷，占全国潜在石漠化土地总面积的13.98%。云南省滇东南地区石漠化十分严重，如果不及时治理，农业生产条件和生态环境将不断恶化，当地群众将逐渐失去赖以生存的基本条件。

据调查统计，云南几乎每年均有不同数量的耕地被自然灾害毁坏。灾害毁坏耕地多的年份达1.3万公顷以上；灾害毁坏耕地较少的年份一般亦达0.5万公顷以上；平均每年灾害毁坏耕地约为0.8万~1.0万公顷。同时，云南省滇中等较发达坝区，城镇、工矿较多，"三废"污染较重，对生态环境有较大影响，耕地受水环境污染等问题较突出，土地生态环境有待综合治理和改善。

综合而言，受自然条件限制，云南省耕地总体质量差，陡坡垦殖引发的水土流失、滇东南岩溶地区石漠化、地质灾害现象十分突出，滇中坝区水环境污染现象日益增加。从长远的角度看，如果不大力实施耕地整治、修复，云南省的基本农田保护难以实现"耕地数量、质量、生态'三位一体'保护""守住耕地数量和质量两条红线"的目标,耕地与永久基本农田的持续利用成为空谈。

（三）与建成高稳产、高标准基本农田目标还有较大差距

但云南省的水资源比较丰富,由于受地貌、气候等诸多因素的严重制约,山高坡陡,水资源的时空分布很不均匀,水土资源匹配不协调,农田水利工程建设的难度很大,致使丰富的水资源难以有效地为农业生产所利用,耕地保灌能力一直维持在较低的水平,这是云南省耕地单产水平低的重要原因。

耕地有效灌溉率能够反映各地农田水利化的程度,表明稳产、高产耕地面积的多少,因而是极其重要的指标。根据全省二次土地调查结果推算云南省农田有效灌溉程度较低,全省耕地有效灌溉率只有 24.10%（耕地二级分类中水田占 23.19%,水浇地占 0.91%）,远低于全国水平。水资源难以有效利用,有效灌溉率低,导致农田干旱现象突出,农作物受灾严重,进入 21 世纪以来,全省年均农作物因旱受灾面积约达 100 万公顷,最少的年份亦达 47.5 万公顷（2008 年）。2009 年以来,云南出现了严重的五年连旱现象,给农业生产和人民生活带来了严重的影响。这表明云南省农田干旱缺水问题非常严重,极大地制约了土地生产率和土地利用效益的提高[72]。

据《云南国土资源》不完全统计,云南省条件较差的高寒山区耕地约占总耕地的 16%,这些耕地受气候、地形影响和限制很大,大多只能一年一熟,轮歇地较大,粮食单产水平远比坝区和一般山区低。此外,海拔 2100～2400 米的冷凉坝区耕地约占 7%,海拔 2400 米以上的高寒坝区耕地约占 2%。这部分耕地虽属坝区,但因海拔高,气候寒冷,因而单产水平同样很低。

受限于地貌、气候等因素,云南省水资源时空分布不均,坡耕地较多,农田水利建设不足,有效灌溉率极低,除坝区灌溉条件较好,山区基本上缺乏必要的灌溉条件,使区内的旱地比例达 76.02%,大多数农田干旱灾害较为突出,影响产出率。目前,云南省耕地现状与国家提出的建设旱涝保收、高稳产的高标准基本农田的目标还存在较大的差距。

二、云南省耕地和永久基本农田保护的优势

（1）独特的自然地理位置。云南省处于东亚季风区域、青藏高原区域及南亚和中南半岛季风热带区域这三大自然地理区域的连接部位。云南土地资源形成了区域独特性、类型多样性和组合复杂性的优势和特点。气候类型的多样性,为云南土壤、植被和土地利用类型的多样性奠定了基础,光、热、水资源的丰富性和有效性,适宜热作生产,气候条件对不同作物和土地利用具有多宜性。云南省独特自然条件造就了十分优越的自然生态环境,全国第二次土地调查成果数据表明,云南森林（即有林地）面积为 1847.65 万公顷,居全国第 3 位,森林覆盖率（指有林

地占土地总面积的百分比)为 48.22%，云南被誉为"植物王国""动物王国"。
同时，云南还具有巨大的水能和矿藏资源优势。

(2)优越的区位优势。云南地处东亚、东南亚和南亚接合部，是我国向西南开放的重要门户，在国家"一带一路"倡议中，云南因其特有的区位优势被定位成"面向南亚、东南亚的辐射中心"，云南逐渐从开放末梢转向开放前沿。这将使得云南土地资源的开发利用获得很多新的良好环境条件。

(一)独特的区位条件造就"面向南亚、东南亚的辐射中心"战略定位与沿边开放优势

云南与缅甸、老挝、越南等国毗邻，边境线长 4060 千米，约占全国陆地边境线的 1/5，是我国通往东南亚、南亚最便捷的陆路通道，具有沟通太平洋、印度洋，连接东亚、东南亚和南亚的独特优势。独特的区位条件使云南成为我国沿边开放的重要窗口，2015 年 3 月，国家发改委、外交部、商务部联合发布《推动共建丝绸之路经济带和 21 世纪海上丝绸之路的愿景与行动》，其中明确云南省定位为"面向南亚、东南亚的辐射中心"。在其发展与规划中，云南逐渐从开放"末梢"转向开放"前沿"，未来云南将成为中国走向世界的国际化大通道。

"云南经济要发展，优势在区位，出路在开放"，习近平总书记考察云南时的这一重要论断，明确了云南发展的独特优势。云南北上连接丝绸之路经济带，南下连接海上丝绸之路，是中国唯一可以同时从陆上沟通东南亚、南亚的省份，也可由此通过中东连接欧洲、非洲。独特的区位优势凸显其在"一带一路"建设中的独特地位。自 2015 年起，云南省先后出台《中共云南省委　云南省人民政府关于扩大开放建设面向南亚东南亚辐射中心的意见》《云南省参与建设丝绸之路经济带和 21 世纪海上丝绸之路实施方案》《中共云南省委、云南省人民政府关于加快建设我国面向南亚东南亚辐射中心的实施意见》等政策文件，并编制《云南省建设我国面向南亚东南亚辐射中心规划(2016—2020)》。

为充分发挥云南在全面开放新格局和"一带一路"建设中的区位优势，促进云南加强与周边国家互利合作支持，加快建设面向南亚东南亚辐射中心，经国务院同意，国家发改委 2019 年 3 月印发《关于支持云南省加快建设面向南亚东南亚辐射中心的政策措施》，提出在农业、基础设施、产能、经贸等方面深化与周边国家的交流与合作。

在上述的政策和规划文件中都明确强调，云南省必须牢固树立创新、协调、绿色、开放、共享的发展理念，充分发挥区位、人文、资源等优势，主动服务和融入"一带一路"建设等国家发展战略，聚焦政策沟通、设施联通、贸易畅通、资金融通、民心相通，统筹对内对外开放，有效衔接利用国际国内两个市场、两种资源，着力增强互联互通能力、创新驱动能力、金融配置能力、公共服务能力和区域经济实力，不断提高经济市场化程度和社会开放融合度，推动形成全面开

放新格局、多元合作新平台、对外交流新机制、经济竞争新优势，把云南打造成我国与南亚、东南亚国家之间资本、人才、技术、信息、市场等要素集聚、流动和扩散的"枢纽地区"，重点推动区域性国际经济贸易中心、科技创新中心、金融服务中心、人文交流中心建设，全面提升经济影响力、创新带动力、人文亲和力和文化软实力，加快建成我国面向南亚、东南亚的辐射中心。

国家对云南省的定位，对全省国土空间开发、保护、综合整治与修复的各类活动具有宏观战略指导作用，给全省耕地与永久基本农田保护也带来了机遇，提出了挑战。

(二)得天独厚的气候资源具有综合开发利用优势

具有气候类型多样性和地区差异性的云南气候，为不同作物以及作物的不同品种提供了多种选择的余地，并特别有利于其优势的发挥。云南多数地区气候既有利于喜温作物生长，也适宜喜凉作物的栽培；既有利于粮食作物生长，也有利于经济作物生长；既利于种植业的发展，也有利于林业、畜牧业的发展。可以说，云南气候资源有多种选择余地可供"扬长"，有其多宜性。全国各种农作物和经济林木，云南几乎都有面积不等的种植和栽培，且有些作物产量和质量在国内外名列前茅，其原因也在于云南得天独厚的气候资源。得天独厚的气候资源适宜西双版纳橡胶等热带作物种植，玉溪等地优质高产烤烟种植及咖啡、茶叶、三七等经济作物的种植。

云南土地资源类型丰富多样，全国统一划分的各个一级土地利用类型(耕地、园地、林地、草地、城镇村及工矿用地、交通运输用地、水域及水利设施用地、其他土地)和57个二级土地利用类型，除"沿海滩涂(116)"，在云南省均有不同面积的分布，这在全国各省中是少有的。土地资源类型的多样性以及空间分布的复杂性，使云南具有综合开发利用的优势，包括：①具有农林牧渔业、工矿业、旅游业等各业综合发展的优势；②种植业内又有粮、油、蔗、烟、药材、瓜菜等多种经营的优势，园艺业内有各种水果、茶、橡胶、桑等综合发展的优势，林业内有各种用材林、防护林、经济林、薪炭林、特用林等综合发展的优势，牧业内有各种大牲畜、羊、猪、家禽等综合发展的优势，渔业内有发展鱼类等多种水产品的优势。

(三)丰富光、热、水资源造就热带亚热带作物生产优势

云南在全国属于光照资源最丰富的地区之一，对作物生长特别有利，水热条件亦很独特：云南热带和南亚热带≥10℃积温比华南等地低 500℃，云南高原气温日较差大，十分利于作物干物质的积累，雨热同季，雨量较丰富，雨日多，但降雨强度小(表现为暴雨日数少)，这种"细水长流"的特点提高了降水的有效性，云南大部分地区全年温暖，光照充足，作物可周年生长，生长期特别长，对农业

生产和土地利用极为有利。

云南南部热带、亚热带地区是我国少有的热区宝地，种植橡胶、南药、香料、热带水果、冬早蔬菜等许多具有地方特色的热带、亚热带作物，有很高的经济价值和广阔的市场，其他如香料、药材、热带水果等种植和加工业亦有广阔前景。云南省在烤烟种植与卷烟生产中具有巨大优势。云南高原气候、土壤条件适于发展烤烟，卷烟产量较高，在一定时期内，"云烟"无疑是云南的重要支柱产业。2009 年全省烤烟种植面积达 387443 公顷，占农作物总播种面积的 6.41%，烤烟总产量达 88.03 万吨，平均每公顷单产约 2272 千克，烟草制品业产值达 905.23 亿元，相当于同期全国烟草制品业产值的 18.38%。

（四）后备资源丰富，耕地广度、深度开发潜力较大

根据 2009 年第二次全国土地调查数据，云南省待开发土地资源总面积达 387.88 万公顷，占土地总面积的 10.12%。其中，荒草地（即"其他草地"）为 288.02 万公顷，约占了全省待开发土地资源总面积的 3/4。云南的待开发土地资源以宜林（园）荒山荒地为主，达 197.04 万公顷；宜牧荒山荒地次之，为 89.02 万公顷；宜耕荒山荒地荒滩亦占一定的比例，共计 24.68 万公顷，云南土地耕地后备资源较为丰富，具有广度开发优势。

云南国土资源耕地适宜性评价结果表明，在现有耕地总面积中，一等宜耕地（或称高产田地）面积为 62.79 万公顷，占 10.06%；二等宜耕地（或称中产田地）面积为 119.77 万公顷，占 19.18%；三等宜耕地（或称低产田地）面积为 349.56 万公顷，占 55.98%；不适宜耕地（即宜退耕地）面积为 92.27 万公顷，占 14.78%。云南省总耕地面积中旱地占 75.90%，且全省坡度＞6°、容易产生水土流失的坡耕地面积达 343.75 万公顷，占耕地总面积的 55.05%，全省中低产田改造和耕地整治的任务十分艰巨，但潜力也十分巨大。

另据测算，在现有 1847.65 万公顷林地中，低产面积约占 28%～30%。在现有 165.37 万公顷园地中，低产园地约占 30%～35%。此外，还有一定规模的宜牧低产地和低产水面。随着国家对园地、残次林地等适宜开发的农用地，复核认定后可统筹纳入土地整治和新增耕地范围用于占补平衡，云南已利用土地中的低产林地、园地面积较大，这表明云南省今后土地深度开发与整治的潜力还很大，应大力增加投入，充分发挥已利用土地的深度开发优势。

三、云南省耕地和永久基本农田保护特色与亮点

云南省实施"保护坝区农田、建设山地城镇"战略，耕地和永久基本农田保护形成了自己的特色和亮点。

2011 年，云南省人民政府发布《关于加强耕地保护促进城镇化科学发展的意

见》，提出"保护坝区农田、建设山地城镇"战略，随后开展省内坝区认定工作，全省划定1平方公里以上坝子1699个(以县行政区统计)，土地总面积为245万平方公里，占全省土地面积的6.4%，坝区中耕地面积为1354905.56公顷，约占坝区总面积的56.00%，约占全省耕地面积的22.02%。云南省于2012年对云南省县乡级土地利用总体规划(2010～2020年)进行完善，在国家规定的6项约束性指标基础上，增加2项约束指标：①坝区耕地划入基本农田的比例不低于80%；②布局在坝区的新增建设用地不超过50%。同时在用途分区中增加"低丘缓坡综合开发利用区"[73]。

根据永久基本农田划定成果，全省坝区规划永久基本农田面积为111.58万公顷，坝区耕地划入永久基本农田110.94万公顷，坝区耕地划入永久基本农田比例达到81.55%。划定全省坝区永久基本农田地类主要是耕地，其余有少量园林和林地为可调整地类。保护坝区农田、建设山地城镇，是云南省独特的自然条件和社会经济发展共同决定的、迫不得已的土地利用战略决策，在全国初步探索出了一条有效统筹"双保"、破解"两难"的新路子，取得了明显成效，并形成了耕地和永久基本农田保护的特色和亮点。

第二节　基于长效机制的云南省永久基本农田保护对策措施探析

一、云南省现行的永久基本农田保护法律法规

(一)《云南省基本农田保护条例》及相关法规分析

早在1995年11月，云南省就颁布了《云南省基本农田保护条例》(以下简称《条例》)并于1996年1月1日开始实施。2000年5月，依据《中华人民共和国农业法》《中华人民共和国土地管理法》和国务院发布的《基本农田保护条例》(1994版)，云南省颁布了新的《云南省基本农田保护条例》。《云南省基本农田保护条例》共二十八条，结合云南省实际情况对《基本农田保护条例》进行了细化，以指导和规范云南省基本农田保护。细化的内容包括五个方面。

1. 进一步强调相关部门职责

按照国家的有关规定和本条例及本级人民政府规定的职责，县级及以上土地管理部门和农业行政主管部门负责本行政区域内基本农田的规划、保护、管理工作。各级规划、财政、建设、环保、水利、林业、司法等部门按照各自的职责，协同做好基本农田的保护管理工作。

2. 结合云南省实际明确基本农田划定范围与分级标准

《条例》要求六类耕地应当划入基本农田保护区，严格管理：①县级以上人民政府批准确定的糖、烟、油、蔗和其他名、优、特、新农产品生产基地内的耕地；②蔬菜生产基地；③花卉、药材生产基地；④农作物良种繁育基地和农业科研、教学、试验、示范的耕地；⑤有良好的水利与水土保持设施的耕地和计划改造的中低产田；⑥县级以上人民政府认为应当划入基本农田保护区的其他耕地。

3. 明确基本农田保护的具体组织实施

农田保护组织实施分工：①县级人民政府根据州(市)人民政府、地区行政公署下达的基本农田数量指标，具体分解到乡(镇)；②县级人民政府土地行政主管部门和农业行政主管部门按照县级人民政府下达的指标，会同乡(镇)人民政府实地划定乡(镇)的基本农田和基本农田保护区，并填制表册，编制乡(镇)基本农田保护区分布图；③乡(镇)基本农田划定后，由县级人民政府土地行政主管部门汇总数据，编制县级基本农田保护区分布图；④基本农田保护区划定后，由县级人民政府设立保护标志，予以公告，由县级人民政府土地行政主管部门建立档案，并抄送同级农业行政主管部门；⑤基本农田划区定界后，由州(市)人民政府、地区行政公署组织土地行政主管部门和农业行政主管部门验收确认。在财政经费方面划定基本农田和基本农田保护区所需的经费，由各级土地管理部门和农业行政主管部门提出预算报同级财政核拨。

4. 细化基本农田建设要求

县级以上人民政府农业行政主管部门应当建立基本农田保养制度，提高基本农田质量。省农业行政主管部门应当根据本省实际情况，适时向社会公布在一定区域内推广、轮换、限制或禁止使用的化学、生物肥料。

5. 明确基本农田占用报批与违反处罚

《条例》规定，国家能源、交通、水利、军事设施等重点建设项目选址确实无法避开基本农田保护区，需要占用基本农田的，建设单位应当持有关批准文件，向县级以上人民政府土地行政主管部门提出用地申请，由县级人民政府土地行政主管部门拟订方案，经同级人民政府审核后，逐级上报国务院批准。经批准占用基本农田的，由占用单位开垦与所占用基本农田数量和质量相当的耕地；没有条件开垦或者开垦的耕地不符合要求的，由占用单位按照所占用基本农田前三年平均年产值的 5~8 倍缴纳耕地开垦费，水利建设项目，可按 3~6 倍缴纳耕地开垦费。经批准的建设项目占用基本农田 1 年以上未动工建设的，应当按照闲置基本农田前 3 年平均年产值的 6 倍向县级以上人民政府土地行政主管部门缴纳闲置费。上述占用过程中违反规定的，《条例》也规定了相应的处罚方式与所罚金额。

（二）及时修改《云南省基本农田保护条例》

2019 年 8 月 26 日，中共十三届全国人大常委会第十二次会议审议通过《中华人民共和国土地管理法》修正案，自 2020 年 1 月 1 日起施行，将"基本农田"改述为"永久基本农田"，其中第十七条规定了严格保护永久基本农田，严格控制非农业建设占用农用地；第三十三条规定国家实行永久基本农田保护制度；第三十四条规定永久基本农田划定以乡(镇)为单位进行，由县级人民政府自然资源主管部门会同同级农业农村主管部门组织实施，永久基本农田应当落实到地块，纳入国家永久基本农田数据库严格管理；第三十五条规定永久基本农田经依法划定后，任何单位和个人不得擅自占用或者改变其用途；第四十四条规定永久基本农田转为建设用地的，由国务院批准；第四十六条规定征收永久基本农田和永久基本农田以外的耕地超过三十五公顷的由国务院批准等。

为了进一步加强对云南省永久基本农田的特殊保护，促进农业生产和社会经济的可持续发展，应根据《中华人民共和国土地管理法》(2019 年修订案)和《中华人民共和国农业法》，及时修改《云南省基本农田保护条例》。

二、国外农地保护政策对云南省的借鉴

世界发达国家和地区的农用地保护措施共同特征可以概括为：完善法律政策保障，注重规划，注重土壤质量改造、提高和保护，关注生态建设和农用地的可持续发展，配以补贴政策，以政府主导，社会团体、组织和公众共同参与，共同实现农用地的调控、使用和保护。其中，完备的法律保障和严格的土地规划是实现农用地保护的直接影响因素，关注耕地质量和土地生态是实现农用地保护的关键因素之一。

（一）不断完善法规制度

发达国家和地区均重视耕地保护立法工作，其国家级规划和相关农地保护政策都是通过立法机关，以法律的形式颁布，有严格的法律规范和监督程序。基于特殊国情，我国正实施全世界最严格的土地管理和耕地保护制度，长期以来发布了大量的法律、法规、政策性文件，为我国的耕地和永久基本农田保护提供了坚实的基础依据。但是，我国的法律、条例等制定不够详细，政策性文件还需完善，而且政策更新频繁影响了文件的严肃性，因而在对政策性文件梳理的基础上，制定长期稳定的法规，并以此为依据结合云南耕地保护的实际出台相配套的工作开展指导意见，是一项紧迫的任务。

（二）构建系统科学的国土空间规划体系

农地保护政策应该首先是国家政策，国家级规划是对自然资源用途的法定性

控制，能够从宏观角度上监控土地资源的流转，但国家级规划能够发挥作用的前提是地方和区域必须很好地贯彻和实施。发达国家和地区的规划体系十分严谨，国家级的规划具有宏观政策性指导性，规划自上而下，地方政府的国土规划越来越具体、详细。我国新的国土空间规划将国土空间规划为"四梁八柱"的结构，按照国家空间治理现代化的要求进行了系统性、整体性、重构性构建。这里可以把它简单归纳为"五级三类四体系"。"五级"是从纵向看，对应我国的行政管理体系，分五个层级，就是国家级、省级、市级、县级、乡镇级。其中，国家级规划侧重战略性，省级规划侧重协调性，市县级和乡镇级规划侧重实施性。"三类"是指规划的类型，分为总体规划、详细规划、相关的专项规划。国土空间规划体系的四个子体系为：按照规划流程可以分成规划编制审批体系、规划实施监督体系；从支撑规划运行角度看，有两个技术性体系，一是法规政策体系，二是技术标准体系。国土空间规划通过划定城镇、农业、生态空间"三区"和生态保护红线、永久基本农田、城镇开发边界线"三线"，作为调整经济结构、规划产业发展、推进城镇化不可逾越的红线，从而进一步严格耕地和永久基本农田保护工作。

（三）制定严格细致的农地保护实施措施

发达国家和地区对农地保护的实施措施，与我国用途分区与用途管制相类似，我国正实施全世界最严格的土地管理和耕地保护制度，相关的措施及规定应更严格、更有针对性。一方面，应严格限制农地非农化行为，农地非农化项目必须经过相关土地管理部门的严格审核，以防止不必要或不合理的农地开发。另一方面，应以激发农民保护耕地积极性为核心，探索土地发展权制度，合理评估农地价值，将市场机制引入到农地征用过程中来，实现农地开发后收益分配的合理和公平。

（四）建立切实可行的生态补偿或激励制度

发达国家设有生态补偿机制，不同国家的补偿标准有所差异。我国相关政策明确规定：实施耕地质量保护与提升行动，加大土壤改良、地力培肥与治理修复力度，不断提高永久基本农田质量，并要求各地要加强调查研究和实践探索，完善耕地保护特别是永久基本农田保护政策措施，与整合有关涉农补贴政策、完善粮食主产区利益补偿机制相衔接，与生态补偿机制联动，鼓励有条件的地区建立耕地保护基金，建立和完善耕地保护激励机制，对农村集体经济组织、农民管护、改良和建设永久基本农田进行补贴，调动广大农民保护永久基本农田的积极性。但具体的实施办法、措施、标准、资金、发放渠道等还需落实，以真正通过保护激励机制调动农民保护永久基本农田的积极性。

(五)借鉴土地发展权和农地退出制度引导农村土地流转

国际上,农民自愿出售其土地开发权,将土地开发引向更适合的地区,通过这一方式,可以把农业用地的开发权转移到离城市较近、适于建设的土地上,该制度被称为土地开发权转让。土地开发权移转制度的目的在于保护自然景观与农业质量,强化地区的文化、历史和景观特性。这种保护措施可以在低土地开发成本下,达到保护农地的目的,农民也可以通过土地开发权的出售而得到补偿。国外农场主决定退出农场经营的时候,一般有以下几种选择或分为以下几种情形:①将农场整个卖给另外的经营者;②将农场的经营权转租给他人;③农场主申请破产保护;④由于政府征地而使农场主退出经营;⑤农场主参加政府的"休耕计划"而暂时退出经营。由于大部分国家农场主土地属私有资产,退出方式较为灵活。

我国土地实行的是国家土地所有和劳动集体所有制度,没有土地发展权或开发权转移制度的可比性。农民早期主要通过承包经营权获得农用地使用权,当前我国已逐步完成农村集体土地所有权、建设用地使用权、承包权的确权工作,为实现农村集体土地所有权、承包权、经营权的"三权分置"打下基础。农户可以放弃承包地的经营权,但依然享有承包权,或者是经营权和承包权的双重退出,即农户把农地承包经营权退还给村集体。在承包权和经营权能够分离的前提下,"三权分置"制度是继我国农村实行家庭承包经营制度以来农地制度的又一创新,是实现我国农地规模经营和农业现代化的重要手段。

(六)建立注重质量提升的耕地保护体系

发达国家在永久基本农田保护过程中都有一个共同点,即注重耕地质量的提升。基于云南省耕地总量较大,但分布零散、总体质量差,以及石漠化形势严峻等情况,需进一步探索提升云南省耕地质量,提高农业生产能力及水平的途径。①提升基本农田的标准。高标准的农田可以建成旱涝保收、稳健高产的生产体系,应该高度重视高标准的基本农田,形成一个专门管理部门进行资源整合、统一管理和保护。②改善土壤质量。为土壤中加入营养有机物质,从内在性状上改善土质。可以利用秋收后的稻草进行粉碎处理,将其覆盖在耕地上。③科学合理地施药。在耕作过程中,采取科学施药的策略。进一步推广使用高效无毒的农药,防止耕地污染,提升农产品的安全性能以及经济效益,从而保护耕地的生态环境。

(七)促进现代科学技术广泛而深入应用

发达国家在监测土地动态和评估土地质量等方面都采用现代科技手段,还成立专门机构对其进行记录和管理。我国近年来在电子计算机技术、卫星通信技术以及遥感技术方面取得了迅速发展,因此有更好的条件将 GIS、GNSS、RS 综合运用到农地动态监控和保护当中,搭建地理信息云门户,实现"一张图"专题应用与统一访问控制系统,建设耕地保护数据管理平台、数据分析平台、动态监测平台与决策支持平台。

三、基于长效机制的云南省永久基本农田保护对策措施探析

云南省在国家耕地和基本农田保护相关法律发布实施以来，经过一定时期的实践探索和经验总结，已经建立了完整的永久基本农田保护制度体系。永久基本农田保护规划、划定、管护工作是实施耕地保护战略的重要手段，在云南省取得了巨大的成效：增强了全民保护耕地的意识；云南省的农业基础地位得到了进一步加强；有效地遏制了乱占滥用耕地的势头，促进了土地的合理利用；稳定了农村土地承包制，调动了农民种地的积极性。但是，永久基本农田保护制度本身，包括规划、划定、管护、监测等许多内容措施，仍需在执行过程中不断调整完善，存在很多需要改进的地方，还有待进一步探索。

在永久基本农田划定工作基本完成的基础上，云南的永久基本农田保护应将重点放在巩固、完善和提高上，探索制度化安排和长效化机制，加快构建耕地数量、质量、生态"三位一体"保护新格局。为了促进云南省农业可持续发展、保障国家及省域粮食安全，在耕地利用上需要建立科学的措施体系，包括开发利用、整治、保护、管理等诸多方面，涉及国策、法规、经济、技术等多个领域。建立适合云南省特点的永久基本农田"划、建、管、护"长效机制，采取最关键的耕地利用与粮食安全保障措施，可归结为九个方面。

（一）融入国家"一带一路"倡议

融入国家"一带一路"倡议，打造"面向南亚、东南亚的辐射中心"，建成繁荣稳定的祖国西南边陲，保障国家战略顺利实施。云南与缅甸、越南、老挝三国接壤，与泰国和柬埔寨通过澜沧江—湄公河相连，邻近马来西亚、新加坡、印度、孟加拉等国，是我国毗邻周边国家最多的省份之一。因地处中国经济圈、东南亚经济圈和南亚经济圈接合部，云南成为"一带一路"发展中的重要省份，国家"面向南亚、东南亚的辐射中心"战略定位将云南省从开放末梢转向开放前沿。《中共云南省委关于制定国民经济和社会发展第十三个五年规划的建议》中提出，开放是跨越式发展的必由之路，必须主动服务和融入国家发展战略，深化国际合作和国内区域合作，统筹利用国际国内两个市场两种资源，大力发展开放型经济，形成"走出去""引进来"双向开放新格局，提高对外开放的质量和水平，以扩大开放带动创新、推动改革、促进发展。云南将着力构建"一核一圈两廊三带六群"区域发展新空间，形成"做强滇中、搞活沿边、联动廊带、多点支撑、双向开放"的区域协调发展新格局。"十三五"规划期间，云南将打造连接南亚、东南亚立体式交通网络，铁路"八出省、五出境"、公路"七出省、五出境"和空水全面互联互通的主干架构。在开放型经济建设方面，将重点突出与缅北、老北、

越北区域合作，打造沿边开放经济带。

国家对云南省"面向南亚、东南亚的辐射中心"战略定位，给全省耕地与永久基本农田保护带来了机遇，也提出了巨大的挑战，云南省在国土空间开发、利用、保护、综合整治与修复中，尤其是耕地和永久基本农田保护中，需做到四个方面。①正确处理"吃饭"与"建设"的关系，科学规划，强化管理，实行集约与节约用地制度，严格控制各类建设占用耕地规模，要坚决保住 600 万公顷(9000 万亩)耕地、495.43 万公顷(7431 万亩)保有量的目标"底线"。②坚持"区别对待、有保有压"的原则，科学规划和管理，实现保障发展与保护耕地的"双赢"，优先保障国家和省级重点建设项目的用地需求，支持有利于结构调整的项目建设用地，对符合国家产业政策和法律法规、符合土地利用总体规划和年度计划的建设项目用地，要千方百计地保证用地供应。③走节约集约利用土地之路，全力建设节地型社会，节约用地是在非农业建设方面，能少用地就不多用，能用劣地就不用好地，能用其他土地就不用耕地。集约用地是指在单位面积土地上适度提高投入(包括资金、劳动力和科学技术等生产要素)强度以增加土地产出量的土地利用方式，如建设用地合理提高建筑容积率、建筑密度，优化产业结构、科学布局生产力等。④实施建设用地增减挂钩，探索节约集约用地新机制，引导城乡用地布局、结构调整，促进城乡协调发展、提高城镇化水平，有效促进耕地保护和建设用地节约集约利用。

(二)继续实施"保护坝区农田、建设山地城镇"战略

继续实施"保护坝区农田、建设山地城镇"战略，坚守云南省的"吃饭田""保命田"。2011 年，云南省人民政府在《关于加强耕地保护促进城镇化科学发展的意见》中提出"保护坝区农田、建设山地城镇"要求，并在完善云南省县乡级土地利用总体规划(2010～2020 年)中，在国家规定的 6 项约束性指标基础上，增加 2 项约束指标：①坝区耕地划入基本农田的比例不低于 80%；②布局在坝区的新增建设用地不超过 50%。同时在用途分区中增加"低丘缓坡综合开发利用区"。在全国初步探索出了一条有效统筹"双保"、破解"两难"的新路子，取得了明显成效，并形成了耕地和基本农田保护的特色和亮点。

根据基本农田划定成果，全省坝区规划基本农田面积为 111.58 万公顷，坝区耕地划入基本农田 110.94 万公顷，坝区耕地划入基本农田比例达到 81.55%。根据完善规划前后资料成果对比，坝区耕地中基本农田保护面积由调整完善前的 1346.85 万亩增加到 1664.15 万亩(划定入库前面积，下同)，保护率由 66.27%提高到 81.88%，全省共调整出 26.85 万亩建设用地到山上。由此可见，"保护坝区农田、建设山地城镇"在保护耕地尤其是良田好地中的重要作用。

云南省必须继续坚定实施"保护坝区农田、建设山地城镇"战略，建议进一步完善相关措施：①进一步明确和提高"保护坝区农田、建设山地城镇"战略地

位，在下一步《云南省基本农田保护条例》及相关法规修订中，将该战略写入，并确定为云南省土地利用与管理的基本原则。②按照全省"守住红线、统筹城乡、城镇上山、农民进城"的总体要求，在坝区永久基本农田保护红线、重生态红线、城市开发合理边界的基础上，坝区耕地配套基础设施，建设成高标准基本农田，城市走节约集约之路，充分挖掘内部潜力，统筹兼顾，引导城乡用地布局优化，形成具有云南特色山地、山水、田园型城镇化的土地利用良好模式。

(三)编制科学合理的国土空间规划

编制科学合理的国土空间规划，正确客观指导全省耕地与永久基本农田保护工作。科学合理的国土空间开发规划，对区域内的社会经济发展、城乡用地布局、结构调整、耕地与永久基本农田保护等都具有重要的宏观决策指导意义。本书对编制科学合理的国土空间开发规划，提出几点建议：①以土地利用现状调查、土地利用总体规划、土地整治等专项规划、永久基本农田划定等成果为基础，国土空间开发规划离不开基础的土地资料支撑，其规划结果也必须与相关成果相衔接。②充分利用农用地分等和更新、地球物理化学调查、土地整治与高标准农田建设、土壤污染调查、矿产资源规划、地质灾害调查与区划、土壤侵蚀、生态保护红线等资料，多源数据叠加，才能客观掌握云南省国土基础信息，编制科学合理、操作性强的规划成果。③科学应用 GIS、RS、数据库、管理信息系统等技术手段，系统与数据融合、集成，充分利用功能分析功能，客观分析、评价、预测，获取科学客观研究成果，保证规划成果的科学性。④充分论证，总结云南省自然资源特点，总结优势与不足、归纳存在的主要问题，客观提出全省土地利用战略，明确利用的重点和方向，提出土地利用策略。

(四)确定保护重点，区别对待

确定保护重点，区别对待，适当减少云南永久基本农田保护面积，因地制宜利用永久基本农田发展各种经济作物。云南省除坝区人地矛盾尖锐，全省耕地总体质量差且还呈退化趋势，存在有效灌溉率低、旱灾频发、生产水平低等问题，与建成高稳产、高标准基本农田目标还有较大差距。同时，全省自然环境优越，光、热、水资源丰富，适宜热作生产，气候条件对不同作物和土地利用的多宜性，具有综合开发利用优势。因而，在云南省的土地利用与永久基本农田保护中，必须确定保护重点，因地制宜发展各种农作物和经济林木。

根据云南省永久基本农田划定成果，全省>25°的永久基本农田面积共 57.55万公顷，占全省永久基本农田保护面积的 12.38%，这些耕地山高坡陡、土地贫瘠、缺少水源，耕种条件极其恶劣，基本靠天收成。全省耕地分布不均，尤其是高稳产耕地分布极不均衡，陡坡耕地还存在退耕还林的实际需要。基于上述原因，云南省土地利用与永久基本农田保护应该划分重点，并按"区别对待、有保有压"

原则，因地制宜、灵活地完成永久基本农田保护任务。提出措施和建议：①下一步永久基本农田核实整改工作中，适当降低云南省永久基本农田保护任务，根据云南省实际情况，通过国土空间开发规划科学评价，客观确定全省永久基本农田保护面积，适当降低永久基本农田的保护指标任务；②确定保护重点，区别对待，因地制宜利用永久基本农田发展各种经济作物和经济林木，云南省坝区耕地绝大部分是基础设施完善的良田好地，应是永久基本农田保护的重点，而广大山区耕地坡陡、贫瘠、缺少水源，但十分适宜发展各种经济作物或林木，建议适当放宽永久基本农田保护的条件，允许这部分耕地作为可调整园地、林地，但在用地类型上仍统计为耕地。

(五)加大土地整治力度，注重生态修复

加大土地整治力度，注重生态修复，创建高效、持续、生态的耕地保护体系。云南全省＞15°陡坡耕(旱)地占全省总耕地面积的34.90%，全省坡度＞6°、容易产生水土流失的坡耕地面积达343.75万公顷，占耕地总面积的55.05%。受地形坡度的制约，加之没有采取水土保持型耕作措施(如等高横坡耕作、修筑梯田梯地等)，全省一半以上的耕地处于不同程度的水土流失威胁之下。通过实施土地整治工程，采取坡改梯、配套灌排体系、完善交通路网、实施土地防护等措施，实现耕地的保土、保水、保肥能力，提高有效土地利用率、产出率，是改善土地生态环境、有效解决"三农"问题、实现土地持续利用的重大举措。

云南省自20世纪90年代末开展土地整治工作以来，取得了重大成果。根据云南省自然资源厅统计，仅 2011～2015 年，全省共安排各级各类土地整治项目1967 个。截至 2015 年底，全省实际完成高标准农田建设项目1802 个，实际建成高标准农田面积1259.77 万亩，投资总额为149.08 亿元，实现了新增耕地65.59万亩，有效提升了全省耕地总体质量。但是云南全省耕地总体质量差，容易产生水土流失的坡耕地面积占一半以上，土地整治工作任务长期而艰巨，在全省范围内建成高效、持续、生态的耕地保护体系，还有很长的道路要走。对于云南省耕地和永久基本农田生态保护，本书提出以下建议。①土地整理的重点应逐步由坝区转向广大山区坡耕地，积极推进以"坡改梯"为主体的坡耕地整理，大幅度提高梯田(梯地)化水平，发展"梯田(梯地)农业"。据《云南省土地整治规划(2016—2020 年)》，"十三五"规划期间，确保新增1200 万亩、力争新增1500 万亩高标准农田，使经整治的永久基本农田质量平均提高 1 个等级；通过土地整治补充耕地 97.76 万亩，通过农用地整理改造中低等耕地 700 万亩左右，耕地数量质量保护水平全面提升；整理农村建设用地 16 万亩，改造开发城镇低效建设用地2.4 万亩，节约集约用地水平进一步提高；全面推进土地复垦，复垦历史遗留损毁土地 6 万亩，复垦自然灾害损毁土地 3 万亩，开展土地生态整治，使土地资源得到合理利用，生态环境明显改善。②高度重视喀斯特山区石漠化土地的综合整治，总结并推广好的整治模式，推进喀斯特山区的土地生态环境建设、粮食安全与区域可持续发展，云南西畴模式的核心内容是炸石、垒埂、聚土、改土，把漫山遍野都是石头的坡地改造成"三保"（保土、保水、保肥）台地（梯地），结合兴修水利、建公路、植树造林、农业结构调整等举措，促进农业生产发展，提高土地生产率，改变石山区的贫困面貌。③实施"沃土工程"，推进耕地质量建设，改变以往土地整治中只注重土壤条件的工程改良，缺乏生物改良的观点，通过支持农民种植绿肥、增施有机肥和秸秆还田等方法培肥地力、提高耕地质量，同时结合国家"十五"规划期间"沃土工程"这一重大科技项目，通过测土配方、平衡施肥，用地和养地相结合，实现农业可持续发展。④强化山区"五小"水利工程建设，提高耕地有效灌溉率，云南将小水窖、小水池、小塘坝、小水沟、小抽水站称为"五小"水利工程，建设成为深受山区群众欢迎的"民心工程"，既解决山区人畜饮水问题，又具体落实耕地灌溉水源，大幅度提高了山区耕地有效灌溉率，提升了山区耕地的粮食生产能力和产出率。

（六）正确处理耕地保护与生态保护的关系

正确处理耕地保护与生态保护的关系，科学核定＞25°坡耕地数量，实事求是地制定生态退耕规划。云南省耕地水土流失专题研究结果表明，坡耕地是水土流失最为严重的地类，尤其＞25°坡地水土流失极其严重。2000年，中共中央和国务院做出决定，加快西部地区开发必须切实加强生态环境保护和建设，包括实施天然林资源保护工程、绿化荒山荒地、对陡坡耕地有计划有步骤地退耕还林还草。这是实施西部大开发的根本、切入点和五大重点之一。云南作为我国西部生态环境最脆弱、水土流失最严重的典型山区省份，更为西部生态建设所关注。恢复和重建良性生态环境，减轻水、旱等自然灾害，保障以耕地为核心的土地资源得以可持续利用，是实现省域可持续发展战略的关键举措。

根据土地变更调查数据，2001～2006年是云南省主要退耕政策实施年份，全省减少耕地量达 33.97 万公顷，其中生态退耕 18.60 万公顷（279.00 万亩），占54.75%[71]。这表明，实施西部大开发战略后，因生态退耕减少耕地量占减少耕地总量的一半以上，生态退耕已经成为耕地和永久基本农田面积减少较多的首要因素。据云南省 2003 年土地变更调查和典型实地考察表明，全省退掉的主要是缓坡耕地，其中相当一部分是条件较好的水田、水浇地和平旱地，一些地方打着"退耕还林，保持水土"的旗号，在地形平坦、交通便利的耕地上进行生态退耕，且退耕之后一部分已杂草丛生而成为荒草地。

在前述因地制宜利用永久基本农田发展各种经济作物的建议下，同时又要防止部分地区借退耕还林，对良田好地进行生态退耕，在套取国家补助的同时使真正的永久基本农田得不到有效保护，本书对此提出以下建议。①正确认识耕地保护与生态保护的关系，生态退耕有可能将粮食供需原本基本平衡区的一些区域陷入缺粮境地，但从长远和全局的角度，陡坡耕地的退耕还林还草，保护和改善了土地生态环境，在一定程度上改善了整个水土流失区粮食生产环境的立地条件，提升了宜耕地粮食生产能力，有利于提高区域粮食的单产和总产水平。②生态退耕前几年，没有陡坡耕地基础数据，缺乏科学规划，盲目扩大退耕还林(草)面积，形成若干误区，只有借助最新国家土地调查成果，科学核定＞25°坡耕地数量，实事求是地制订生态退耕规划，才能避免不该退的平缓耕地却退耕的不良现象。③借助 GIS、土地详细数据库进行科学核定的同时，充分利用遥感、GIS 等技术手段，严格监控陡坡耕地退耕、水土流失治理及土地生态环境状况。

(七)落实生态补偿和激励机制

落实生态补偿和激励机制，充分调动农民保护永久基本农田的积极性。2016年，国土资源部、农业部《关于全面划定永久基本农田实行特殊保护的通知》明确规定：实施耕地质量保护与提升行动，加大土壤改良、地力培肥与治理修复力度，不断提高永久基本农田质量，并要求各地要加强调查研究和实践探索，完善耕地保护特别是永久基本农田保护政策措施，与整合有关涉农补贴政策、完善粮食主产区利益补偿机制相衔接，与生态补偿机制联动，鼓励有条件的地区建立耕地保护基金，建立和完善耕地保护激励机制，对农村集体经济组织、农民管护、改良和建设永久基本农田进行补贴，调动广大农民保护永久基本农田的积极性。

但全国及各省(区、市)还没有出台具体的实施办法，因为激励的措施、标准、资金筹措等涉及多个部门，统计口径、分区分类标准、发放途径等还需不断整合、探索尝试和落实，真正通过保护激励机制调动农民保护永久基本农田的积极性还有较长的路要走。针对云南省生态补偿和激励制度制订和完善，本书提出如下建议。①整合各种涉农补贴，建立永久基本农田保护考核、农用地质量等别与级别、农作物种植相挂钩的永久基本农田保护激励制度，只要履行永久基本农田保护责任，可根据农用地质量等别、级别或者农作物种植种类，每年发放一定标准的补贴。②加大对粮农的直接补贴力度，确保种粮收益不低于林果业、畜禽养殖和水产业的收益，有效地建立起保护耕地、保障粮食安全的激励机制。③针对云南省存在的轮歇地，制定相关规定，对主动实行轮歇的农户，每年可以得到一定补偿，标准可参照耕作制度、农作物种植种类制订。④制度措施，通过永久基本农田保护责任书方式，结合土壤配方测肥、土壤污染调查，对土地使用状况良好的农户予以一定的物质奖励，对土地利用造成损毁的实施处罚，对农户自行投资实施完成的坡改梯、灌排渠系、田间道路交通，给予一定的补助。

(八)充分利用科学技术，提升耕地和永久基本农田的管护水平

充分利用科学技术，提升耕地和永久基本农田的管护水平，巩固提升粮食综合生产能力，实现"藏粮于地、藏粮于技"。《关于全面划定永久基本农田实行

特殊保护的通知》指出，尽管我国粮食生产实现"十二连增"，但随着人口增长和消费结构升级，未来一个时期我国粮食需求仍呈刚性增长态势，处于紧平衡状态。把最优质、最精华、生产能力最好的耕地划为永久基本农田，集中资源、集聚力量实行特殊保护，是实施"藏粮于地、藏粮于技"战略的重大举措，有利于巩固提升粮食综合生产能力，确保谷物基本自给、口粮绝对安全。

永久基本农田保护是一项长期而艰巨的系统工作，只有充分利用科学技术，建立符合云南省特点的永久基本农田"划、建、管、护"长效机制，才能真正落实永久基本农田保护目标任务。相关措施建议包括：①加快划定成果的集成和应用，将永久基本农田数据库及时纳入自然资源遥感监测"一张图"和综合监管平台，纳入正在建设的"智慧耕地"管理信息系统，作为土地审批、卫片执法、土地督察的重要依据，充分发挥划定成果对粮食生产功能区和重要农产品生产保护区划定的基础支撑作用。②将国产高分卫星数据、无人机测绘、北斗卫星导航系统等技术结合，建立小范围、大比例尺的永久基本农田快速动态监测体系，为永久基本农田数据的更新提供完整解决方案。③借助大数据分析工具，实现空间数据统计分析，找出土地利用变化的规律和趋势，进而通过数据挖掘技术，总结土地利用的经验教训，为国土空间布局优化、制定土地管理政策服务，同时将为土地利用商业服务、个性化需求服务奠定基础。④建立和发展耕地节约型农业，提高耕地总产出率，立足于现有宜耕地资源，重在采用先进科学技术进行挖潜，具体包括：在条件成熟地区，推进规模化、机械化、信息化、生产科学化的农业现代化进程；加大科技推广和品种改良的力度，提高全省耕地复垦指数；加大基本农田水利、基础设施建设力度，减少农民的各种非生产性费用的支出；推进耕地集约利用，大力发展高效农业、节水农业，努力提高耕地产出水平。

（九）建立全天候、全覆盖、全方位永久基本农田监测制度

认真落实违法行为报告制度，建立信箱、网络、手机、固定电话等全方位、顺畅的永久基本农田违法行为报告联系方式，对违法占用或损毁永久基本农田行为，自然资源部门必须在核定违法行为后3个工作日内向同级地方人民政府和上级自然资源部门报告，并形成对违法行为报告人回访、回复制度。坚持重大典型违法违规案件挂牌督办制度，对占用耕地重大典型案件及时进行公开查处、公开曝光。加强与法院、检察、公安、监察等部门的协同配合，形成查处合力。

充分利用卫星遥感、动态巡查、网络信息、群众举报等手段，健全"天上看、地上查、网上管、群众报"的违法行为发现机制，对耕地进行全天候、全覆盖监测。在每年一次全国土地卫片执法检查的基础上，在有条件地区推广应用无人机航拍、永久基本农田视频监控网等，对重点城市郊区、耕地集中连片区域和土地违法违规行为高发地区，加大执法查处频度。

四、新国土空间规划体系下的永久基本农田保护政策措施

(一)新国土空间规划中永久基本农田空间布局优化和保护的要求

1.依托国土空间规划体系划定永久基本农田保护红线

中央要求构建以空间治理和空间结构优化为主要内容,全国统一、相互衔接、分级管理的空间规划体系,永久基本农田保护红线作为国土空间规划的核心内容,应结合不同层级国土空间规划任务和不同层级政府管理事权,自上而下逐级划定。国家级国土空间规划要明确永久基本农田保护红线全国和分省划定目标,协调省际划定方案;省级国土空间规划要确定永久基本农田控制线总体格局、重点区域,提出下一级规划划定任务,指导做好区域衔接;市县级国土空间规划,要协调确定永久基本农田保护红线空间布局和边界,制定实施管控细则,明确永久基本农田保护的规模布局;乡镇级国土空间规划按照乡村振兴战略要求,确定并细化永久基本农田保护红线边界,上图入库,落实保护责任。

2.协调冲突落实永久基本农田保护红线划定

在协调永久基本农田保护红线以及其余控制线落地矛盾时,要按照空间功能属性,注重生态保护红线、永久基本农田的整体性、连续性、稳定性,确保生态保护红线、永久基本农田保护面积不减少[73]。针对生态保护红线和永久基本农田划定之间的矛盾,应区分核心区和非核心区两种情况,分别采取不同措施。对于国家级自然保护区核心区内的永久基本农田应逐步有序退出,并在省域内按照数量不减少、质量不降低的原则同步补划;核心区原有镇村、工矿可逐步引导退出。处于核心区外的,应实事求是调整生态保护红线,将集中连片永久基本农田不划入生态保护红线,允许零散永久基本农田保留在生态保护红线内,允许根据国家退耕还林规划要求优先退出。城镇开发边界与永久基本农田划定冲突的,要以多中心网络化组团式集约型布局为原则,尽量避让永久基本农田。确实难以避让永久基本农田的,应当按照数量有增加、质量有提高、生态功能有改善,布局更集中连片的要求,对永久基本农田布局进行优化。

3.统筹空间规划和永久基本农田保护

永久基本农田保护红线划定是国土空间规划的重要内容,也是耕地保护事务管理的核心任务。因此永久基本农田划定既要结合国土空间规划体系建设,按照"多规合一"的要求统筹布局,也要考虑将保护地块上图入库,让永久基本农田质量达到要求。在横向上,永久基本农田布局应与空间规划主体功能区战略相符,永久基本农田保护红线应与城镇开发边界、生态安全保护红线相协调。在纵向上,永久基本农田的数量要确保落实上级规划下达的保护任务,质量要符合《基本农

田划定技术规程》要求，同时还要与实地相符，能够落实到具体的地块，满足自然资源管理中耕地保护的需要。

（二）新国土空间规划中永久基本农田保护的方式方法

1.坚持底线思维，从严划定永久基本农田保护红线

国土空间规划中的"三线"划定应优先划定生态保护红线和永久基本农田保护红线，城镇开发边界在布局冲突时按"生态优先、保护优先"进行协调划定[74]。永久基本农田保护红线的划定严格落实国家粮食安全的内在要求，采取经济、法律、技术等多重手段落实耕地保护，不断提升农业农村的可持续发展能力，助推乡村振兴发展。

2.坚持问题导向，以"双评价"为基础

以国土资源现状为本底，以土地利用现状分类为基础，开展生态空间、农业空间和建设开发的适宜性评价。在三类评价基础上进一步开展国土空间综合适宜性评价，开展国土资源综合承载状态评价，重点针对耕地开发利用的基础评价，初步判定土地资源综合承载状态。从水资源、生态条件、环境质量等其他资源环境要素出发，分析其对国土开发的限制性因数，对基础评价结果进行修正的评价[75]。综合基础评价、修正评价结果及社会经济发展状况，判定土地资源承载力状态，为以农业空间为核心的国土空间布局优化提供基础支撑。

3.坚持治理为主，推进耕地保护和土地综合整治

云南省在落实永久基本农田保护过程中，以优质耕地评价为基础，以保障生命安全、粮食安全和生态安全为根本要求，确定全省耕地保有量和基本农田保护目标，严格划定永久基本农田。按照耕地"占补平衡、占优补优"的新要求，结合耕地后备资源调查，评估全省新增耕地主要来源、数量和空间分布情况，研究区域占补平衡实现路径。围绕美丽国土建设目标，协调耕地和永久基本农田、矿产资源开发、生态环境资源保护之间的关系，促进空间复合利用。根据不同阶段的生态系统建设目标，制定耕地及其他农用地质量提升、人居环境改善、保障自然生态平衡的计划和路径等。将国土综合整治作为完善规划体系、实现国土空间规划目标的重要载体，推进全省全类型国土综合整治。

（三）新国土空间规划中永久基本农田保护技术论证

1.国土空间规划中关于农业空间和永久基本农田保护线的内涵界定

农业空间主要是以农业生产和农村居民生活为主体功能，承担农产品生产和农村生活功能的国土空间，包括永久基本农田、一般农田、耕地、园地、畜牧与渔业养殖等农业生产空间，以及村庄等农村生活空间。其对应的管控线为——永

久基本农田保护线，一般经国务院有关主管部门或县级以上地方人民政府批准确定的粮、棉、油生产基地内的耕地须划为永久基本农田，主要包括蔬菜生产基地、农业科研与教学试验田，已经建成的标准农田、高标准基本农田，集中度、连片度较高的优质耕地，相邻城镇间、交通干线间绿色隔离带中的优质耕地等。

2.国土空间规划中永久基本农田划定和保护的思路要点

①不论采用何种技术手段，均应研究如何发挥战略性、科学性，起到协调性作用的问题；②在工作方法上，首先应建立底线发展思维，以开展资源环境承载力评价和国土空间开发适宜性评价为代表的"双评价"为基础；③永久基本农田保护红线需要从严划定，城镇开发边界线需要适应城镇发展的不确定性，注重刚性与弹性的结合，适度预留弹性；④在规划编制序列上，需要纵向与横向双向传导，同步推进。

3.国土空间规划中永久基本农田划定技术实现

按照《基本农田划定技术规程》，依据上级下达的永久基本农田保护任务，以最新的土地变更调查成果、耕地质量等别评定和地力评价成果等为基础，遵循耕地保护优先、数量质量并重的原则，划定永久基本农田保护红线[74]。在划定过程中，①结合分区规划划定的规划单元的规划编制实施，将永久基本农田集中连片区作为建设用地腾退减量和复垦增绿的重点区域，并纳入规划单元统筹算账、统筹实施；②对于符合规定要求的建设项目占用的永久基本农田，原则上应将永久基本农田集中连片区内的永久基本农田储备区进行等量等质补划，不断促进永久基本农田向永久基本农田集中连片区集聚；③优先将永久基本农田集中连片区内的存量低效城乡建设用地纳入年度城乡建设用地减量任务，并将城市开发边界内的城乡建设经营性用地增量与永久基本农田集中连片区内的存量低效建设用地减量相挂钩，同时通过土地整治项目向永久基本农田集中连片区集聚，大力推进永久基本农田集中连片区内现状低效建设用地的腾退复垦还绿，不断降低永久基本农田集中连片区内的建设用地比例和提高区内的现状耕地占比；④优先在永久基本农田集中连片区内安排高标准农田建设及耕地整治修复工程，不断提升区内的耕地质量。

参 考 文 献

[1] 李根蟠. 中国古代农业[M]. 北京：中国国际广播出版社，2010.

[2] 国土资源部，国家统计局. 关于第二次全国土地调查主要数据成果的公报[J].资源与人居环境，2014(1):15-17.

[3] 本刊记者.为农业农村发展注入强大动力——中农办主任韩俊解读十九大报告"实施乡村振兴战略"[J]. 农村工作通讯，2017(21):12-13.

[4] 朱隽.2016中国国土资源公报发布年内净减少耕地面积4.35万公顷[J].中国食品，2017(10)：174.

[5] 刘黎明. 土地资源学[M]. 北京：中国农业大学出版社，2002.

[6] 钱凤魁，王秋兵，等. 基本农田划定的理论与实践[M]. 北京：科学出版社，2017.

[7] 杨子生. 中国西部大开发云南省土地资源开发利用规划研究[M]. 昆明:云南科技出版社，2003.

[8] 林培. 土地资源学[M]. 北京:北京农业大学出版社，1991.

[9] 农业部信息中心. 世界主要国家国土面积和人口情况(2005年)[J]. 世界农业，2008(2):65.

[10] 谈明洪，李圆圆.1992—2015全球耕地时空变化[J]. 资源与生态学报(英文版)，2019，10(3):235-245.

[11] 陈军.基于GlobeLand30的全球耕地利用格局变化研究[J]. 中国农业科学，2018，51(6):1089-1090.

[12] 匡志盈. 全球防治荒漠化情况综述[J]. 世界农业，2006(10):8-10.

[13] 张永民，赵士洞. 全球荒漠化的现状、未来情景及防治对策[J]. 地球科学进展，2008，23(3):306-311.

[14] 林培，聂庆华. 美国农地保护过程、方法和启示[J]. 中国土地科学，1997(2):39-43.

[15] 张安录. 美国农地保护的政策措施[J]. 世界农业，2000(1):8-10.

[16] 陈茵茵，黄伟. 美国的农地保护及其对我国耕地保护的借鉴意义[J]. 南京农业大学学报(社会科学版)，2002(2):17-22.

[17] 冯文利，史培军，陈丽华，等. 美国农地保护及其借鉴[J]. 中国国土资源经济，2007(5):31-33.

[18] 贺晓英，李世平. 美国农地保护方法及其借鉴[J]. 中国土地科学，2009，23(1):76-80.

[19] 陈莹. 加拿大的农地保护[J]. 中国土地，2003(10):41-43.

[20] 沈佳音，张茜. 加拿大农地保护机制以及对我国的借鉴意义[J]. 中国国土资源经济，2010，23(12):32-34.

[21] 李武艳，徐保根，赵建强，等. 加拿大农地保护补偿机制及其启示[J]. 中国土地科学，2013，27(7):74-78.

[22] 薛凤蕊，沈月领，秦富. 国内外耕地保护政策研究[J].世界农业，2013(6):49-53.

[23] 王珺. 英国耕地保护及对我国城市边缘区耕地保护的启示[J]. 今日南国(理论创新版)，2009(6):234-235.

[24] 罗明，鞠正山，张清春.发达国家农地保护政策比较研究[J]. 农业工程学报，2001(6):165-168.

[25] 赵学涛.发达国家农地保护的经验和启示[J]. 国土资源情报，2004(6):43-47.

[26] 付坚强.发达国家(地区)农地保护制度及其对我国的启示[J]. 江淮论坛，2009(6):125-129.

[27] 于伯华，吕昌河.日本城市化过程中耕地保护及其对我国的启示[C].自然地理学与生态建设论文集，2006.

[28] 孙强，蔡运龙. 日本耕地保护与土地管理的历史经验及其对中国的启示[J]. 北京大学学报(自然科学版)，2008，44(2):249-256.

[29] 李立辉. 耕地保护在于创新"人地"关系——日本 2009 年农地制度改革的经验和启示[J]. 中国土地，2016(4):41-42.

[30] 吴殿廷，虞孝感，查良松，等. 日本的国土规划与城乡建设[J]. 地理学报，2006(7):771-780.

[31] 贾绍凤，张军岩.日本城市化中的耕地变动与经验[J]. 中国人口·资源与环境，2003(1):31-34.

[32] 潘明才. 人多地少怎么办——透视韩国农地保护制度[J]. 中国土地，2001(11):40-43.

[33] 杨兴权，杨忠学. 韩国的农地保护与开发[J]. 世界农业，2004(11):37-39.

[34] 殷园. 浅议韩国耕地保护及利用[J]. 辽宁经济职业技术学院(辽宁经济管理干部学院学报)，2008(2):62-63.

[35] 佚名，2017. 发达国家的耕地保护[J]. 中国报道，2017(3):88.

[36] 曹飞. 发达国家耕地保护与补充耕地经验及其启示[J]. 学习论坛，2015，31(9):37-39.

[37] 刘娟，张峻峰. 发达国家"三位一体"耕地保护管理实践[J]. 世界农业，2015(1):28-31.

[38] 耿国彪，2018. 我国石漠化土地扩展趋势实现逆转——国家林业和草原局公布第三次石漠化监测结果[J]. 绿色中国，513(23):10-13.

[39] 李元. 中国土地资源[M]. 北京:中国大地出版社，2000.

[40] 方勇，王昆. 基本农田"多划后占"的障碍[J]. 中国土地，2010(Z1):86.

[41] 张凤荣.土地保护学[M]. 北京:中国农业出版社，2016.

[42] 刘彦随，郑伟元. 中国土地可持续利用论[M]. 北京:科学出版社，2008.

[43] 王万茂，韩桐魁. 土地利用规划学[M](第八版). 北京:中国农业出版社，2013.

[44] 王万茂，王群. 土地利用规划学[M]. 北京:北京师范大学出版社，2010.

[45] 陆红生. 土地管理学总论[M](第二版). 北京:中国农业出版社，2015.

[46] 毕宝德. 土地经济学[M]. 北京:中国人民大学出版社，2006.

[47] 郭仁忠. 空间分析[M]. 北京:高等教育出版社，2001.

[48] 王远飞，何洪林. 空间数据分析方法[M]. 北京:科学出版社，2007.

[49] 刘敏，方如康. 现代地理科学词典[M]. 北京:科学出版社，2009.

[50] 邬建国. 景观生态学:格局、过程、尺度与等级[M]. 北京:高等教育出版社，2007.

[51] 曾昭璇. 中国的地形[M]. 广州:广东科技出版社，1985.

[52] 云南省土地管理局. 云南土地资源[M]. 昆明:云南科技出版社，2000.

[53] 杨焕宗，张延明. 资源区域布局:云南农业资源区划实践[M]. 昆明:云南科技出版社，2000.

[54] 关小东，何建华.基于贝叶斯网络的基本农田划定方法[J]. 自然资源学报，2016，31(6):1061-1072.

[55] 曹丽萍，罗志军，冉凤维，等. 基于耕地质量和空间集聚格局的县域基本农田划定[J]. 水土保持研究，2018，25(4):349-355.

[56] 傅伯杰，陈利顶，马克明，等. 景观生态学原理及应用[M](第2版). 北京:科学出版社，2011.

[57] 杨子生，赵乔贵. 基于第二次全国土地调查的云南省坝区县、半山半坝县和山区县的划分[J]. 自然资源学报，2014(4):14-24.

[58] 张红富，周生路，吴绍华，等. 江苏省农用地质量空间格局及其影响因素分析[J]. 资源科学，2008，30(2):221-227.

[59] 赵俊三，袁磊，张萌. 土地利用变化空间多尺度驱动力耦合模型构建[J]. 中国土地科学，2015，29(6):57-66.

[60] 孔祥斌, 张青璞. 中国西部区耕地等别空间分布特征[J]. 农业工程学报, 2012, 28(22):1-7.

[61] 张晓燕, 张利, 陈影, 等. 河北省农用地质量空间格局的计量地理分析[J]. 水土保持研究, 2010, 17(1):101-106.

[62] 段瑞娟, 郝晋珉, 张洁瑕. 北京区位土地利用与生态服务价值变化研究[J]. 农业工程学报, 2006(9):21-28.

[63] 任奎, 周生路, 张红富, 等. 江苏农用地资源质量空间格局及影响机制研究[J]. 农业工程学报, 2008(4):127-134.

[64] 张晗, 赵小敏, 欧阳真程, 等. 多尺度下的南方山地丘陵区耕地质量空间自相关分析——以江西省黎川县为例[J]. 中国生态农业学报, 2018, 26(2):263-273.

[65] 罗志军, 赵越, 赵杰, 等. 基于景观格局与空间自相关的永久基本农田划定研究[J]. 农业机械学报, 2018, 49(10):195-204.

[66] 杨建宇, 张欣, 徐凡, 等. 基于TOPSIS和局部空间自相关的永久基本农田划定方法[J]. 农业机械学报, 2018, 49(4):172-180.

[67] 王琳, 赵俊三, 黄义忠, 等. 不同空间尺度下西南高原山地基本农田质量景观格局分析[J]. 广东农业科学, 2019, 46(2):120-129.

[68] 陈国平, 赵俊三, 谷苗.基于异步通信协议的地理空间信息服务访问机制[J]. 地理信息世界, 2015, 22(1):13-17.

[69] 陈显光, 张强胜, 缑武龙. 基于耕地质量的基本农田空间连片性评价[J]. 广东农业科学, 2015, 42(23):159-163.

[70] 陈运春, 郝莉莎, 余建新. 云南耕地资源动态变化驱动力分析[J]. 广东农业科学, 2012, 39(9):162-166.

[71] 赵乔贵, 杨子生, 贺一梅, 等. 基于1996~2008年土地变更调查的西南边疆山区耕地适宜性评价研究——以云南省为例[C]. 中国山区土地资源开发利用与人地协调发展研究, 2010.

[72] 袁磊, 赵俊三, 李红波, 等. 云南山区宜耕未利用地开发适宜性评价与潜力分区, 农业工程学报, 2013, 29(16):229-237.

[73] 张述清, 王爱华, 王宇新, 等, 云贵高原地区坝子划定技术与方法研究——以云南省为例[J]. 地矿测绘, 2012, 28(4): 1-8.

[74] 刘冬荣, 麻战洪. "三区三线"关系及其空间管控[J].中国土地, 2019(7):22-24.

[75] 程铭, 荀文会, 畅琪, 等. 自然资源统一管理背景下"三线"划定方法与技术研究[J].国土资源, 2019(5): 50-51.